王睿怀 侯 静 主 编

黄梅丹 于 彬 副主编

城镇燃气输配

CHENGZHEN RANQI SHUPEI

U0194652

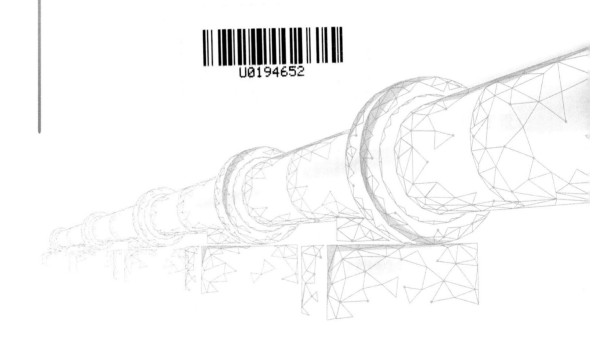

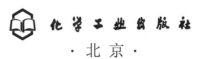

化学工业出版社

·北京·

内 容 简 介

《城镇燃气输配》注重应用能力的培养和工程素质的提高，理论联系实际，加强了实际应用的介绍，同时注重与相关课程关联融合，明确知识的重点和难点。本书共 10 章，主要阐述了城镇燃气的分类及质量要求、燃气的基本性质、城镇燃气的需用量和供需平衡、城镇燃气管网系统、燃气设施、燃气管网水力计算、压缩天然气供应、液化天然气供应、液化石油气供应及燃气的安全与运行管理。

本书可作为应用型本科和高等职业教育城市燃气工程技术、供热通风与空调工程技术、建筑设备工程技术等相关专业教材，也可作为燃气行业从业人员的培训教材。

图书在版编目（CIP）数据

城镇燃气输配/王睿怀，侯静主编.—北京：化学
工业出版社，2021.4（2025.1重印）
ISBN 978-7-122-38526-0

Ⅰ.①城…　Ⅱ.①王…　②侯…　Ⅲ.①城市燃气-煤
气输配-高等职业教育-教材　Ⅳ.①TU996.6

中国版本图书馆 CIP 数据核字（2021）第 026656 号

责任编辑：邢启壮　李仙华　　　　　　装帧设计：史利平
责任校对：杜杏然

出版发行：化学工业出版社（北京市东城区青年湖南街 13 号　邮政编码 100011）
印　　装：北京天宇星印刷厂
787mm×1092mm　1/16　印张 16　字数 408 千字　　2025 年 1 月北京第 1 版第 4 次印刷

购书咨询：010-64518888　　　　　　售后服务：010-64518899
网　　址：http://www.cip.com.cn
凡购买本书，如有缺损质量问题，本社销售中心负责调换。

定　　价：49.00 元　　　　　　　　　　　　　　版权所有　违者必究

本书编写人员名单

主　　编　王睿怀　侯　静

副 主 编　黄梅丹　于　彬

参编人员　喻文烯　王思文　王晓博

前 言

　　本书是考虑到目前教学现状及燃气行业从业人员培训的需求，在总结多年教学、工程设计、施工及运营经验的基础上编写而成的，编写中以应用为目的，精选教材内容，紧密围绕专业和工程实际，着重对基本概念的理解和基本原理的应用，注重应用能力的培养和工程素质的提高，理论联系实际，加强了实际应用的介绍，同时注重与相关课程关联融合，明确知识的重点和难点。

　　本书主要阐述了城镇燃气的分类及质量要求、燃气的基本性质、燃气供应与需求、城镇燃气管网系统、燃气设施、燃气管网水力计算、压缩天然气供应、液化天然气供应、液化石油气供应及燃气的安全与运行管理，是一本理论全面、实时性和操作性较强的、便于教学与行业培训的燃气专业基础教材。

　　本书由内蒙古建筑职业技术学院王睿怀统稿，其中第 1 章由内蒙古建筑职业技术学院侯静编写，第 2、3 章由内蒙古建筑职业技术学院王睿怀编写，第 4、7 章由湖北城市建设职业技术学院喻文烯编写，第 5、10 章由浙江省金华市高亚天然气有限公司于彬编写，第 6 章由内蒙古建筑职业技术学院王晓博编写，第 8、9 章由湖北城市建设职业技术学院黄梅丹编写，附录由内蒙古建筑职业技术学院王思文编写。

　　本书提供 PPT 电子课件，可登录 www.cipedu.com.cn 免费获取。

　　由于编者水平所限，书中疏漏之处在所难免，敬请读者批评指正。

编者

2020 年 11 月

目 录

第6章　燃气管网水力计算

96

第7章　压缩天然气供应

124

第1章

城镇燃气的分类及质量要求

1.1　城镇燃气的分类

城镇燃气应用在我国有着悠久的历史。我国第一个经营城镇燃气的公司于 1865 年在上海建立，至今已有 150 多年历史，直到新中国成立前夕，全国仅有 9 个城市配有燃气供应设施，且规模甚小。新中国成立后，随着冶金工业的发展，北京等一些城市开始发展燃气事业，供应以煤炭为原料的人工煤气。由于石油与天然气的开采与利用，一些地区逐渐利用天然气作为城镇燃气。20 世纪 60 年代中期，我国石油炼制工业得到很大发展，液化石油气开始进入城镇。改革开放以后，以提高能源利用率、保护环境、防止大气污染及提高人民生活水平的需要为目的，作为城市基础设施之一的城镇燃气，得到了长足的发展。近年来，随着天然气开采量的增加、西气东输工程的实施、引进国外液化天然气等措施的开展，我国城镇燃气发展速度得到了进一步提升。

城镇燃气是指城市、乡镇或居民区中地区性气源通过输配系统供给居民生活、商业、工业企业生产、采暖通风和空调等各类公用性质的用户，且符合《城镇燃气设计规范》（2020年版）（GB 50028—2006）质量要求的可燃气体。其主要的可燃组分一般包括碳氢化合物、氢气和一氧化碳等。

随着燃气工业的发展，城镇燃气的种类越来越多。因此，从燃气输配系统设计、运营管理、燃烧应用及燃气互换性等方面综合考虑，需将城镇燃气进行分类。

1.1.1　按气源分类

按照气源的来源和生产方式不同，通常把城镇燃气分为天然气、人工煤气、液化石油气及生物质气。

1.1.1.1　天然气

天然气是指通过生物化学作用及地质变质作用，在不同地质条件下生成、运移，在一定压力下储集的可燃气体，主要是由低分子的碳氢化合物组成的混合物，按照来源可分为气田气、凝析气田气、石油伴生气、煤层气与矿井气、页岩气等。

（1）气田气　即采自气田的天然气（或称纯天然气），在气藏中以单一气相存在。其组分以甲烷为主，含量在 90% 以上，乙烷、丁烷等含量不大，还含有少量的非烃类组分，如二氧化碳、硫化氢、氮气、氧气和微量的氦、氩等气体。气田气的低热值约为 $36MJ/m^3$ ❶。

（2）凝析气田气　凝析气藏中凝析气田气以单一气相存在。一旦采出，由于地表压力及温度下降而使部分气体逆凝结为轻质油而分离为气液两相。凝析气田气中除含有约 75% 的

---

❶　本书中气体体积在无特殊说明时，均指在标准状态下的体积。

甲烷外，还含有 $2\%\sim5\%$ 的戊烷等碳氢化合物。

（3）石油伴生气　石油伴生气是指与石油共生并伴随石油一起开采出的伴生气，是采油时的副产品。其甲烷含量为 $70\%\sim80\%$，乙烷、丙烷和丁烷含量约为 15%，还含有少量的戊烷和重烃等。

（4）煤层气与矿井气　煤层气与矿井气是在煤的生成和变质过程中伴生的可燃气体。

煤层气也称煤田气，是成煤过程中产生并在一定的地质构造中聚集的可燃气体。其主要成分为甲烷，同时含有二氧化碳、氢气及少量的氧气、乙烷、乙烯、一氧化碳、氮气和硫化氢等气体。

矿井气又称矿井瓦斯，是在煤的开采过程中，逸出的煤层气与空气在井巷中混合而成的可燃气体。其主要成分为 $30\%\sim55\%$ 的甲烷和 $30\%\sim55\%$ 的氮气、氧气及二氧化碳等。对地下井巷中的矿井气必须及时、合理地抽取和排除，否则会造成井巷中操作人员窒息、死亡，或者引起矿井瓦斯爆炸。

煤层气与矿井气一般可供工业企业生产炭黑、甲醛等化工产品，而只有当煤层气与矿井气中甲烷含量在 40% 以上时才能作为燃气供应。

（5）页岩气　页岩气是以吸附或游离状态存在于暗色泥页岩或高碳泥页岩中的天然气，具有开采寿命长和生长周期长等特点，但由于页岩气储层的渗透率低，使其开采难度增大。我国页岩气气源广泛分布于海相、陆相盆地，资源量丰富。

天然气既是民用、商用的优质燃料，又是制取合成氨、炭黑、乙炔等化工产品的原料气，是理想的城镇燃气气源。由于天然气的开采、储运和使用既经济又方便，使得天然气在城镇中的应用更加广泛，特别是压缩天然气与液化天然气的利用和发展，大大推进了城镇燃气事业的发展。

1.1.1.2　人工煤气

人工煤气是指以固体或液体可燃物为原料，经各种热加工生产而成的可燃气体。一般根据制气原料和加工方式的不同，可将人工燃气划分为煤制气和油制气两类。

（1）煤制气

① 干馏煤气。利用焦炉、连续式直立炭化炉（又称伍德炉）和立箱炉等对固体煤进行干馏所获得的煤气称为干馏煤气，以焦炉煤气最为常见，它是炼焦过程的副产品。

用干馏方式生产煤气，每吨煤可产煤气 $300\sim400\mathrm{m}^3$。这类煤气中氢气约占 60%，甲烷所占比例在 20% 以上，一氧化碳占 8% 左右，其低热值一般在 $16.74\mathrm{MJ/m}^3$ 左右。干馏煤气是最早用于城镇燃气的传统燃气。

② 气化煤气。以煤或焦炭作为原料在气化炉中通入气化剂（如空气、纯氧、水蒸气、氢气等），在高温条件下经过气化反应得到的可燃气体称为气化煤气。发生炉煤气、水煤气、加压气化煤气均属此类。

a. 发生炉煤气是指混合发生炉煤气，以空气和水蒸气的混合物为气化剂，在发生炉内与灼热的碳作用得到的一种气体燃料。其可燃成分主要是一氧化碳和氢气，其中一氧化碳含量约为 27.5%，因含有大量的氮气，故热值较低，一般为 $5.0\sim6.3\mathrm{MJ/m}^3$。

b. 水煤气是指在气化炉中，以水蒸气作为气化剂，与炽热的碳发生气化反应所生成的煤气。其主要成分为 38% 左右的一氧化碳和 40% 左右的氢气，热值一般约为 $11\mathrm{MJ/m}^3$。

c. 加压气化煤气是指在加压（$1.47\sim2.94\mathrm{MPa}$）条件下，以煤作为燃料，采用纯氧和水蒸气为气化剂，获得的高压蒸汽氧鼓风煤气，称为蒸汽-氧气煤气或加压气化煤气、高压气化煤气。其主要可燃成分中除了一氧化碳和氢气外，还含有较多的甲烷，因而热值较高，

一般为 $15\sim17MJ/m^3$。

加压气化煤气经净化后可以作为城镇燃气，且适宜远距离输送。发生炉煤气和水煤气由于毒性较大、热值低且生产成本较高，因此不能单独作为城镇气源。但发生炉煤气和水煤气可以用来加热焦炉和连续式直立炉，以代替热值较高的干馏煤气，增加城镇燃气的供应量；也可用于掺入干馏煤气和油制气配制成城镇燃气，以调节供气量并调整燃气的热值，作为高峰负荷时的补充气源。

③ 高炉煤气和转炉煤气。高炉煤气是在炼铁过程中由高炉排放出来的气体，是高炉炼铁的副产品。其主要可燃成分为约 30% 的一氧化碳以及含量很少的氢气和甲烷，同时含有大量的氮气及二氧化碳，所以它的热值低，一般只有 $3.768\sim4.186MJ/m^3$。当炼制锰、铁时，其热值可达 $5MJ/m^3$ 左右。高炉煤气可取代焦炉煤气用作炼焦炉的加热煤气，以使更多的焦炉煤气供应城市；也常用作锅炉的燃料或焦炉煤气掺混，用于城镇供气或冶金工厂的加热工艺。

转炉煤气是在炼钢过程中由转炉排放出来的气体，是氧气顶吹转炉炼钢的副产品。其燃气中含有 60%～90% 的一氧化碳，热值在 $7.53\sim8.78MJ/m^3$ 之间，常作为冶金炉的燃料和化工原料气。

(2) 油制气　油制气是以原油、重油、柴油、石脑油（也称直馏汽油）等为原料，在高温及催化剂作用下裂解制取而得的气体。按其制取方法不同，可分为重油制气和轻油制气。由于轻油制气经济性差，故很少采用。通常重油制气分为重油蓄热热裂解气和重油蓄热催化裂解气。

① 重油蓄热热裂解气。重油蓄热热裂解气中含有甲烷、乙烷、乙烯、丙烯、苯、甲苯、二甲苯、萘、焦油等。其热值为 $38\sim42MJ/m^3$，每吨重油可产气 $500\sim600m^3$，可直接作为城镇气源或高峰用气时的调峰气源。

② 重油蓄热催化裂解气。重油蓄热催化裂解气中含有 50%～60% 的氢气，15%～30% 的一氧化碳，15% 的甲烷，以及少量的氮气、二氧化碳等。其热值为 $17.6\sim20.9MJ/m^3$，每吨重油可产气 $1100\sim1300m^3$，通常用作工业合成原料气。

1.1.1.3　液化石油气

液化石油气是在开采天然气、石油或石油炼制过程中作为副产品而获得的燃气，是我国城镇燃气的主要气源之一。由于采气和采油过程中提取的天然石油气很少，绝大部分来自炼厂生产的炼厂石油气。液化石油气的主要成分是丙烷、丙烯、丁烷和丁烯，习惯上又称 C_3、C_4。这些碳氢化合物在常温、常压下呈气态，当压力升高或温度降低时，转变为液态，液化后体积缩小约为原体积的 1/250。气态液化石油气的发热值为 $92.1\sim121.4MJ/m^3$，液态液化石油气的发热值为 $45.2\sim46.1MJ/kg$。

液化石油气既是我国居民、商业、工业企业、汽车用户的重要燃料，也是化工生产过程中的重要原料，与空气和低热值燃气按一定比例掺混，又可作为管输天然气的补充气源。

1.1.1.4　生物质气

生物质气俗称"沼气"，可分为天然沼气和人工沼气两大类。天然沼气是自然界中有机质自然形成的沼气，如产自沼泽、池塘等污泥池的污泥沼气；阴沟中的有机质形成的阴沟沼气；矿井、煤层产出的沼气（或称瓦斯、煤气）等。

人工沼气是一种可再生能源，人们将各种有机质（如蛋白质、纤维素、脂肪、淀粉等）在隔绝空气的条件下发酵，并在微生物作用下产生的可燃气体即为人工沼气。发酵物的来源广泛，农作物的秸秆、人畜粪便、垃圾、杂草和落叶等有机物质都可以作为制取生物质气的原料，生物质气组分中甲烷的含量为 $50\%\sim70\%$，二氧化碳含量为 $30\%\sim40\%$，此外还含有少量的硫化氢、一氧化碳、氢气、氮气、氧气和高分子烃类等。沼气的低热值一般为 $20.0\sim29.3\mathrm{MJ/m^3}$。

我国的人工沼气生产已有 30 多年的历史，随着厌氧发酵技术的日益成熟及发酵过程自控水平的提高，沼气生产得到了快速发展，现已成为我国农村全面奔小康的重要工程措施。沼气的利用已不仅仅局限于点灯、做饭，目前正向乡村集中供气、沼气发电以及沼渣、沼液的综合利用等方面扩大发展，形成了以沼气为纽带的生态富民新家园。沼气生产系统流程如图 1-1 所示。

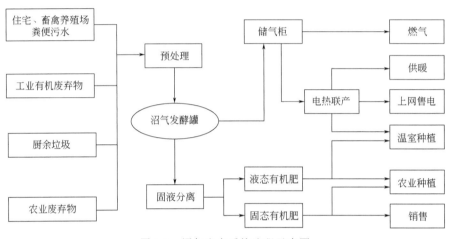

图 1-1　沼气生产系统流程示意图

1.1.2　按热值分类

燃气热值（calorific value）理论上可以用于所有的可燃气体，但实际上更多地用于天然气、人工煤气和管道液化石油气领域，是城镇燃气分析中的重要指标。无论是天然气、液化石油气还是人工燃气，由于产地不同，即使是同一种类的燃气，其成分和热值也不尽相同，有时区别还很大。

按热值分类是燃气应用上一种较为简易的分类方法。燃气按热值高低习惯上可分为高热值燃气（HCV gas）、中等热值燃气（MCV gas）和低热值燃气（LCV gas）。高热值燃气是指热值在 $30\mathrm{MJ/m^3}$ 以上的燃气，如纯天然气、液化石油气和部分油制气等；中等热值燃气是指热值在 $13\sim30\mathrm{MJ/m^3}$ 之间的燃气，如干馏煤气等；气化煤气多属于低热值燃气，热值一般低于 $13\mathrm{MJ/m^3}$。城镇燃气的组分及低发热值见表 1-1。

表 1-1　城镇燃气的组分及低发热值

序号	燃气类别	体积分数/%									低发热值/(kJ/m³)
		CH_4	C_3H_8	C_4H_{10}	C_mH_n	CO	H_2	CO_2	O_2	N_2	
一	天然气										
1	气田气	98	0.3	0.3	0.4					1.0	36220
2	石油伴生气	81.7	6.2	4.86	4.94				0.3	0.2	1.8	45470
3	凝析气田气	74.3	6.75	1.87	14.91			1.62		0.55	48360
4	矿井气	52.4						4.6	7.0	36.0	18840
二	人工燃气										

序号	燃气类别	体积分数/%									低发热值/(kJ/m³)
		CH_4	C_3H_8	C_4H_{10}	C_mH_n	CO	H_2	CO_2	O_2	N_2	
(一)	固体燃料干馏煤气										
1	焦炉煤气	27			2	6	56	3	1	5	18250
2	连续式直立炭化煤气	18			1.7	17	56	5	0.3	2	16160
3	立箱炉煤气	25				9.5	55	6	0.5	4	16120
(二)	固体燃料气化煤气										
1	压力气化煤气	18			0.7	18	56	3	0.3	4	15410
2	水煤气	1.2				34.4	52.0	8.2	0.2	4.0	10380
3	发生炉煤气	1.8		0.4		30.4	8.4	2.4	0.2	56.4	5900
(三)	油制气										
1	重油蓄热热裂解气	28.5			32.17	2.68	31.51	2.13	0.62	2.39	42160
2	重油蓄热催化裂解气	16.6			5	17.2	46.5	7.0	1.0	6.7	17540
(四)	高炉煤气	0.3				28.0	2.7	1.05		58.5	3940
三	液化石油气（概略值）		50	50							108440
四	沼气（生物质气）	60				少量	少量	35		少量	21770

1.1.3 按燃烧特性分类

燃气中影响燃烧特性的参数主要有华白（指）数（或称发热指数）和燃烧势（或称燃烧速度指数）。华白数是控制燃具热负荷衡定状况的指标之一，可以用来分析、控制燃气的互换性。一般规定，在两种燃气互换时，华白数的变化不应大于±（5%～10%）。但当两种互换燃气的燃烧特性差别较大时，就必须考虑燃烧势 C_p，它反映了燃气燃烧火焰产生离焰、黄焰、回火及不完全燃烧等现象的倾向性，是反应燃具燃烧稳定状况的综合指标之一，可以更全面地判断燃气的燃烧特性。

表 1-2 列出了三大族十一类燃气的华白数及燃烧势的标准和允许波动范围。

表 1-2 我国燃气分类及燃烧特性值

类别		华白数/(MJ/m³)		燃烧势	
		标准值	波动值	标准值	波动值
人工燃气	3R	13.71	12.62～14.66	77.7	46.5～85.5
	4R	17.78	16.38～19.03	107.9	64.7～118.7
	5R	21.57	19.81～23.17	93.9	54.4～95.6
	6R	25.69	23.85～27.95	108.3	63.1～111.4
	7R	31.0	28.57～33.12	120.9	71.5～129.0

续表

类别		华白数/(MJ/m³)		燃烧势	
		标准值	波动值	标准值	波动值
天然气	3T	13.28	12.22~14.35	22.0	21.0~50.6
	4T	17.13	15.75~18.54	24.9	24.0~57.3
	6T	23.35	21.76~25.01	18.5	17.3~42.7
	10T	41.52	39.06~44.84	33.0	31.0~34.3
	12T	50.73	45.67~54.78	40.3	36.3~69.3
液化石油气	19Y	76.84	72.86~76.84	48.2	48.2~49.4
	20Y	79.64	72.86~87.53	46.3	41.6~49.4
	22Y	87.64	81.83~87.53	41.6	41.6~44.9

注：1.3T、4T 为矿井气，6T 为沼气，其燃烧特性接近天然气。

2.22Y 的华白数下限值和燃烧势的上限值按 C_3H_8、C_4H_{10} 体积分数分别为 55% 和 45% 时计算。

1.2　城镇燃气的质量要求

城镇燃气在进入输配管网和供给用户前，应满足热值相对稳定、毒性小和杂质少等基本要求，且需达到一定的质量指标并保持质量的相对稳定，这对于保障城镇燃气输配系统和用户用气的安全，减少管道腐蚀和堵塞，以及降低对环境的污染，保障系统的经济合理性等都具有重要的意义。

1.2.1　城镇燃气的主要杂质

由于城镇燃气气源来源和制取方法的不同，所含杂质也不尽相同。例如，人工燃气的主要杂质有焦油、灰尘、苯、萘、氨、硫化氢、氰化氢和氧化氮等；天然气的主要杂质有硫化氢、水、凝析油、灰尘等；液化石油气的主要杂质有硫化氢、水、二烯烃、残液等。

（1）焦油与灰尘　焦油与灰尘常集聚在管道、阀门、用气设备中，造成阀门关闭不严、管道和用气设备堵塞等。人工煤气中的灰尘主要产生于制气过程，堵塞多发生于制气厂内部或离制气厂不远的管道内。天然气中的灰尘主要为氧化铁和硫化铁粉尘，是因管道腐蚀而产生的，故堵塞多发生在远离气源的用户端。

（2）水分　水与燃气中的某些烃类气体会生成固态水合物，造成管道、设备及仪表等的堵塞。水的存在还会加剧硫化氢和二氧化碳等酸性气体对金属管道及设备的腐蚀，特别是水蒸气在管道和管件内表面冷凝时形成的水膜造成的腐蚀更为严重。

（3）硫化物与二氧化碳　燃气中的硫化物分为无机硫和有机硫，其中无机硫含量为90%~95%。无机硫化物主要是指硫化氢，有机硫化物主要有二硫化碳、硫醇、硫醚等。

硫化氢及其燃烧产物二氧化硫都具有强烈的刺鼻气味，对眼黏膜和呼吸道有损害作用，人若吸入过量会引起中毒，甚至危及生命。此外，硫化氢、二氧化碳又属活性腐蚀剂，在高压、高温以及在燃气中含有水分时，对管道和设备的腐蚀作用就会加剧。燃气输配系统中硫化氢的腐蚀可分为两类：一类是硫化氢和氧在干燥的钢管内壁发生缓慢的腐蚀作用；另一类是在管内壁面上形成一层水膜，即使硫化氢含量不高，金属的腐蚀速度也很快，而硫化氢和氧的浓度越高，腐蚀越严重。

有机硫的腐蚀一般分两种情况：一种是燃气在燃具内部和高温金属表面接触后，有机硫分解生成硫化氢造成腐蚀；另一种是燃气燃烧后生成二氧化硫和三氧化硫造成腐蚀。前者常发生在点火器、火嘴等高温部位，由于腐蚀物的堵塞引起点火不良等故障；后者则因二氧化硫溶于燃烧产物中的水分，并在设备低温部位的金属表面上冷凝下来而发生腐蚀。

干燥的二氧化碳无毒、无腐蚀作用。但在潮湿环境中，二氧化碳易吸收水汽形成酸性介质，当与硫化氢、水分同时存在时，对管道和设备的有害作用加剧。

（4）萘　萘俗称"白片"。温度较低时，气态萘会以结晶状态析出，附着于管壁，使管道流通截面减小甚至堵死，造成供气中断。

（5）氨　高温干馏煤气中含有氨气，它会腐蚀燃气管道、设备及燃气用具。燃烧产物一氧化氮、二氧化氮等有害气体会影响人体健康，污染环境。然而氨能对硫化物产生的酸类物质起中和作用，所以城镇燃气中含有微量氨，对保护金属管道及设备是有利的。

（6）一氧化碳　一氧化碳是无色、无味、有剧毒的气体。一氧化碳虽是人工燃气中的可燃成分之一，但因其有剧毒，会引起人们头痛、呕吐和一些后遗症，甚至危及生命，所以城镇人工煤气中一氧化碳含量规定不能超过10%（体积分数）。

（7）氧化氮　燃烧产物中的氧化氮对人体有害，空气中含0.01%（体积分数）的氧化氮时，短时间呼吸支气管会受到刺激，长时间呼吸会危及生命。

一氧化氮的燃烧产物二氧化氮易与燃气中的二烯烃、丁二烯、环戊二烯等具有共轭双键的烃类反应，再经聚合形成气态胶质，因此也称为NO胶质。这种胶质易沉积于流速改变的地方，或附着于输气设备及燃具内而引起故障。如胶质附着于调压器内，会使调压器运作失灵，造成不良的后果。

（8）乙烷和乙烯　在相同温度下，乙烷和乙烯的饱和蒸气压总是高于丙烷和丙烯的饱和蒸气压，而液化石油气的容器多是按纯丙烷设计的，若液化石油气中乙烷和乙烯含量过多，则易发生超压、爆破事故。故应对液化石油气中乙烷和乙烯的含量加以限制。一般液化石油气中乙烷和乙烯的含量不应大于6%（质量分数）。

（9）二烯烃　炼油厂获得的液化石油气中常含有二烯烃，它可以聚合成分子量高达4×10^5的橡胶状固体聚合物。在气体中，当温度为60～75℃时即开始强烈地聚合；在液态碳氢化合物中，丁二烯的强烈聚合反应在40～60℃时便开始了。例如，当气化含有二烯烃的液化石油气时，在气化装置的加热面上可能生成固体聚合物，致使气化装置在很短时间内就不能正常工作。

（10）凝析液和残液　C_5和C_5以上的组分因沸点较高，在常温下呈液态。在燃气输送和存储过程中，C_5和C_5以上的组分随温度和压力的降低容易被凝析（称为凝析液），会堵塞管道和设备、降低输送效率，故在燃气输配管道中应避免出现工作温度低于其烃露点的情况。而在液化石油气中，C_5和C_5以上的组分因在常温下不能气化而留存在容器内，常称为残液。残液量多会增加用户更换气瓶的次数，增加运输量。因而要对其含量加以限制，一般要求残液量在20℃条件下不大于2%（体积分数）。

1.2.2　城镇燃气质量标准

城镇燃气（按基准气分类）的发热量和组分的波动应符合城镇燃气互换的要求。城镇燃气偏离基准气的波动范围应符合现行国家标准《城镇燃气分类和基本特性》（GB/T 13611—2018）的规定，并适当留有余地。采用不同种类的燃气作城镇燃气时，还应分别符合下列规定。

（1）天然气质量指标　天然气的质量指标主要应满足国家标准《天然气》（GB 17820—2018）的规定。天然气可按硫和二氧化碳含量分为一类、二类和三类，如表1-3所示。作为民用燃料的天然气，总硫和硫化氢含量应符合一类气或二类气的技术指标。三类气主要用于工业原料和燃料。天然气的烃露点应比最低环境温度低5℃，使天然气中不存在液态烃。天然气中不应有固态、液态或胶状物质。天然气中固体颗粒含量应不影响天然气的输送和利用。

表 1-3　天然气质量要求

项目	一类	二类	三类
高位发热量/(MJ/m³)	>31.4		
总硫(以硫计)/(mg/m³)	≤100	≤200	≤460
硫化氢/(mg/m³)	≤6	≤20	≤460
二氧化碳/%	≤3.0		—
水露点/℃	在天然气交接点的压力和温度条件下,天然气的水露点应比最低环境温度低5℃		

注: 本指标中气体体积的标准条件是 101.325kPa,20℃。

（2）人工燃气质量指标　人工燃气质量指标应符合现行国家标准《人工煤气》（GB/T 13612—2006）中的规定,主要指标如表 1-4 所示。表 1-4 中的一类气为煤干馏气;二类气为煤气化气、油气化气（包括液化石油气及天然气改制气）。对二类气或掺有二类气的一类气,其一氧化碳含量应小于 20%（体积分数）。

表 1-4　人工燃气质量要求

项目	质量指标	项目	质量指标
热值		含氧量(体积分数)	
一类气/(MJ/m³)	>14		
二类气/(MJ/m³)	>10		
杂质		一类气/%	<2
焦油和灰尘/(mg/m³)	<10		
硫化氢/(mg/m³)	<20	二类气/%	<1
氨/(mg/m³)	<50		
萘/(mg/m³)	<50×10²/p(冬天)	含一氧化碳量 (体积分数)/%	<10
	<100×10²/p(夏天)		

注: 1. 本指标中气体体积指在 101.325kPa,15℃状态下的体积。

2. 当管道输气绝对压力 p 小于 202.65kPa 时,压力 p 可不参加计算。

（3）液化石油气质量指标　液化石油气中除水分和硫分的影响外,其中的二烯烃、乙烷、乙烯、残液等对液化石油气的储存和使用均有很大影响。

① 二烯烃。从炼油厂获得的液化石油气中,可能含有二烯烃,它能聚合成分子量较高的橡胶状固体聚合物。在气体中,当温度大于 60℃时即开始强烈聚合。在碳氢化合物液体中,丁二烯在 40℃就开始强烈聚合反应。

② 乙烷和乙烯。由于乙烷和乙烯的饱和蒸气压总是高于丙烷和丙烯的饱和蒸气压,而液化石油气的容器多是按纯丙烷设计的,因此,液化石油气中乙烷和乙烯的含量应予以限制。

③ 残液中 C_5 和 C_5 以上的组分沸点高,在常温下不能气化而留存在容器内。残液量如果很大会增加运输成本,增加用户更换气瓶的次数。

液化石油气的质量指标应符合现行国家标准《液化石油气》（GB 11174—2011）的规定。

《液化石油气》（GB 11174—2011）主要对石油炼厂生产的液化石油气的相关技术条件

进行了规定，见表1-5。

表 1-5 液化石油气质量要求

项目	质量指标	项目	质量指标
37.8℃时蒸气压/kPa	≤1380	15℃时密度/(kg/m³)	报告
C₅ 及 C₅ 以上组分含量/%	≤3.0	铜片腐蚀	≤1级
残留物		总硫含量/(mg/m³)	≤343
100mL 蒸发残留物/mL	≤0.05		
油渍观察	通过	游离水	无

注：残留物中油渍观察是按照《液化石油气残留物的试验方法》（SY/T 7509—2014）方法进行，即每次以 0.1mL 的增量将 0.3mL 溶剂残留物混合物滴到滤纸上，2min 后在日光下观察，无持久不退的油环为通过。

（4）液化石油气与空气的混合气 液化石油气与空气的混合气做主气源时，液化石油气的体积分数应高于其爆炸上限的 2 倍，且混合气的露点温度应低于管道外壁温度 5℃。硫化氢浓度不应大于 20mg/m³。

1.2.3 城镇燃气的加臭

城镇燃气是具有一定毒性的爆炸性气体，是在一定压力下输送和使用的，由于管道及设备材质和施工方面存在的问题和使用不当，容易造成漏气，有引起爆炸、着火和人身中毒的危险。当发生漏气时应能及时被人发觉进而消除燃气的泄漏。因此，作为城镇燃气的气源，如干馏煤气、水煤气、油制气、天然气和液化石油气，要求经过加臭后再进行输配使用。

（1）城镇燃气加臭剂量要求 根据《城镇燃气设计规范》（2020 年版）（GB 50028—2006），燃气中加臭剂的最小量应符合下列规定：

① 无毒燃气泄漏到空气中，达到爆炸下限的 20% 时应能察觉；

② 有毒燃气泄漏到空气中，达到对人体允许的有害浓度时应能察觉；对于以一氧化碳为有毒成分的燃气，空气中一氧化碳含量达到 0.02%（体积分数）时应能察觉。

对于加臭剂的臭味强度等级，国际上燃气行业一般采用 Sales 等级：

0 级——没有臭味；

0.5 级——非常微弱的臭味（气味察觉下限）；

1 级——微弱臭味；

2 级——中等臭味(警示气味等级)，可由一个身体健康且嗅觉能力正常的人识别；

3 级——强烈臭味；

4 级——非常强烈臭味；

5 级——最强烈的臭味（气味察觉上限），当超过这一级，嗅觉上臭味不再有增强的感觉。

"应能察觉"的含义是指嗅觉能力正常的人，在空气-燃气混合物中加臭剂气味强度达到 2 级时，应能察觉空气中存在燃气。各种臭味剂的实际加量由此标准实验测定。

（2）对城镇燃气加臭剂的要求 城镇燃气加臭剂应符合下列要求：

① 加臭剂与燃气混合后应具有持久、难闻且与一般气体气味有明显区别的特殊臭味；

② 在正常使用浓度范围内，加臭剂不应对人体、管道或与其接触的材料有害；

③ 加臭剂的浊点应低于 -30℃；

④ 加臭剂应具有一定挥发性，在燃气管道系统中的温度及压力条件下不应冷凝；

⑤ 加臭剂在有效期内，常温、常压条件下储存时应不分解、不变质；

⑥ 加臭剂溶解于水不应大于 2.5%（质量分数）；

⑦ 化学性质稳定，在管道输送的温度和压力条件下加臭剂不应与燃气发生任何化学反应，也不应促成反应；

⑧ 能完全燃烧，燃烧产物不应对人体呼吸有害，并不应腐蚀或损伤与燃烧产物经常接触的材料，且加臭剂燃烧后不应产生固体沉淀；

⑨ 土壤的透过性要好；

⑩ 加臭剂应具有在空气中能察觉的含量指标；

⑪ 价格较低廉。

（3）常用加臭剂及其加入量

① 四氢噻吩。四氢噻吩（THT），又称噻吩烷，其是无色、无毒、无腐蚀性的透明油状液体，具有恶臭气味，是目前国内外使用较为普遍的加臭剂。四氢噻吩是用于燃气加臭最为稳定的化合物，与其他加臭剂相比，具有抗氧化性能强、化学性质稳定、气味存留时间久、燃烧后无残留物、不污染环境、添加量少、腐蚀性小等优点。它通常以未稀释形式使用。

② 硫醇类。硫醇类加臭剂包括乙硫醇（EM）、正丙硫醇（NPM）、异丙硫醇（IPM）、三丁基硫醇（TBM）等，基本能够满足气味剂警示要求，价格较低，气味较四氢噻吩强，但存在具有腐蚀性和毒性、易冷凝、化学性质不稳定等缺点，目前使用不多。

③ 硫醚类。硫醚类包括甲硫醚（MES）、乙硫醚（DES）、二甲基硫醚（DMS）等，气味较弱，单独使用效果不佳，可与硫醇类混合使用，臭味效果较强，一般稍有毒性。如加臭剂 BE，即为由 72% 的乙硫醚、22% 三丁基硫醇和 6% 乙硫醇按质量比例混合而成。

我国目前采用的臭味剂主要是四氢噻吩（THT），几种常见的无毒燃气加臭剂用量见表 1-6。

表 1-6 几种常见的无毒燃气加臭剂（四氢噻吩）用量

燃气种类	加臭剂用量/（mg/m³）
天然气（天然气在空气中的爆炸下限为 5%）	20
液化石油气（C_3 和 C_4 各占一半）	50
液化石油气与空气的混合气（液化石油气：空气＝50：50； 液化石油气成分为 C_3 和 C_4 各占一半）	25

当利用加臭剂寻找地下管道漏气点时，加臭剂的加入量可以增加至正常使用量的 10 倍。在新管线投入使用的最初阶段，加臭剂的加入量应比正常使用量高 2~3 倍，直到管壁铁锈和沉积物被加臭剂饱和为止，再采用正常用量。

（4）加臭工艺　对于燃气进行加臭，基本要求包括：随着燃气的瞬时流量变化连续、均匀、准确加臭；加臭浓度不受管道内燃气流量、温度、压力变化影响；全密闭工作；故障率低等。加臭工艺方法一般包括排液泵式加臭、液滴（差压）式加臭、仪表传动泵式加臭、引射式加臭、旁通吸收式加臭和单片机控制的注入式加臭。

① 排液泵式加臭。排液泵式加臭的工作原理是根据燃气流量的变化自动运转排液泵向管道进行精确加臭。其特点为：不受管道内燃气的流量、温度、压力变化的影响；全密闭工作；故障率低。但设备造价及复杂程度较高。排液泵式加臭的原理工艺流程如图 1-2 所示。

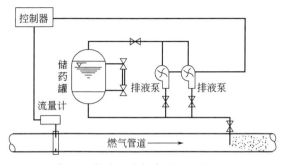

图1-2　排液泵式加臭原理工艺流程

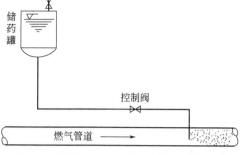

图1-3　液滴（差压）式加臭原理工艺流程

② 液滴（差压）式加臭。采用这种方式加臭的设备非常简单，用一个阀门即可控制加臭过程。其特点为：不耗电力、安全，但难以控制合理的加臭量，加臭量受温度、压力、流量变化影响，一般加臭量偏大，如图1-3所示。

③ 仪表传动泵式加臭。这是利用仪表传动泵加在旁通管道上来实现加臭过程的。该加臭系统设备结构复杂，较难控制，如图1-4所示。

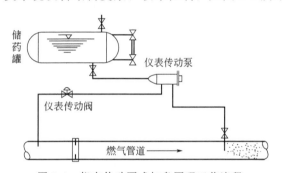

图1-4　仪表传动泵式加臭原理工艺流程

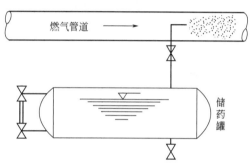

图1-5　引射式加臭原理工艺流程

④ 引射式加臭。引射式加臭工艺是利用空气动力学引射原理把气化的臭气吸入燃气管道中而实现加臭过程的。加臭系统不需用电，设备简单；但加臭量十分难控制，对流量、温度、压力变化也十分敏感，如图1-5所示。

⑤ 旁通吸收式加臭。旁通吸收式加臭工艺是利用储罐内的饱和臭剂气体随着通过储罐内燃气排出储罐混入燃气中而实现加臭过程的。该系统中的加臭设备对温度、压力、流量的变化十分敏感，加臭浓度较难控制，但设备配置较为简单、易行，不耗电力，如图1-6所示。

⑥ 单片机控制的注入式加臭。为适应燃气流量的变化，对燃气进行精确加臭，可以采用单片机控制注入式加臭装置，图1-7是这种装置的简图。加臭剂从储罐1由燃气加臭泵7送入加臭管线10，由加臭剂注入喷嘴，将加臭剂注入燃气管道中与燃气混合。燃气加臭装置的控制器根据从管道中获取输入燃气的流量（或者已加臭燃气中加臭剂的浓度）信号

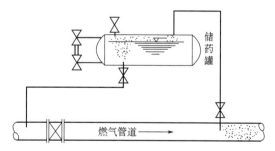

图1-6　旁通吸收式加臭原理工艺流程

控制燃气加臭泵的输出量，从而调整加臭设备的加臭量，使燃气内加臭剂浓度基本保持恒定。

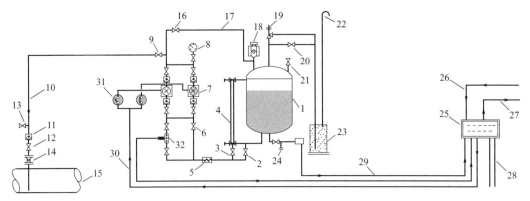

图 1-7 单片机控制的注入式加臭装置简图

1—加臭剂储罐；2—出料阀；3—标定阀；4—标定液位计；5—过滤器；6—旁通阀；
7—燃气加臭泵；8—压力表；9—加臭阀；10—加臭管线；11—逆止阀；12—加臭剂注入喷嘴；
13—清洗检查阀；14—加臭点法兰球阀；15—燃气管道；16—回流阀；17—回流管；18—真空阀；
19—安全放散阀；20—排空阀；21—加臭剂充装管；22—排空管；23—吸收器；24—排污口；
25—燃气加臭装置控制器；26—输入燃气流量信号；27—数据输出；28—供电电源；
29—信号反馈电缆；30—控制电缆；31—防爆开关；32—输出监视仪

第2章

燃气的基本性质

城镇燃气是由多种可燃与不可燃成分组成的混合物，可燃组分一般有碳氢化合物、氢和一氧化碳等；不可燃组分有二氧化碳、氮等。

燃气组成中常见的低级烃和某些单一气体的基本性质列于表 2-1 和表 2-2 中，其是计算燃气特性的基础数据。

表 2-1　某些低级烃的基本性质（273.15K、101.325kPa）

气体		甲烷	乙烷	乙烯	丙烷	丙烯	正丁烷	异丁烷	正戊烷
分子式		CH_4	C_2H_6	C_2H_4	C_3H_8	C_3H_6	C_4H_{10}	C_4H_{10}	C_5H_{12}
摩尔质量 $M/(kg/kmol)$		16.043	30.070	28.054	44.097	42.081	58.124	58.124	72.151
摩尔体积 $V_m/(m^3/kmol)$		22.3621	22.1872	22.2567	21.9360	21.9900	21.5036	21.5977	20.8910
密度 $\rho_0/(kg/m^3)$		0.717	1.355	1.261	2.010	1.914	2.070	2.691	3.454
气体常数 $R/[kJ/(kg \cdot K)]$		517.1	273.7	294.3	184.5	193.8	137.2	137.8	107.3
临界参数	临界温度 T_c/K	191.05	305.45	282.95	368.85	364.75	425.95	407.15	470.35
	临界压力 P_c/MPa	4.6407	4.8839	5.3398	4.3975	4.7623	3.6173	3.6578	3.3437
	临界密度 $\rho_c/(kg/m^3)$	162	210	220	226	232	225	221	232
发热值	高发热值 $H_h/(MJ/m^3)$	39.842	70.351	63.438	101.266	39.667	133.866	133.048	169.377
	低发热值 $H_l/(MJ/m^3)$	35.902	64.397	59.477	93.240	87.677	123.649	122.853	156.733
爆炸极限[①]	爆炸下限 L_l（体积分数）/%	5.0	2.9	2.7	2.1	2.0	1.5	1.8	1.4
	爆炸上限 L_h（体积分数）/%	15.0	13.0	34.0	9.5	11.7	8.5	8.5	8.3
黏度	动力黏度 $\mu/(\times10^{-6}Pa \cdot s)$	10.395	8.600	9.316	7.502	7.649	6.835		6.355
	运动黏度 $\nu/(\times10^{-6}m^2/s)$	14.50	6.41	7.46	3.81	3.99	2.53		1.85
无因次系数 C		164	252	225	278	321	377	368	383

① 在常压和 293K 条件下，可燃气体在空气中的体积百分数。

表 2-2　某些单一气体的基本性质（273.15K、101.325kPa）

气体		一氧化碳	氢	氮	氧	二氧化碳	硫化氢	空气	水蒸气
分子式		CO	H_2	N_2	O_2	CO_2	H_2S		H_2O
摩尔质量 $M/(kg/kmol)$		28.010	2.016	28.013	31.999	44.010	34.076	28.966	18.015
摩尔体积 $V_m/(m^3/kmol)$		22.3984	22.4270	22.4030	22.3923	22.2601	22.1802	22.4003	21.6290
密度 $\rho_0/(kg/m^3)$		1.2506	0.0899	1.2504	1.4291	1.9771	153.63	1.2931	0.8330
气体常数 $R/[kJ/(kg \cdot K)]$		296.63	412.664	296.66	259.585	188.74	241.45	286.867	445.357
临界参数	临界温度 T_c/K	133.0	33.3	126.2	154.8	304.2		132.5	647.3
	临界压力 P_c/MPa	3.4957	1.2970	3.3944	5.0764	7.3866		3.7663	22.1193
	临界密度 $\rho_c/(kg/m^3)$	200.86	31.015	310.910	430.090	468.190		320.070	321.700

续表

气体		一氧化碳	氢	氮	氧	二氧化碳	硫化氢	空气	水蒸气
发热值	高发热值 H_h/(MJ/m³)	12.636	12.745				25.348		
	低发热值 H_l/(MJ/m³)	12.636	10.786				23.368		
爆炸极限[①]	爆炸下限 L_l(体积分数)/%	12.5	4.0				4.3		
	爆炸上限 L_h(体积分数)/%	74.2	75.9				45.5		
黏度	动力黏度 μ/($\times 10^{-6}$ Pa·s)	16.573	8.355	16.671	19.417	14.023	11.670	17.162	8.434
	运动黏度 ν/($\times 10^{-6}$ m²/s)	13.30	93.00	13.30	13.60	7.09	7.63	13.40	10.12
无因次系数 C		104	81.7	112	131	266		122	

① 在常压和 293K 条件下，可燃气体在空气中的体积百分数。

2.1 燃气的物理化学性质

2.1.1 燃气的组成

（1）混合气体的组分　其有三种表示方法：容积成分 y_i、质量成分 g_i 和分子成分 x_i。

① 容积成分是指混合气体中各组分的分容积与混合气体的总容积之比，即 $y_i = \dfrac{V_i}{V}$；混合气体的总容积等于各组分的分容积之和，即 $V = V_1 + V_2 + \cdots + V_n$。

② 质量成分是指混合气体中各组分的质量与混合气体的总质量之比，即 $g_i = \dfrac{G_i}{G}$；混合气体的总质量等于各组分的质量之和，即 $G = G_1 + G_2 + \cdots + G_n$。

③ 分子成分是指混合气体中各组分的物质的量与混合气体的物质的量之比。由于在同温同压下，1mol 任何气体的容积大致相等，因此，气体的分子成分在数值上近似等于其容积成分。

（2）混合液体组分　它的表示方法与混合气体相同，也用容积成分、质量成分和分子成分三种方法表示。

2.1.2 平均分子量、平均密度和相对密度

燃气是多组分的混合物，不能用一个分子式来表示，因而通常将燃气的总质量与燃气的物质的量之比称为燃气的平均分子量。

单位体积的物质所具有的质量，称为这种物质的密度。单位体积的燃气所具有的质量称为燃气的平均密度，密度的单位为 kg/m³。

① 混合气体的平均分子量可按下式计算：

$$M = y_1 M_1 + y_2 M_2 + \cdots + y_n M_n \tag{2-1}$$

式中　　　　　　　M——混合气体平均分子量；

$y_1，y_2，\cdots，y_n$——各单一气体容积成分；

$M_1，M_2，\cdots，M_n$——各单一气体摩尔质量。

② 混合液体的平均分子量可按下式计算：

$$M = x_1 M_1 + x_2 M_2 + \cdots + x_n M_n \tag{2-2}$$

式中　　　　　　　M——混合液体平均分子量；

$x_1, x_2, \cdots, x_n$——各单一液体容积成分；

$M_1, M_2, \cdots, M_n$——各单一液体摩尔质量。

③ 混合气体的平均密度为

$$\rho = \sum y_i \rho_i \tag{2-3}$$

式中　ρ——混合气体的平均密度，kg/m^3；

y_i——燃气中各组分的容积成分；

ρ_i——燃气中各组分在标准状态时的密度，kg/m^3。

湿燃气的密度为

$$\rho^W = (\rho + d) \times \frac{0.833}{0.833 + d} \tag{2-4}$$

式中　ρ^W——湿燃气的密度，kg/m^3；

d——燃气的含湿量，指每立方米干燃气的含湿量，kg/m^3。

④ 气体的相对密度是指气体的密度与相同状态的空气密度的比值。标准状态下混合气体的相对密度可按下式计算

$$s = \frac{\rho}{1.293} \tag{2-5}$$

式中　s——混合气体相对密度；

ρ——混合气体的平均密度，kg/m^3；

1.293——标准状态下空气的密度，kg/m^3。

⑤ 混合液体的平均密度为

$$\rho = \sum y_i \rho_i \tag{2-6}$$

式中　ρ——混合液体的平均密度，kg/L；

y_i——各单一液体容积成分；

ρ_i——混合液体各组分的密度，kg/L。

⑥ 液体的相对密度是指液体的密度与水的密度的比值。由于 4℃时水的密度为 $1kg/L$，所以，4℃时液体的平均密度与相对密度在数值上相等。

几种燃气在标准状态下的密度（平均密度）和相对密度（平均相对密度）列于表 2-3。

表 2-3　几种燃气标准状态下的密度和相对密度

燃气种类	密度/(kg/m^3)	相对密度
天然气	0.75～0.8	0.58～0.62
焦炉煤气	0.4～0.5	0.3～0.4
气态液化石油气	1.9～2.5	1.5～2.0

由表 2-3 可知，天然气、焦炉煤气都比空气轻，而气态液化石油气比空气重。此外，在常温下，液态液化石油气的密度是 $500kg/m^3$ 左右，约为水的一半。

例2-1 已知混合气体各组分的摩尔分数分别为 $y_{C_2H_6}=0.04$，$y_{C_3H_8}=0.75$，$y_{C_4H_{10}}=0.20$（正丁烷），$y_{C_5H_{12}}=0.01$（正戊烷）。求混合气体平均分子量、平均密度和相对密度。

【解】 由表 2-1 查得各组分摩尔质量分别为 $M_{C_2H_6}=30.070$kg/kmol，$M_{C_3H_8}=44.097$kg/kmol，$M_{C_4H_{10}}=58.124$kg/kmol，$M_{C_5H_{12}}=72.151$kg/kmol，按式（2-1）求混合气体的平均分子量：

$$M = y_1M_1 + y_2M_2 + \cdots y_nM_n$$
$$=0.04 \times 30.070 + 0.75 \times 44.097 + 0.20 \times 58.124 + 0.01 \times 72.151$$
$$=46.622 (\text{kg/kmol})$$

由表 2-1 查得标准状态下各组分的密度为：

$\rho_{C_2H_6}=1.355$kg/m³，$\rho_{C_3H_8}=2.010$kg/m³，$\rho_{C_4H_{10}}=2.703$kg/m³，$\rho_{C_5H_{12}}=3.454$kg/m³，按式（2-3）求标准状态下混合气体的平均密度：

$$\rho = \sum y_i\rho_i$$
$$=0.04 \times 1.355 + 0.75 \times 2.010 + 0.20 \times 2.703 + 0.01 \times 3.454$$
$$=2.137 (\text{kg/m}^3)$$

按式（2-5）求混合气体的相对密度：

$$s = \frac{\rho}{1.293} = \frac{2.137}{1.293} = 1.653$$

2.1.3 临界参数与实际气体状态方程

（1）气体的临界参数 当温度不超过某一数值时，对气体进行加压可以使气体液化；而在该温度以上，无论加多大的压力也不能使气体液化，这一温度就称为该气体的临界温度。在临界温度下，使气体液化所需要的压力称为临界压力。如图 2-1 所示，图中 C 点为临界点，其所对应的各项参数称为临界参数。

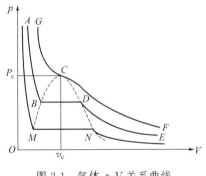

图 2-1　气体 p-V 关系曲线

临界参数是气体的重要物理指标，气体的临界温度越高，越容易液化。如液化石油气中的丙烷、丙烯的临界温度较高，所以只需在常温下加压即可使其液化；而天然气的主要成分——甲烷的临界温度低，所以天然气很难液化。在常压下，需将温度降至-163.15℃以下，才能使其液化。

① 混合气体的平均临界温度可按下式计算

$$T_{m,c} = y_1T_{c1} + y_2T_{c2} + \cdots + y_nT_{cn} \tag{2-7}$$

式中　　　　　$T_{m,c}$——混合气体平均临界温度，K；

$T_{c1},T_{c2},\cdots,T_{cn}$——各单一气体临界温度，K；

$y_1,y_2,\cdots,y_n$——各单一气体的容积成分。

② 混合气体的平均临界压力可按下式计算

$$p_{m,c} = y_1p_{c1} + y_2p_{c2} + \cdots + y_nP_{cn} \tag{2-8}$$

式中　　　　　　$p_{m,c}$——混合气体平均临界压力，MPa；

$p_{c1}, p_{c2}, \cdots, p_{cn}$——各单一气体的临界压力，MPa；

$y_1, y_2, \cdots, y_n$——各单一气体容积成分。

（2）实际气体状态方程　当燃气压力低于 1MPa 和温度在 $10 \sim 20^\circ\text{C}$ 时，在工程上还可视为理想气体。但当压力很高（如在天然气的长输管线中）、温度很低时，用理想气体状态方程进行计算所引起的误差会很大。实际工程中，在理想气体状态方程中引入考虑气体压缩性的压缩因子 Z，可以得到实际气体状态方程式。其中，压缩因子 Z 是随温度和压力而变化的。

$$pv = ZRT \tag{2-9}$$

式中　p——气体的绝对压力，Pa；

v——气体的比容，m^3/kg；

Z——压缩因子；

R——气体常数，$\text{J}/(\text{kg} \cdot \text{K})$；

T——气体的热力学温度，也称绝对温度，K。

例2-2　已知混合气体各组分的体积分数为 $y_{\text{C}_3\text{H}_8} = 0.5$，$y_{\text{C}_4\text{H}_{10}} = 0.5$（正丁烷），求在工作压力 $p = 101.325\text{kPa}$、$T = 273.15\text{K}$ 时的混合气体密度、平均临界温度和平均临界压力。

【解】（1）标准状态下混合气体密度　按式（2-3）和表 2-1，可以得到：

$$\rho = \sum y_i \rho_i = 0.5 \times 2.010 + 0.5 \times 2.070 = 2.04 (\text{kg/m}^3)$$

（2）混合气体的平均临界温度和平均临界压力　由表 2-1 查得丙烷的临界温度和临界压力为：$T_c = 368.85\text{K}$，$p_c = 4.3975\text{MPa}$；正丁烷的临界温度和临界压力为：$T_c = 425.95\text{k}$，$p_c = 3.6173\text{MPa}$。

混合气体的平均临界温度和平均临界压力为：

$$T_{m,c} = y_1 T_{c1} + y_2 T_{c2} + \cdots + y_n T_{cn} = 0.5 \times 368.85 + 0.5 \times 425.95 = 397.4 (\text{K})$$
$$p_{m,c} = y_1 p_{c1} + y_2 p_{c2} + \cdots + y_n p_{cn} = 0.5 \times 4.3975 + 0.5 \times 3.6173 = 4.0074 (\text{MPa})$$

2.1.4　黏度

物质的黏滞性用黏度来表示，黏度可用动力黏度和运动黏度表示。一般情况下，气体的黏度随温度的升高而增大，混合气体的动力黏度随压力的升高而增大，而运动黏度随压力的升高而减小；液体的黏度随温度的升高而降低，压力对液体黏度影响不大。

① 混合气体的动力黏度可按下式近似计算

$$\mu = \frac{\sum g_i}{\sum \left(\dfrac{g_i}{\mu_i} \right)} \tag{2-10}$$

式中　μ——混合气体的动力黏度，Pa·s；

g_i——混合气体中各组分的质量成分；

μ_i——混合气体中各组分的动力黏度，Pa·s。

② 混合液体的动力黏度可按下式近似计算

$$\mu = \frac{1}{\sum\left(\dfrac{x_i}{\mu_i}\right)} \tag{2-11}$$

式中 μ——混合液体的动力黏度，Pa·s；

μ_i——混合液体中各组分的动力黏度，Pa·s；

x_i——各单一液体的容积成分。

③ 混合气体和混合液体的运动黏度为

$$\nu = \frac{\mu}{\rho} \tag{2-12}$$

式中 ν——流体的运动黏度，m^2/s；

μ——相应流体的动力黏度，Pa·s；

ρ——流体的密度，kg/m^3。

例2-3 已知混合气体各组分的容积成分为 $y_{CO_2}=0.019$，$y_{C_mH_n}=0.039$（可按 C_3H_6 计算），$y_{O_2}=0.004$，$y_{CO}=0.063$，$y_{H_2}=0.544$，$y_{CH_4}=0.315$，$y_{N_2}=0.016$。求该混合气体的动力黏度。

【解】① 将容积成分换算为质量成分，并以 g_i 表示混合气体中 i 组分的质量分数，则换算公式为：

$$g_i = \frac{y_i M_i}{\sum y_i M_i}$$

由表 2-1、表 2-2 查得各组分的摩尔质量，计算得到：

$\sum y_i M_i = 0.019 \times 44.010 + 0.039 \times 42.081 + 0.004 \times 31.999 + 0.063 \times 28.010 + 0.544 \times 2.016 + 0.315 \times 16.043 + 0.016 \times 28.013 = 10.968 (kg/kmol)$

各组分的质量分数为：

$$g_{CO_2} = \frac{y_{CO_2} M_{CO_2}}{\sum y_i M_i} = \frac{0.019 \times 44.010}{10.968} = 0.0762$$

依次可得

$g_{C_mH_n}=0.1496, g_{O_2}=0.0117, g_{CO}=0.1609, g_{H_2}=0.1000, g_{CH_4}=0.4607, g_{N_2}=0.0409$。

$\sum g_i = 0.0762 + 0.1496 + 0.0117 + 0.1690 + 0.1000 + 0.4607 + 0.0409 = 1.0$

② 混合气体的动力黏度。由表 2-1、表 2-2 查得各组分的动力黏度代入式（2-10），混合气体的动力黏度为：

$$\mu = \frac{\sum g_i}{\sum\left(\dfrac{g_i}{\mu_i}\right)} = \frac{1.0 \times 10^{-6}}{\dfrac{0.0762}{14.023} + \dfrac{0.1496}{7.649} + \dfrac{0.0117}{19.417} + \dfrac{0.1609}{16.573} + \dfrac{0.1000}{8.355} + \dfrac{0.4607}{10.395} + \dfrac{0.0409}{16.671}}$$

$= 1.063 \times 10^{-5} (Pa·s)$

2.1.5 饱和蒸气压和相平衡常数

（1）饱和蒸气压

① 饱和蒸气压与温度的关系　液态烃的饱和蒸气压，简称为蒸气压，是指在一定温度下，密闭容器中的液体及其蒸气处于动态平衡时，蒸气所表示的绝对压力。

同种液体的蒸气压与容器的大小及其中的液体含量多少无关，仅取决于温度。液态烃的饱和蒸气压随温度的升高而增大。一些低碳烃在不同温度下的蒸气压列于表 2-4 中。

表 2-4　某些低碳烃在不同温度下的蒸气压与温度的关系

温度/℃	饱和蒸气压/MPa						
	乙烷	乙烯	丙烷	丙烯	正丁烷	异丁烷	1-丁烯
−40	0.792	1.47	0.114	0.15			0.023
−35		1.65	0.143	0.18			0.028
−30	1.085	1.88	0.171	0.21		0.0547	0.033
−25		2.18	0.208	0.25		0.0612	0.036
−20	1.446	2.56	0.248	0.31		0.0742	0.056
−15		2.91	0.295	0.38	0.0578	0.0920	0.074
−10	1.891	3.34	0.349	0.45	0.0812	0.1120	0.095
−5		3.79	0.414	0.52	0.0976	0.1380	0.113
0	2.433	4.29	0.482	0.61	0.1170	0.1629	0.139
5			0.556	0.70	0.1410	0.1962	0.165
10	3.079		0.646	0.79	0.1675	0.2290	0.190
15			0.741	0.88	0.2006	0.2582	0.215
20	3.844		0.846	0.97	0.2348	0.3115	0.262
25			0.967	1.11	0.2744	0.3620	0.302
30	4.736		1.093	1.32	0.3202	0.4180	0.366
35			1.231	1.51	0.3670	0.4800	0.439
40			1.396	1.68	0.4160	0.5510	0.497

② 混合液体的蒸气压　在一定温度下，当密闭容器中的混合液体及其蒸气处于动态平衡时，根据道尔顿定律，混合液体的蒸气压等于各组分蒸气分压之和；根据拉乌尔定律，各组分蒸气分压等于此纯组分在该温度下的蒸气压乘以其在混合液体中的容积成分。混合液体的蒸气压可由下式计算

$$p = \Sigma p_i = \Sigma x_i p'_i \tag{2-13}$$

式中　p——混合液体的蒸气压，Pa；

　　　p_i——混合液体中某一组分的蒸气分压，Pa；

　　　x_i——混合液体中该组分的容积成分；

　　　p'_i——该组分在同温度下的蒸气压，Pa。

根据混合气体分压定律，各组分的蒸气分压为

$$p_i = y_i p \tag{2-14}$$

式中 y_i——该组分在气相中的容积成分。

（2）相平衡常数 在一定温度下，一定组成的气液平衡系统中，某一组分在该温度下的蒸气压 p_i' 与混合液体蒸气压 p 的比值是一个常数 k_i；该组分在气相中的容积成分 y_i 与其在液相中的容积成分 x_i 的比值，同样是这一常数 k_i，该常数称为相平衡常数。即

$$\frac{p_i'}{p} = \frac{y_i}{x_i} = k_i \tag{2-15}$$

式中 k_i——相平衡常数。

例2-4 已知液化石油气由丙烷 C_3H_8、正丁烷 $n\text{-}C_4H_{10}$ 和异丁烷 $i\text{-}C_4H_{10}$ 组成，其液相组分的摩尔分数为：$x_{C_3H_8}=0.7$，$x_{n\text{-}C_4H_{10}}=0.2$，$x_{i\text{-}C_4H_{10}}=0.1$，求温度为20℃时系统的压力及气相容积成分。

【解】 运用表2-4和式（2-13），可以得到20℃时系统的压力为：

$$\begin{aligned} p &= \Sigma x_i p_i' \\ &= 0.7 \times 0.846 + 0.2 \times 0.2348 + 0.1 \times 0.3115 \\ &= 0.6703 (\text{MPa}) \end{aligned}$$

达到平衡状态时气相各组分的容积成分按式（2-15）计算：

$$y_{C_3H_8} = \frac{0.7 \times 0.846}{0.6703} = 0.88; \quad y_{n\text{-}C_4H_{10}} = \frac{0.2 \times 0.2348}{0.6703} = 0.07; \quad y_{i\text{-}C_4H_{10}} = \frac{0.1 \times 0.3115}{0.6703} = 0.05.$$

2.1.6 沸点和露点

（1）沸点 液体温度升高至沸腾时的温度称为沸点。在沸腾过程中，液体吸收热量，不断气化，但温度保持在沸点温度并不升高。不同物质的沸点是不同的，同一物质的沸点随压力的改变而改变：压力升高时，其沸点也升高；压力降低时，其沸点也降低。通常所说的沸点是指在一个大气压下液体沸腾时的温度。

显然，液体的沸点越低，越容易沸腾和气化；沸点越高，越难沸腾和气化。比如，在一个大气压下，甲烷的沸点为−163.15℃，所以在常压下甲烷是气态的，要使甲烷液化，需要将温度降至−163.15℃以下。而常压下丙烷的沸点为−42℃，所以，液态丙烷即使在寒冷的天气里，也可以气化。

（2）露点 饱和蒸气经冷却或加压，立即处于过饱和状态，当遇到接触面或冷凝核便液化成露，这时的温度称为露点。露点与碳氢化合物的性质及其压力有关。当用管道输送气态碳氢化合物时，必须保持其温度在露点以上，以防凝结和阻碍输气。

2.1.7 体积膨胀

大多数物质都具有热胀冷缩的性质。液态液化石油气的体积也会因温度的升高而膨胀。通常将温度每升高1℃，液体体积增加的倍数称为体积膨胀系数。一些液态化合物在不同温度范围的体积膨胀系数列于表2-5中。

表 2-5 一些液态化合物在不同温度范围的体积膨胀系数

液体名称	15℃时的体积膨胀系数	下列温度范围内的体积膨胀系数平均值	
		$-20\sim+10$℃	$+10\sim+40$℃
丙烷	0.00306	0.00290	0.00372
丙烯	0.00294	0.00280	0.00368
丁烷	0.00212	0.00209	0.00220
丁烯	0.00203	0.00194	0.00210
水	0.00019		

由表中可以看出,液化石油气的体积膨胀系数很大,比水约大 16 倍。因此,在液化石油气储罐及钢瓶的灌装时,必须考虑温度升高时液体体积的增大,容器中要留有一定的膨胀空间。

(1) 对于单一液体 利用体积膨胀系数可用下式计算出单一液体温度变化时的体积变化值。

$$V_2 = V_1[1+\beta(t_2-t_1)] \tag{2-16}$$

式中 V_1——单一液体温度为 t_1 时的体积,m^3;

V_2——单一液体温度为 t_2 时的体积,m^3;

β——该液体在 t_1 至 t_2 温度范围内的体积膨胀系数平均值。

(2) 对于混合液体 混合液体在温度变化后,其体积可按下式计算:

$$V_2 = V_1\sum y_i[1+\beta_i(t_2-t_1)] \tag{2-17}$$

式中 V_1——混合液体温度为 t_1 时的体积,m^3;

V_2——混合液体温度为 t_2 时的体积,m^3;

β_i——混合液体各组分在 t_1 至 t_2 温度范围内的体积膨胀系数平均值;

y_i——温度为 t_1 时,混合液体各组分的容积成分。

例2-5 已知液态液化石油气的体积分数为 $\varphi_{1,C_3H_8}=0.6$,$\varphi_{1,C_4H_{10}}=0.4$。温度为 10℃时液态液化石油气的密度为 $\rho=0.5448$kg/L。将 15kg 上述混合液体灌装到容积为 35.3L 的气瓶中。如果温度上升至 40℃时,求该混合液体膨胀后的体积。

【解】 温度为 10℃时液态液化石油气的体积:

$$V_1' = \frac{G}{\rho} = \frac{15}{0.5448} = 27.53 \text{ (L)}$$

由表 2-5 查得在 10～40℃温度范围内液态丙烷和丁烷的体积膨胀系数平均值分别为 0.00372 和 0.00220。按式 (2-17),温度升高至 40℃时该混合液体膨胀后的体积为:

$$\begin{aligned}
V_2' &= V_1'\varphi_{1,C_3H_8}[1+\beta_{C_3H_8}(t_2-t_1)] + V_1'\varphi_{1,C_4H_{10}}[1+\beta_{C_4H_{10}}(t_2-t_1)] \\
&= 27.53\times0.60\times[1+0.00372\times(40-10)] + 27.53\times0.40 \\
&\quad \times[1+0.0022\times(40-10)] = 30.10 \text{ (L)}
\end{aligned}$$

2.1.8 水化物

如果碳氢化合物中的水分超过一定含量,在一定的温度和压力条件下,水能与液相和气相的碳氢化合物生成结晶的水化物,水化物也称水合物。在湿燃气中形成水化物的主要原因是高压力或低温条件；次要原因是燃气中含有杂质和燃气流动状态为高速、紊流及脉动等。

水化物是不稳定的结合物，当压力降低或温度升高时，可自动分解。在输送湿燃气的管道中应采取措施，防止水化物的形成。在寒冷地区，应对燃气中的水分加以控制，并采取降低输送压力、升高温度或加入防冻剂等措施。

2.2 燃气的热力与燃烧特性

2.2.1 气化潜热

单位数量的物质由液态变成与之处于平衡状态的蒸气所吸收的热量称为该物质的气化潜热。反之，由蒸气变成与之处于平衡状态液体时所放出的热量为该物质的凝结热。同一物质在同一状态时气化潜热与凝结热是同一数值，其实质为饱和蒸气与饱和液体的焓差。

2.2.2 燃气的热值

燃气的热值是指单位数量的燃气完全燃烧时所放出的全部热量。

燃气的热值分为高热值和低热值。高热值是指单位数量的燃气完全燃烧后，其燃烧产物与周围环境恢复到燃烧前的原始温度，烟气中的水蒸气凝结成同温度的水后所放出的全部热量。低热值则是指在上述条件下，烟气中的水蒸气仍以蒸汽状态存在时，所获得的全部热量。

干燃气的发热值为：

$$H_h = y_1 H_{h1} + y_2 H_{h2} + \cdots + y_n H_{hn} \tag{2-18}$$

$$H_l = y_1 H_{l1} + y_2 H_{l2} + \cdots + y_n H_{ln} \tag{2-19}$$

式中　　　　　　H_h——干燃气的高发热值，MJ/m³；

H_l——干燃气的低发热值，MJ/m³；

y_1，y_2，…，y_n——各单一气体容积成分，%；

H_{h1}，H_{h2}，…，H_{hn}——各单一气体的高发热值，MJ/m³；

H_{l1}、H_{l2}…、H_{ln}——各单一气体的低发热值，MJ/m³。

湿燃气与干燃气的发热值换算关系为：

$$H_h^w = (H_h + 2352 d_g) \times \frac{0.833}{0.833 + d_g} \tag{2-20}$$

$$H_l^w = H_l \times \frac{0.833}{0.833 + d_g} \tag{2-21}$$

式中　H_h^w——湿燃气的高发热值，MJ/m³；

H_l^w——湿燃气的低发热值，MJ/m³；

d_g——燃气的含湿量，指每立方米干燃气的含湿量，kg/m³。

在实际工程中，因为烟气中的水蒸气通常以气体状态排出，可利用的只是燃气的低热值。因此，在工程实际中一般以燃气的低热值作为计算依据。

2.2.3 爆炸极限

在密闭空间中,可燃气体与空气的混合物遇点火源(如明火等)而引起爆炸时的可燃气体浓度范围称为爆炸极限。在这种混合物中,当可燃气体的含量减少到不能形成爆炸混合物时的含量,称为可燃气体的爆炸下限。而当可燃气体含量增加到不能形成爆炸混合物时的含量,称为爆炸上限。可燃气体的爆炸上下限统称为爆炸极限。

① 对于不含氧及惰性气体的燃气,其爆炸极限可按下式估算:

$$L=\frac{100}{\sum\frac{y_i}{L_i}} \tag{2-22}$$

式中　L——不含氧及惰性气体的可燃气体混合物爆炸上(下)限,%;

y_i——单一可燃气体在不含氧及惰性气体的燃气中的容积成分,%;

L_i——单一可燃气体的爆炸上(下)限,%。

② 含有惰性气体的燃气,其爆炸极限可按下式估算:

$$L_D=\frac{L\left(1+\frac{y_D}{100-y_D}\right)\times100}{100+L\left(\frac{y_D}{100-y_D}\right)} \tag{2-23}$$

式中　L_D——含有惰性气体的混合燃气爆炸上(下)限,%;

L——根据式(2-22)计算的爆炸上(下)限,%;

y_D——惰性气体在混合燃气中所占的容积成分,%。

例2-6　油田伴生气各成分含量(体积分数)如下:$\varphi(CH_4)=80.1\%$,$\varphi(C_2H_6)=9.8\%$,$\varphi(C_3H_8)=3.8\%$,$\varphi(C_4H_{10})=2.3\%$,$\varphi(N_2)=0.6\%$,$\varphi(CO_2)=3.4\%$,求其爆炸极限。

【解】　① 油田伴生气中惰性气体所占体积分数:
$$\varphi_D=\varphi(N_2)+\varphi(CO_2)=4.0\%$$

② 油田伴生气中扣除惰性气体后的纯可燃气体部分中各燃气成分的容积成分:

$$\varphi_{CH_4}=\frac{\varphi(CH_4)}{100-\varphi_D}\times100\%=83.4\%$$

$$\varphi_{C_2H_6}=\frac{\varphi(C_2H_6)}{100-\varphi_D}\times100\%=10.2\%$$

$$\varphi_{C_3H_8}=\frac{\varphi(C_3H_8)}{100-\varphi_D}\times100\%=4.0\%$$

$$\varphi_{C_4H_{10}}=\frac{\varphi(C_4H_{10})}{100-\varphi_D}\times100\%=2.4\%$$

③ 计算不含惰性气体时的爆炸极限值:

$$L_h=\frac{100}{\sum\frac{y_i}{L_{hi}}}=\frac{100}{\frac{83.4}{15.0}+\frac{10.2}{13.0}+\frac{4.0}{9.5}+\frac{2.4}{8.5}}\times100\%=14.15\%$$

$$L_l = \frac{100}{\sum \frac{y_i}{L_{li}}} = \frac{100}{\frac{83.4}{5.0} + \frac{10.2}{2.9} + \frac{4.0}{2.1} + \frac{2.4}{1.5}} \times 100\% = 4.22\%$$

④ 计算含惰性气体的油田伴生气的爆炸极限值：

$$L_{Dh} = \frac{L_h \left(1 + \frac{y_D}{100 - y_D}\right) \times 100}{100 + L_h \left(\frac{y_D}{100 - y_D}\right)} = \frac{14.15 \times \left(1 + \frac{4.0}{100 - 4.0}\right) \times 100}{100 + 14.15 \times \left(\frac{4.0}{100 - 4.0}\right)} = 14.65\%$$

$$L_{Dl} = \frac{L_l \left(1 + \frac{y_D}{100 - y_D}\right) \times 100}{100 + L_l \left(\frac{y_D}{100 - y_D}\right)} = \frac{4.22 \times \left(1 + \frac{4.0}{100 - 4.0}\right) \times 100}{100 + 4.22 \times \left(\frac{4.0}{100 - 4.0}\right)} = 4.39\%$$

2.2.4 烃类气体的状态图

在进行热力计算时，一般需要使用饱和蒸气压 p、比容 v、温度 T、比焓 h 和比熵 s 等五种状态参数。为了使用方便，将这些参数值绘制成曲线图，称之为状态图。只要知道上述五个参数中的任意两个参数时，即可在状态图上确定其状态点，并可在图上直接查得该状态下的其他参数。

状态图如图 2-2 所示。图中 C 点为临界状态点，CF 线为饱和液体线，CS 线为饱和蒸气线。整个状态图分三个区域：CF 线的左侧为液相区，CS 线的右侧为气相区，CF 线和 CS 线之间为气液共存区。水平线为等压线 p（单位：MPa），垂直线为等比焓线 h（单位：kJ/kg），液相区的 OB 线表示液体的密度 ρ_1（单位：kg/m³），曲线 $O'H'B'$ 表示气体（蒸气）的密度 ρ_v（单位：kg/m³），折线 $TEMG$ 表示低于临界温度时的等温线，曲线 $T'E'$ 表示温度高于临界温度时的等温线，曲线 AD 为等熵线，由临界状态点 C 引出的 Cx 线为蒸气的等干度线。

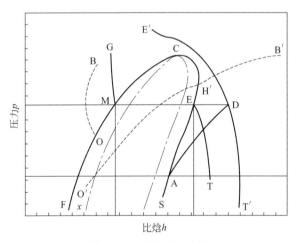

图 2-2　状态图的示意图

所谓干度，是指单位质量的饱和液体和饱和蒸气中所含饱和蒸气的质量，常用符号 x 表示：

$$x = \frac{饱和蒸气质量}{饱和液体质量 + 饱和蒸气质量}$$

式中　x——干度，kg/kg。

显然，饱和液体线 CF 上各点的干度 $x=0$，饱和蒸气线 CS 上各点的干度 $x=1$。

图 2-3、图 2-4 和图 2-5 分别为甲烷、丙烷和正丁烷的状态图。

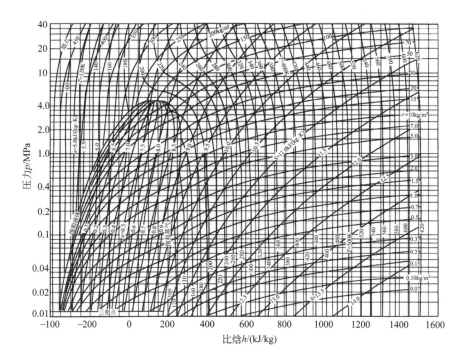

图 2-3　甲烷状态图

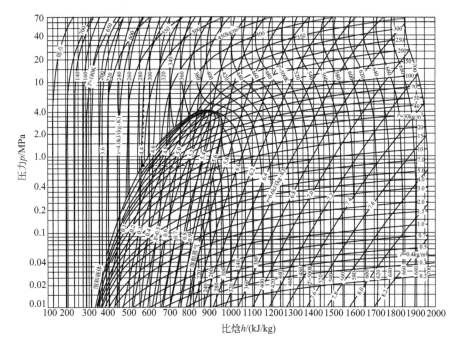

图 2-4　丙烷状态图

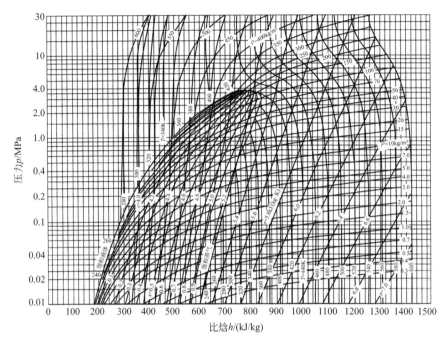

图 2-5 正丁烷状态图

例2-7　求温度为 15℃时，容器中液态丙烷自然蒸发时的饱和蒸气压。

【解】　在图 2-4 丙烷状态图上，找到 15℃的等温线与饱和蒸气线的交点，过该点引等压线（平行于横坐标）至纵坐标，即可得饱和蒸气压 $p=0.74$MPa。

例2-8　求温度为 15℃时，容器中液相和气相丙烷的比容和密度。

【解】　在图 2-4 丙烷状态图上，找到 15℃的等温线与饱和液体线、饱和蒸气线的交点，由两交点查得液相丙烷和气相丙烷的密度分别为：$\rho_1=508$kg/m³；$\rho_v=15.5$kg/m³。
相应的比容为

$$v_1=\frac{1}{508}=0.00197(\text{m}^3/\text{kg})；v_v=\frac{1}{15.5}=0.0645(\text{m}^3/\text{kg})$$

例2-9　求温度为 15℃时，容器中液态丙烷的气化潜热。

【解】　在图 2-4 丙烷状态图上，找到 15℃的等温线与饱和液体线、饱和蒸气线的交点，交点所对应的横坐标轴上的数值即为饱和液体的比焓 $h_1=560$kJ/kg 及饱和蒸气的比焓 $h_v=914$kJ/kg，饱和蒸气与饱和液体的比焓差即为气化潜热：

$$r=h_v-h_1=914-560=354(\text{kJ/kg})$$

第3章

城镇燃气的需用量和供需平衡

3.1 用户类型及用气指标

早期的城镇燃气主要用于照明，以后逐渐发展为用于炊事及生活用水的加热，然后扩展到工业领域用做工业燃料（热加工）和化工原料。随着燃气事业的发展，特别是天然气的大量开采和远距离的输送，燃气已成为能源消耗的重要支柱，并应用于国民经济的各个领域。

3.1.1 用户类型和供气原则

3.1.1.1 用户类型

城镇燃气用户包括以下几种类型：

（1）居民用户 居民用户是指以燃气为燃料进行炊事和制备热水的家庭燃气用户。居民用户是城镇供气的基本对象，也是必须保证连续稳定供气的用户。

居民用户的用气特点是：单户用气量不大，用气随机性较强。

（2）商业用户 商业用户是指用于商业或公共建筑制备热水或炊事的燃气用户。商业用户包括餐饮业、幼儿园、医院、宾馆酒店、洗浴、洗衣房、超市、机关、学校和科研机构等。对于学校和科研机构，燃气还用于实验室。

商业用户的用气特点是：用气量不是很大，用气比较有规律。

（3）工业用户 工业用户是以燃气为燃料从事工业生产的用户。工业用户用气主要用于各种生产工艺。

工业用户的用气特点是：用气比较有规律，用气量较大，而且用气比较均衡。在供气不能完全满足需要时，还可以根据供气情况要求工业用户在规定的时间内停气或用气。

（4）采暖、制冷用户 采暖、制冷用户是指以燃气为燃料进行采暖、制冷的用户。

（5）燃气汽车及船舶用户 指以燃气作为汽车、船舶动力燃料的用户。

（6）燃气电站及分布式能源用户 指以燃气作为燃料的电站或分布式冷热电联产用户。

3.1.1.2 供气原则

燃气是一种优质的燃料，应力求经济合理地充分发挥其使用效能。供气原则是一项与很多重大设计原则有关联的复杂问题，不仅涉及国家的能源政策，而且与当地的具体情况密切相关。在天然气的利用方面，应综合考虑资源分配、社会效益、环保效益和经济效益等各方面因素。我国根据不同用户的用气特点，将天然气的利用分为优先类、允许类、限制类和禁止类，优先发展居民用户、商业用户、汽车用户和分布式冷热电联产用户的用气。

（1）居民用气供气原则

① 应优先满足城镇居民炊事和生活用热水及商业用户的用气；

② 采暖与空调对于改善北方冬季的室内环境及缓解南方夏季用电高峰有着重要作用，在天然气气量充足的前提下应积极发展。

（2）工业用气供气原则

① 优先供应在工艺上使用燃气后，可使产品产量及质量有很大提高的工业企业；

② 使用燃气后能显著减轻大气污染的工业企业；

③ 作为缓冲用户的工业企业。

（3）城镇交通用气供气原则　汽车以燃气为燃料，可以有效改善城镇中因汽车尾气排放导致的大气污染。另外，由于目前存在的汽油与燃气之间的差价，发展燃气汽车也可以减少交通成本。因此，燃气汽车用户应优先发展。

（4）工业与民用供气的比例　工业和民用用气的比例受城镇发展、资源分配、环境保护和市场经济等诸多因素影响。一般应优先发展民用用气，同时发展工业用气，两者要兼顾。这样有利于缓解燃气使用的不均匀性、减少储气容积、减小高峰负荷、有利于节假日的调度平衡等。另外，从提高能源效率、改善大气环境和发展低碳经济方面考虑，天然气占城镇能源的比例将大幅提高，从而带动工业用气的发展。发达国家工业用气比例普遍达到70％左右，民用用气占30％左右。

3.1.2　用气指标

用气指标又称耗气定额，是进行城镇燃气规划、设计，估算燃气用量的主要依据。因各类燃气热值不同，所以常用热量指标表示用气量指标。

（1）居民生活用气量指标　居民生活用气量指标是指城镇居民每人每年平均燃气用量。影响居民生活用气量指标的因素很多，如住宅燃气用具的类型和数量、住宅建筑等级和卫生设备的设置水平、采暖方式，以及热源种类、居民生活用热习惯，还有生活水平、居民每户平均人口数、气候条件、公共生活服务设施的发展情况与燃气价格等。各种因素对居民生活用气量指标的影响无法精确确定，通常根据居民生活用气量实际统计资料，经过综合分析和计算得到用气量指标。当缺乏用气量的实际统计资料时，可根据当地的实际燃料消耗量、生活习惯、燃气价格及气候条件等具体情况，参照表 3-1 确定。

表 3-1　城镇居民生活用气量指标

城镇地区	有集中采暖的用户/[MJ/(人·a)]	无集中采暖的用户/[MJ/(人·a)]
东北地区	2303～2721	1884～2303
华东、中南地区	—	2093～2303
北京	2721～3140	2512～2931
成都	—	2512～2931

（2）商业用户用气量指标　影响商业用户用气量指标的因素主要有城镇燃气的供应状况、燃气管网布置情况、商业的分布情况、居民使用公共服务设施的程度、用气设备的性能、热效率、运行管理水平、使用均衡程度以及地区的气候条件等。应按商业用户用气量的实际统计资料分析确定用气量指标。当缺乏用气量的实际统计资料时，也可根据当地的实际燃料消耗量、生活习惯、燃气价格和居民消费水平以及气候条件等具体情况，参照表 3-2 确定。

表 3-2　几种商业用气量指标

类别		单位	用气量指标	类别		单位	用气量指标
职工食堂		MJ/(人·a)	1884~2303	旅馆、招待所	有餐厅	MJ/(床位·a)	3350~5024
饮食业		MJ/(座·a)	7955~9211		无餐厅	MJ/(床位·a)	670~1047
托儿所、幼儿园	全托	MJ/(人·a)	1884~2512	高级宾馆		MJ/(床位·a)	8374~10467
	半托	MJ/(人·a)	1256~1675				
医院		MJ/(座位·a)	2931~4187	理发		MJ/(人·次)	3.35~4.19

（3）工业企业用气量指标　工业企业用气量指标可由产品的耗气定额或其他燃料的实际消耗量进行折算，也可按同行业的用气量指标分析确定。

（4）建筑物采暖及空调用气量指标　采暖及空调用气量指标可按国家现行的采暖、空调设计规范或当地建筑物耗热量指标确定。

（5）燃气汽车用气量指标　燃气汽车用气量指标应根据当地燃气汽车的种类、车型和使用量的统计分析确定。当缺乏统计资料时，可参照已有燃气汽车的城镇的用气量指标确定。

3.2　燃气需用工况

3.2.1　年用气量计算

城镇燃气的需用量一般按年用气量计算。年用气量主要取决于用户类型、数量和用气量指标，并应适当考虑城镇燃气发展规划。在进行城镇燃气年用气量计算时，应分别计算各类用户的年用气量，各类用户年用气量与未预见量之和即为该城镇的年用气量。

（1）居民生活年用气量　在计算居民生活年用气量时，需要确定用气人数。居民用气人数取决于城镇居民人口数及气化率。气化率是指城镇居民使用燃气的人口数占城镇总人口数的比例。由于有一部分房屋结构不符合安装燃气设备的条件或居民点远离城镇燃气管网，一个城镇的气化率很难达到100%。

居民生活年用气量可按式（3-1）计算：

$$Q_a = \frac{Nkq}{H_l} \tag{3-1}$$

式中　Q_a——居民生活年用气量，m^3/a；

　　　N——居民人口数，人；

　　　k——气化率，%；

　　　q——居民生活用气量指标，$kJ/(人·a)$；

　　　H_l——燃气低热值，kJ/m^3。

（2）商业用户年用气量　在计算商业用户年用气量时，首先要确定各类商业用户的用气量指标、居民数及各类用户用气人数占总人口的比例。对于商业用户，用气人口数取决于城镇居民人口数和商业用户设施标准。列入这种标准的有：1000 名居民中入托儿所、幼儿园的人数，为 1000 名居民设置的医院、旅馆床位数等。

商业用户年用气量可按式（3-2）计算：

$$Q_a = \frac{MNq}{H_l} \tag{3-2}$$

式中　Q_a——商业用户年用气量，m^3/a；

　　　N——居民人口数，人；

　　　M——各类用气人数占总人口数的比例；

　　　q——各类商业用户用气量指标，$kJ/(人 \cdot a)$；

　　　H_l——燃气低热值，kJ/m^3。

　　此外，当商业用户的用气量不能准确计算时，还可在考虑公共建筑设施建设标准的前提下，按城镇居民生活年用气量的某一比例进行估算。例如，在计算出城镇居民生活的年用气量后，可按居民生活年用气量的 10%～30% 估算城镇商业用户的年用气量。

　　（3）工业企业年用气量　工业企业年用气量与生产规模、班制和工艺特点有关，通常由计算确定。计算方法有以下两种：

　　① 工业企业年用气量可利用各种工业产品的用气定额及其年产量来计算。工业产品的用气定额，可根据有关设计资料或参照已用气企业的产品用气定额选取。

　　② 在缺乏产品用气定额资料的情况下，通常是将该工业企业其他燃料的年用量，折算成用气量，折算公式见式（3-3）：

$$Q_a = \frac{1000 G_y H_l' \eta'}{H_l \eta} \tag{3-3}$$

式中　Q_a——年用气量，m^3/a；

　　　G_y——其他燃料年用量，t/a；

　　　H_l'——其他燃料的低热值，kJ/kg；

　　　H_l——燃气低热值，kJ/m^3；

　　　η'——其他燃料燃烧设备热效率；

　　　η——燃气燃烧设备热效率。

　　（4）建筑物采暖年用气量　建筑物采暖年用气量可按式（3-4）计算：

$$Q_a = \frac{0.0864 N_h A q_h (t_i - t_a)}{H_l \eta (t_i - t_{o,h})} \tag{3-4}$$

式中　Q_a——采暖用户年用气量，m^3/a；

　　　N_h——采暖期天数，d；

　　　A——使用燃气采暖的建筑面积，m^2；

　　　q_h——采暖热指标，W/m^2；

　　　t_i——采暖室内计算温度，℃；

　　　t_a——采暖期平均室外温度，℃；

　　　$t_{o,h}$——采暖室外计算温度，℃；

　　　H_l——燃气低热值，MJ/m^3；

　　　η——燃气采暖系统热效率。

　　由于各地采暖计算温度不同，所以各地区的采暖热指标是不同的，可参照《城镇供热管网设计规范》（CJJ 34—2010）或当地建筑物耗热量指标确定。

　　（5）燃气汽车、船舶年用气量　燃气汽车、船舶年用气量应根据当地燃气汽车、船舶的种类、型号和使用量的统计数据分析或计算后确定。

（6）燃气电站及分布式能源用气量　燃气电站及分布式能源用气量，应根据其发电量及设备效率统计分析计算后确定。

（7）未预见量　城镇年用气量中还应计入未预见量，它包括管网的燃气漏损量和发展过程中未预见的供气量。一般未预见量按总用量的 5% 计算。

因此，城镇燃气年用气量为各类用户年用气量总和的 1.05 倍，即：

$$Q'_a = 1.05 \sum Q_a \tag{3-5}$$

式中　Q'_a——城镇燃气年用气量总和，m^3/a；

Q_a——城镇各类用户的年用气量，m^3/a。

3.2.2　用气不均匀情况描述

城镇燃气的特点是供气基本均匀，用户的用气是不均匀的，其不均匀性可表现为月不均匀性（或季节不均匀性）、日不均匀性及小时不均匀性。影响城镇燃气需用工况的因素主要是各类用户的需用工况及这些用户在总用气量中所占的比例。

（1）月用气不均匀性　影响月用气不均匀性的主要因素是气候条件，一般冬季各类用户的用气量都会增加。居民生活及商业用户加热食物、生活用水的用热会随着气温降低而增加；而工业用户即使生产工艺及产量不变化，由于冬季炉温及材料温度降低，生产用热也会有一定程度的增加。采暖与空调用气属于季节性负荷，只有在冬季采暖和夏季使用空调的时候才会用气。显然，季节性负荷对城镇燃气的季节或月不均匀性影响最大。

每月的用气不均匀情况用月不均匀系数 K_m 表示。由于每个月的天数不同，因而月不均匀系数不能用各月的用气量与全年的平均月用气量的比值来表示，而用式（3-6）确定，即

$$K_m = \frac{该月平均日用气量}{全年平均日用气量} \tag{3-6}$$

12 个月中平均日用气量最大的月，即月不均匀系数值最大的月，称为计算月，并将月最大不均匀系数 K_m^{max} 称为月高峰系数。几个城市的居民用气月不均匀系数见表 3-3。

表 3-3　居民用气月不均匀系数

月份	哈尔滨	北京	上海	月份	哈尔滨	北京	上海
一	1.10	1.05	1.12	七	0.93	0.88	0.91
二	1.03	1.03	1.32	八	0.94	0.91	0.91
三	1.02	0.93	1.12	九	0.97	1.01	0.91
四	0.97	0.99	1.03	十	1.02	1.01	0.92
五	0.95	1.03	0.97	十一	1.05	1.07	0.91
六	0.94	0.94	0.91	十二	1.08	1.15	0.98

（2）日用气不均匀性　一个月或一周中日用气的波动主要由以下因素决定：居民生活习惯、工业企业的工作和休息制度、室外气温变化等。

居民生活的炊事和热水日用气量具有很大的随机性，用气工况主要取决于居民生活习惯，工作日和节假日用气规律各不相同，表 3-4 列出了上海市居民生活一周中每日燃气用气量占周用气量的比例。此外，即使居民的日常生活有严格的规律，日用气量仍然会随室外温度等因素发生变化。

表 3-4　上海市居民生活燃气日用气量占周用气量的比例

星期	一	二	三	四	五	六	日
比例/%	12.8	13.3	13.4	13.3	13.4	16.3	17.5

工业企业的工作和休息制度比较有规律。工业企业的日用气量在平时波动较小，而在轮休日和节假日波动较大。

室外气温在一周中的变化没有一定的规律性，气温低的日子里，用气量大。采暖用气的日用气量在采暖期内随室外温度变化有一些波动，但相对来讲是比较稳定的。

一个月（或一周）的日用气不均匀情况用日不均匀系数 K_d 表示。计算月中，日最大不均匀系数称为日高峰系数 K_d^{max}，可按式（3-7）计算：

$$K_d^{max} = \frac{\text{计算月中最大日用气量}}{\text{计算月中平均日用气量}} \qquad (3-7)$$

（3）小时用气不均匀性　城镇中各类用户在一昼夜中各小时的用气量有很大变化，特别是居民和商业用户。居民用户的小时不均匀性与居民的生活习惯、供气规模和所用燃具等因素有关，一般会有早、中、晚三个高峰。商业用户的用气与其用气目的、用气方式、用气规模等有关。工业企业用气主要取决于工作班制、工作小时数等。一般三班制工作的工业用户，用气工况基本是均匀的；其他班制的工业用户在其工作时间内，用气也是相对稳定的。在采暖期，大型采暖设备的用气工况相对稳定，单户独立采暖的小型采暖炉，多为间歇式工作。

一天中每个小时的用气不均匀性可用小时不均匀系数 K_h 表示。计算月中，最大用气量日的小时最大不均匀系数称为小时高峰系数 K_h^{max}，可按式（3-8）计算：

$$K_h^{max} = \frac{\text{计算月中最大用气量日的小时最大用气量}}{\text{计算月中最大用气量日的平均小时用气量}} \qquad (3-8)$$

某市小时不均匀系数见表 3-5。

表 3-5　某市小时不均匀系数

时间段	居民住宅及商业	工业企业	时间段	居民住宅及商业	工业企业
1:00～2:00	0.31	0.64	13:00～14:00	0.67	1.27
2:00～3:00	0.40	0.54	14:00～15:00	0.55	1.33
3:00～4:00	0.24	0.71	15:00～16:00	0.97	1.26
4:00～5:00	0.39	0.77	16:00～17:00	1.70	1.31
5:00～6:00	1.04	0.60	17:00～18:00	2.30	1.33
6:00～7:00	1.17	1.17	18:00～19:00	1.46	1.17
7:00～8:00	1.25	1.15	19:00～20:00	0.82	1.08
8:00～9:00	1.24	1.31	20:00～21:00	0.51	1.04
9:00～10:00	1.57	1.57	21:00～22:00	0.36	1.16
10:00～11:00	2.71	0.93	22:00～23:00	0.31	0.57
11:00～12:00	2.46	1.16	23:00～24:00	0.24	0.66
12:00～13:00	0.98	1.21	24:00～次日 1:00	0.32	0.47

3.2.3　小时计算流量的确定

在设计燃气输配系统时，城镇燃气输配系统的管径及设备的通过能力不能直接用燃气的年用气量来确定，而应按计算月小时最大流量进行计算。小时计算流量的确定，关系到燃气输配系统的经济性和可靠性。小时计算流量定得偏高，将会增加输配系统的金属用量和基建投资；定得偏低，又会影响用户的正常用气。

确定燃气小时计算流量的方法有两种：不均匀系数法和同时工作系数法。这两种方法各有其特点和使用范围。

（1）不均匀系数法 这种方法适用于计算各种压力和用途的城镇燃气分配管道的小时流量。计算公式如式（3-9）所示：

$$Q_h = \frac{Q_a}{365 \times 24} K_m^{\max} K_d^{\max} K_h^{\max} \tag{3-9}$$

式中 Q_h——燃气小时计算流量，m^3/h；

Q_a——年用气量，m^3/a；

$K_m^{\max}$——月高峰系数；

$K_d^{\max}$——日高峰系数；

$K_h^{\max}$——小时高峰系数。

用气高峰系数应根据城镇用气量的实际统计资料确定。居民生活和商业用户用气的高峰系数，应根据该城镇各类用户燃气用量的变化情况，编制成月、日及小时用气负荷资料，经分析研究确定。城镇居民和商业用气高峰系数见表 3-6。

表 3-6 城镇居民和商业用气高峰系数

序号	城镇名称	$K_m^{\max}$	$K_d^{\max}$	$K_h^{\max}$	$K_m^{\max} K_d^{\max} K_h^{\max}$
1	北京	1.15~1.25	1.05~1.11	2.64~3.14	3.20~4.35
2	上海	1.24~1.30	1.10~1.17	2.72	3.70~4.14
3	大连	1.21	1.19	2.25~2.78	3.24~4.00
4	鞍山	1.06~1.15	1.03~1.07	2.40~3.24	2.61~4.00
5	沈阳	1.18~1.23		2.16~3.00	
6	哈尔滨	1.15	1.10	2.90~3.18	3.66~4.02
7	一般城市	1.10~1.30	1.05~1.20	2.20~3.20	2.54~4.99

供应用户数较多时，小时高峰系数取偏小的数值。对于个别的独立居民点，当总户数少于 1500 户时，作为特殊情况，小时高峰系数甚至可以选取 3.3~4.0。供暖用气不均匀性可根据当地气象资料及供暖用气工况确定。

工业企业和燃气汽车用户的燃气小时计算流量，宜按每个独立用户生产的特点和燃气用量的变化情况，编制成月、日和小时用气负荷资料确定。

（2）同时工作系数法 这种方法适用于居民小区、庭院及室内燃气管道的设计计算。在用户的用气设备确定以后，可以用这种方法确定管道的小时计算流量，计算公式如式（3-10）所示：

$$Q_h = K_t \sum (K_0 Q_n N) \tag{3-10}$$

式中 Q_h——庭院及室内燃气管道的计算流量，m^3/h；

K_t——不同类型用户的同时工作系数，当缺乏资料时，可取 $K_t=1$；

K_0——相同燃具或相同组合燃具的同时工作系数；

Q_n——相同燃具或相同组合燃具的单台额定流量，m^3/h；

N——相同燃具或相同组合燃具数。

同时工作系数 K_0 反映燃气用具集中使用的程度，它与用户的生活规律、燃气用具的种类及数量等因素密切相关。居民生活用燃具的同时工作系数列于表 3-7。

表 3-7　居民生活用燃具的同时工作系数

同类型燃具的数目	燃气双眼灶	燃气双眼灶和快速热水器	同类型燃具的数目	燃气双眼灶	燃气双眼灶和快速热水器
1	1.00	1.00	40	0.39	0.18
2	1.00	0.56	50	0.38	0.178
3	0.85	0.44	60	0.37	0.176
4	0.75	0.38	70	0.36	0.174
5	0.68	0.35	80	0.35	0.172
6	0.64	0.31	90	0.345	0.171
7	0.60	0.29	100	0.34	0.17
8	0.58	0.27	200	0.31	0.16
9	0.56	0.26	300	0.30	0.15
10	0.54	0.25	400	0.29	0.14
15	0.48	0.22	500	0.28	0.138
20	0.45	0.21	700	0.26	0.134
25	0.43	0.20	1000	0.25	0.13
30	0.40	0.19	2000	0.24	0.12

由表 3-7 可见，同时工作系数与用户数及燃气设备类型有关。用户数越多，同时工作系数也越小。

3.3　城镇燃气输配系统的供需平衡

城镇燃气的需用工况是不均匀的，随月、日、时而变化，但一般燃气气源的供应量是均匀的，不可能完全随需用工况而变化。为解决均匀供气与不均匀用气之间的矛盾，保证不间断地向用户供应正常压力和流量的燃气，需要采取一些措施使燃气输配系统供需平衡。

3.3.1　供需平衡的调节方法

（1）城镇独立气源供气的供需平衡　平衡燃气输配系统的用气不均匀性，需要有调峰措施（调度供气措施）。以往城镇燃气公司一般统管气源、输配和应用，因而平衡用气的不均匀性由当地燃气公司统筹调度解决。通常采用的方法有：利用缓冲用户进行调节、改变气源的生产能力和设置补充气源、利用储气设施进行调节。

（2）以门站接收长输管线供气作为气源的供需平衡　在长输管线供气到来之后，供需双方应明确彼此在调峰和安全供气方面所承担的责任。城镇燃气属于整个天然气系统的下游（需气方），长输管道为中游，天然气开采、净化为上游（中游和上游可合称为城镇燃气的供气方）。在调节燃气供需平衡时，应根据我国政策、实际实施的可能性及经济性考虑，通常是由供气方解决季节性供需平衡，需气方解决日供需平衡，现分别叙述：

① 季节性供需平衡方法。

a. 地下储气。地下储气库储气量大，造价和运行费用较低，可用来平衡季节不均匀用气。但不应该用来平衡日不均匀用气及小时不均匀用气，地下储气库频繁地储气和采气会使储气库的投资和运行费用增加，经济可行性差。

　　b. 液态储存。天然气液态存储常采用低温常压的储存方法，天然气由气态变为液态体积缩小约 600 倍，可大大提高天然气的储存量，如可将液化天然气储存在绝热良好的低温储罐或冻穴储气库中，在用气高峰时气化后供出。液化天然气气化方便，负荷调节范围广，适于调节各种不均匀用气。但对于季节调峰量大的城镇和地区，液态存储没有建地下储气库经济，因此多用在不具备建设地下储气库地质条件的地区。

　　目前国内外建设的液化天然气场站有"卫星站"和"调峰全能站"，站内设有储存和再气化装置。"卫星站"构造简单，可拆可装，还可用汽车拖载，可作为中小城镇调峰用气的手段，也可作为设备大修或事故处理过程中保证安全供气的措施。"调峰全能站"的容量比"卫星站"大，可作为天然气管道尚未到达的小城镇的燃气气源。

　　② 日供需平衡方法。

　　a. 管道储气。高压燃气管束储气及长输干管末端储气，是平衡日不均匀用气和小时不均匀用气的有效办法。高压管束储气是将一组或几组钢管埋在地下，对管内燃气加压，利用燃气的可压缩性进行储气。以高压的天然气作为气源，充分利用天然气的压力能，采用长输干管储气或城镇外环高压管道储气。这是最经济的一种方法，也是国内外最常用的一种方法。

　　b. 储气罐储气。储气罐只能用来平衡日不均匀用气及小时不均匀用气。储气罐储气与其他储气方式相比，投资及运营费用都较大。此外，采用调整大型工业企业用户厂休日和作息时间的方法，可平衡部分日不均匀用气。

　　当以压缩天然气、液化天然气作为城镇主气源时，可不必另外考虑日和小时的调峰手段，而可通过改变开启压缩天然气阀门或液化天然气气化装置数量的方式实现供需平衡。

3.3.2　储气容积的确定

　　确定储气总容量，应根据气源生产的可调能力、供气与用气不均匀情况和运行管理经验等因素综合确定。通常，城镇燃气供应系统要建立数量不等的储气罐以调节小时用气不均匀工况。此时，可以按计算月燃气的日或周供需平衡要求来计算储气容积。

　　例3-1　某市欲建一个储气罐，已知计算月最大日用气量为 $2.8 \times 10^6 \, m^3/d$，气源在一日内连续均匀供气。每小时用气量占日用气量的比例如表 3-8 所示，试确定所需的储气量。

表 3-8　每小时用气量占日用气量的比例

时间段	0:00~1:00	1:00~2:00	2:00~3:00	3:00~4:00	4:00~5:00	5:00~6:00	6:00~7:00	7:00~8:00	8:00~9:00	9:00~10:00	10:00~11:00	11:00~12:00
每小时用气量占日用气量比例/%	1.91	1.51	1.40	2.25	1.58	2.91	4.17	5.08	5.18	5.21	6.32	6.42

时间	12:00~13:00	13:00~14:00	14:00~15:00	15:00~16:00	16:00~17:00	17:00~18:00	18:00~19:00	19:00~20:00	20:00~21:00	21:00~22:00	22:00~23:00	23:00~24:00
每小时用气量占日用气量比例/%	4.90	4.81	4.75	4.75	5.82	7.60	6.16	4.57	4.48	3.22	2.77	2.23

　　【解】　本题中储气罐是用于调节日、时的用气不均匀性的。按每日气源供气量100%、气源均匀供气，则每小时平均供气量为 $\dfrac{100\%}{24} = 4.17\%$。

从零时起，计算燃气供应量累计值与用气量累计值，两者的差值即为该小时的燃气储存量，计算结果填入表3-9。在燃气储存量中找出最大值和最小值，即13.44%和−4.28%，取绝对值相加得13.44%＋4.28%＝17.72%，所需的储气量为2.8×10⁶×17.72%＝496160（m³）。在规划设计阶段，当缺乏用气工况统计资料时，也可参照类似的城镇燃气供应系统，按计算月最大日用气量的20%～40%来估算储气容积。

表 3-9　储气量占日供气量比例的计算

时间段	燃气供应量的累计值/m³	用气量/m³		燃气的储存量/m³	时间段	燃气供应量的累计值/m³	用气量/m³		燃气的储存量/m³
		该时间段内	累计值				该时间段内	累计值	
0:00～1:00	4.17	1.91	1.91	2.26	12:00～13:00	54.17	4.90	48.84	5.33
1:00～2:00	8.34	1.51	3.42	4.92	13:00～14:00	58.34	4.81	53.65	4.69
2:00～3:00	12.50	1.40	4.82	7.68	14:00～15:00	62.50	4.75	58.40	4.10
3:00～4:00	16.67	2.25	7.07	9.60	15:00～16:00	66.67	4.75	63.15	3.52
4:00～5:00	20.84	1.58	8.65	12.19	16:00～17:00	70.84	5.82	68.97	1.87
5:00～6:00	25.00	2.91	11.56	13.44	17:00～18:00	75.00	7.60	76.57	−1.57
6:00～7:00	29.17	4.17	15.73	13.44	18:00～19:00	79.17	6.16	82.73	−3.56
7:00～8:00	33.34	5.08	20.81	12.53	19:00～20:00	83.34	4.57	87.30	−3.96
8:00～9:00	37.50	5.18	25.99	11.51	20:00～21:00	87.50	4.48	91.78	−4.28
9:00～10:00	41.67	5.21	31.20	10.47	21:00～22:00	91.67	3.22	95.00	−3.33
10:00～11:00	45.84	6.32	37.52	8.32	22:00～23:00	95.84	2.77	97.77	−1.93
11:00～12:00	50.00	6.42	43.94	6.06	23:00～24:00	100.00	2.23	100.00	0

将上述结果绘制成曲线，见图3-1。

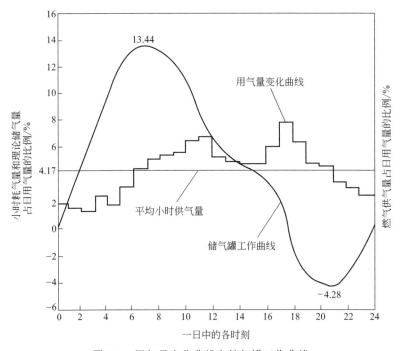

图 3-1　用气量变化曲线和储气罐工作曲线

依据储气容积选取储气方式和储气设施时，应考虑气源的调节能力：当气源的生产或供应能力可以随着用气的不均匀性进行调节，即在用气高峰时，可以多供应燃气；用气低峰时，可以减少供气，则储罐的储气容积可减小。此外，城镇燃气用户用气不均匀性也影响理论储气容积的大小：当用气负荷比较均匀时，储气容积可减小。可见，在气源供气情况明确以后，调查用户的用气规律，准确描述其用气不均匀性，对确定储气容积、选取储气罐是至关重要的。

第**4**章

城镇燃气管网系统

4.1 城镇燃气管网的构成及管网分类与选择

4.1.1 城镇燃气输配系统的构成

城镇燃气输配系统是指城镇范围内从天然气门站或气源厂出发到各类用户用具前的燃气输送与分配管网系统,包括输气管道、储气设施、调压装置、计量装置、输气干管、分配管道及相应的附属设施。其中储气、调压与计量装置可单独或合并设置,也可设在门站或气源厂压缩机站内。

门站是天然气气源经长输管线进入城市的门户,也是城镇燃气输配系统的起点,具有过滤、计量、调压与加臭等功能,有时兼有储气功能。储气设施有地下储气库、储气罐、储气管束、储气井等。

城镇燃气输配管道可按设计压力、用途和敷设方式分类。

① 按设计压力分类,见表 4-1。

表 4-1 城镇燃气输配管道按设计压力分类

名称		压力(表压)
高压燃气管道	A	$2.5\text{MPa} < p \leqslant 4.0\text{MPa}$
	B	$1.6\text{MPa} < p \leqslant 2.5\text{MPa}$
次高压燃气管道	A	$0.8\text{MPa} < p \leqslant 1.6\text{MPa}$
	B	$0.4\text{MPa} < p \leqslant 0.8\text{MPa}$
中压燃气管道	A	$0.2\text{MPa} < p \leqslant 0.4\text{MPa}$
	B	$0.01\text{MPa} \leqslant p \leqslant 0.2\text{MPa}$
低压燃气管道		$p < 0.01\text{MPa}$

② 按用途分类:

a. 长距离输气管道,一般用于天然气长距离输送。

b. 城镇燃气管道,又可以分为以下几类:

(a) 城镇输气干管:城镇燃气门站至城市配气管道之间的管道。

(b) 配气管:在供气地区将燃气分配给居民用户、商业用户和工业企业用户的管道,如街区配气管与住宅庭院内的管道。

(c) 引入管:室外配气支管与用户室内燃气进气管之间的管道。

(d) 室内燃气管:引入管总阀门到各个燃具和用气设备之间的燃气管道。

③ 按敷设方式分类:

a. 地下燃气管道:一般在城市中常采用地下敷设的管道。

b. 架空燃气管道:在管道越过障碍物时,或在工厂区为了管理维修方便,采用架空敷设管道。

4.1.2　城镇燃气管网的分类与选择

城市燃气管网由燃气管道及其设备组成。由于低压、中压和高压等各种压力级别管道不同组合，城镇燃气管网系统的压力级制可分为：

（1）一级系统　仅用一种压力级别的管网来输送和分配燃气的系统，通常为低压或中压管道系统。一级系统一般适用于小城镇的供气，当供气范围较大时，输送单位体积燃气的管材用量将急剧增加。

根据低压气源（燃气制造厂和储配站）压力的大小和城镇的范围，低压供应方式分为利用低压储气柜的压力进行供应和由低压压送机供应两种。低压供应原则上应充分利用储气柜的压力，只有当储气柜的压力不足，以至低压管道的管径过大而不合理时，才采用低压压送机供应。

低压供应方式和低压一级制管网系统的特点是：

① 输配管网为单一的低压管网，系统简单，维护管理容易。

② 无需压送费用或只需少量的压送费用，当停电或压送机发生故障时，基本不妨碍供气，供气可靠性好。

③ 对供应区域大或供应量多的城镇，需敷设较大管径的管道，进而不经济。

（2）二级系统　由两种压力级制的管网来输送和分配燃气的系统，通常为高（次高）—中压系统，中压 A—低压系统、中压 B—低压系统。

如图 4-1 所示，中压燃气管道经中-低压调压站调至低压，由低压管网向用户供气；或由低压气源厂和储气柜供应的燃气经压送机加至中压，由中压管网输气，再通过区域调压器调至低压，由低压管道向用户供气。在系统中设置储配站调节用气不均匀性。

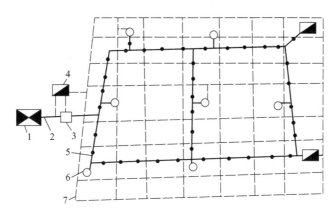

图 4-1　中压 B—低压两级调压
1—气源厂；2—低压管道；3—压气站；4—低压储气站；
5—中压 B 管网；6—区域调压站；7—低压管网

二级制管网系统适用于区域较大、供气量较大、采用低压供应方式不经济的中型城镇。在天然气输配系统中，经门站调压或中压天然气由中压管道送至小区调压柜或楼栋调压箱调制低压供用户，称为单级中压系统，它也是由两级系统构成。

（3）三级系统　以三种压力级别组成的管网系统。设计压力一般为高压—中压—低压或者次高压—中压—低压。

如图 4-2 所示，高压燃气从城市天然气接收站（天然气门站）或气源厂输出，由高压管网输气，经区域高-中压调压器 6 至中压，输入中压管网 7 再经中-低压调压器 8 调成低压，由低压管网供应燃气用户。目前多采用高压管道储气调节用气的不均匀性。

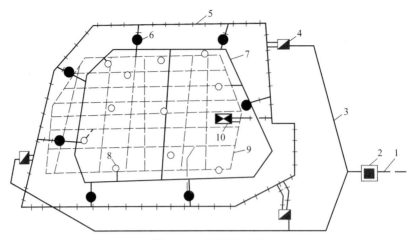

图 4-2 三级管网系统

1—长输管线；2—城市燃气分输站；3—高压管道；4—储气站；5—高压管网；

6—高-中压调压站；7—中压管网；8—中-低压调压站；9—低压管网；10—气源厂

高压供应和高压—中压—低压三级制管网系统的特点是：

① 高压管道的输送能力较中压管道更大，需用管道的管径更小，如果有高压气源，管网系统的投资和运行费用均较经济。

② 因采用管道储气或高压储气柜（罐），可保证在短期停电等事故时供应燃气。

③ 因三级制管网系统配置了多级管道和调压器，增加了系统运行维护的难度。如无高压气源，还需要设置高压压送机，导致压送费用增多，维护管理变得较复杂。

因此，高压供应方式及三级制管网系统适用于供应范围大、供气量大、需要较远距离输送燃气的场合，其可节省管网系统的建设费用，用于天然气或高压制气等高压气源更为经济。

（4）多级系统 指由三种以上级制的管道之间通过调压装置连接的系统，压力分为四级：低压、中压 B、中压 A 和高压 B，天然气由高压管网进入，经过调压后进入各级环网中；工业和大型用户与中压环网相连，居民和公建与低压管网相连，如图 4-3 所示。

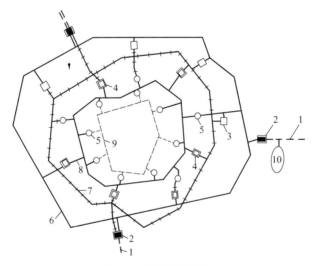

图 4-3 多级管网系统

1—长输管线；2—城市燃气分输站；3—调压计量；4—储气站；5—调压站；

6—高压环网；7—高压 B 环网；8—中压 A 环网；9—中压 B 环网；10—地下储气库

确定输配系统压力级制时，应考虑下列因素：气源状况；城市现状与发展规划；储气措施；大型用户与特殊用户需求。在此基础上，应充分利用气源压力，并综合技术、经济和安全等方面，进行技术经济方案比选，合理确定输配系统压力级制。

4.2　城镇燃气管网的布线

城镇燃气管道的布线，是指在原则上选定了城镇燃气管网系统后，进一步确定各燃气管段的具体位置。它是燃气输配系统工程设计的主要工作之一，在可行性研究、初步设计与施工图设计中均有不同内容与深度要求。在布线时，需确定燃气管道沿城镇街道的平面与纵断面位置，以及进行穿越障碍物设计。

城镇区域内的燃气管道与建筑物、构筑物、相邻管道的水平和垂直净距离、最小埋深、所经城镇地区等级应符合《城镇燃气设计规范》（2020 年版）（GB 50028—2006）与《聚乙烯燃气管道工程技术标准》（CJJ 63—2018）规定。

城镇地区等级根据建筑物的密集程度划分。地区等级划分原则为沿管道中心线两侧各200m 范围内，任意划分为 1.6km 长并能包括最多供人居住的独立建筑物数量的地段，按地段内房屋建筑密集程度划分为 4 个等级：

一级地区：有 12 个或 12 个以下供人居住建筑物的任一地区分级单元；

二级地区：有 12 个以上，80 个以下供人居住建筑物的任一地区分级单元；

三级地区：有 80 个或 80 个以上供人居住建筑物的任一地区分级单元，或距人员聚集的室外场所 90m 内铺设管道的区域；

四级地区：地上 4 层或 4 层以上建筑物普遍且占多数的任一地区分级单元。

四级地区的边界线与最近地上 4 层或 4 层以上建筑物相距不应小于 200m，二、三级地区的边界线与最近建筑物相距不应小于 200m。地下燃气管道宜沿城镇道路、人行便道敷设，或敷设在绿化带内。管道敷设时的覆土层（从管顶算起）最小厚度见表 4-2。

表 4-2　管道最小埋深

埋管场所	最小埋深/m
机动车道	0.9
非机动车道（含人行道）	0.6
机动车不可能到达场所	0.3，0.5（聚乙烯管道）
水田	0.8

不同压力的燃气管道在布线时，必须考虑：管道中燃气的压力；街道交通量和路面结构情况，以及运输干线的分布情况；街道及地下其他管道的密集程度与布置情况；与管道相连接的用户数量及用气情况；管道布线所遇到的障碍物情况；土壤性质、腐蚀性能和冰冻线深度；所输送燃气的含湿量；必要的管道坡度；街道地形变化情况；管道在施工、运行和万一发生故障时，对交通和人民生活的影响等。

4.2.1　高压燃气管道的布线

对于大、中型城市按输气或储气需要设置高压管道,其布置原则如下:

① 服从城市总体规划,遵守有关法规与规范,考虑远、近期结合,分期建设。

② 高压燃气管道不应通过军事设施、易燃易爆仓库、国家重点文物保护单位的安全保护区、飞机场、火车站、海(河)港码头等。当受条件限制管道必须通过上述区域时必须采取安全防护措施。

③ 结合门站与调压站选址管道沿城区边沿敷设,避开重要设施与施工困难地段。

④ 尽可能少占农田,减少建筑物等拆迁。除管道专用公路的隧道、桥梁外,不应通过铁路或公路的隧道和桥梁。

⑤ 为方便运输与施工,管道宜在公路附近敷设。高压燃气管道宜采用埋地方式敷设,当个别地段需要采用架空敷设时,必须采取安全防护措施。

⑥ 对于大型城市可考虑高压管线成环,以提高供气安全性,并考虑其储气功能。应作多方案比较,选用符合上述各项要求,且长度较短、原有设施可利用、投资较省的方案。市区外地下高压管道应设置里程柱、转角柱、交叉和警示牌等永久性标志。市区内地下高压管道应设立警示标志,在距管顶不小于500mm处应埋设警示带。

4.2.2　次高压燃气管道的布线

次高压管道的作用与高压管道相同,当长输管道至城市边缘的压力为次高压时采用。次高压管道的布置原则同高压管道,一般也不通过中心城区,也不宜从四级地区、县城、卫星城、镇或居民区中间通过。

地下次高压管道与建筑物、构筑物、相邻管道之间所需要的最小水平净距见表4-3。

表 4-3　地下管道与建筑物、构筑物、相邻管道之间的最小水平净距　　单位:m

压力级别		建筑物基础	建筑物外墙面	给水管	污水、雨水、排水管	热力管		电力电缆		通信电缆	
						直埋	管内沟	直埋	导管内	直埋	在导管内
高压			13.5	1.5	2.0	2.0	4.0	1.5	1.5	1.5	1.5
次高压	A		13.5	1.5	2.0	2.0	4.0	1.5	1.5	1.5	1.5
	B		5.0	1.0	1.5	1.5	2.0	1.0	1.0	1.0	1.0
中压	A	1.5			1.2		1.5				
	B	1.0		0.5	1.2	1.0	1.5	0.5	1.0	0.5	1.0
低压		0.7			1.0		1.0				

4.2.3　中压燃气管道的布线

中压管道在高压(次高压)—中压与单级中压输配系统中都是输气主体。中压管道向数量众多的小区调压箱与楼栋调压箱,以及专用调压箱供气,从而形成环支结合的输气干管以及从干管接出的众多供气支管至调压设备。

高（次高）—中压与单级中压输配系统的中压管道布置原则如下：

① 服从城市总体规划，遵守有关法规与规范，考虑远、近期结合。

② 干管布置应靠近用气负荷较大区域，以减少支管长度并成环，环数不宜过多。对中小城镇的干管主环可设计为等管径环，以进一步提高供气安全性与适应性。

③ 管道布置应按先人行道、后非机动车道，尽量不在机动车道埋设的原则。

④ 管道应与道路同步建设，避免重复开挖，条件具备时可建设共同沟敷设。

应作多方案比较，选用供气安全、正常水力工况与事故水力工况良好、投资较省以及原有设施可利用的方案。

中低压输配系统的中压管道，向区域调压站与专用调压箱供气，其调压站数量远远少于上述两系统的小区调压箱、楼栋调压箱与用户调压器，因此中压管道的密度远比上述两系统低，其布置原则同上述两系统。

地下中压管道与建筑物、构筑物、相邻管道之间所要求的最小水平净距见表 4-3。

4.2.4 低压燃气管道的布线

低压街坊管呈支状分布，布置时可适当考虑用气量增长的可能性，并尽量减少长度。低压干管的布置原则，可参照前述高压（次高压）—中压与单级中压输配系统的中压管道布置原则。

地下低压管道与建筑物、构筑物、相邻管道之间所要求的最小水平净距见表 4-3。

4.2.5 室内燃气管道的布线

居民用户的室内管按压力分为低压进户与中压进户两类。中压进户的压力不得大于 0.2MPa，在燃气表前由用户调压器调至燃具额定压力，避免了用气高、低峰时燃具前出现压力波动。

室内管按燃气表设置方式分类为分散设表与集中设表两类。分散设表即燃气表设在用户内，建筑物引入管与室内立管连接，再由立管连接各层水平支管向用户供气。集中设表的燃气表一般集中设在户外（即在一楼外墙上设集中表箱），由各燃气表引出室外立管与水平管至各层用户。对于高层建筑不宜集中户外设表，但可把燃气表分层集中设置在非封闭的公共区域内。

4.3 燃气管道材质、附属设备及防腐

4.3.1 管道材质

管材是燃气工程最主要的施工用料之一，用以输送燃气介质及完成一些生产工艺过程。由于输送的介质及其参数不同，对管材的要求也不同。燃气工程使用的管材分类方法如下：

（1）按材质分类

① 金属管：钢管、铸铁管、铜管等；

② 非金属管：钢筋混凝土管、陶瓷（土）管、塑料管、玻璃管、橡胶管等；

③ 复合管：衬铅管、衬胶管、玻璃钢管、塑料复合管、钢骨架聚乙烯复合管等。

（2）按用途分类　分为低压流体输送用焊接钢管、锅炉用无缝钢管、普通钢管、铸铁钢管等。

（3）按制造方法分类　分为热轧无缝钢管、冷拔无缝钢管、砂型离心铸铁管等。

（4）按材质的构成种类及加工程序分类　分为由同一种材质构成一次加工成型的，如钢管、塑料管等；由两种主要材质构成，经两次或多次加工成型的，如塑料金属复合管等。

燃气管道的设计、施工人员应根据燃气介质的种类和参数正确选用管材。管材的基本要求如下：①在介质的压力和温度作用下具有足够的机械强度和严密性；②有良好的可焊性；③当工作状况变化时对热应力和外力的作用有相应的弹性和安定性；④抵抗内外腐蚀的持久性；⑤抗老化性好，寿命长；⑥内表面粗糙度要小，并免受介质侵蚀；⑦温度变形系数小；⑧管子或管件间的连接结合要简单、可靠、严密；⑨运输、保存、施工都应简单；⑩管材来源充足，价格低廉。

4.3.1.1　钢管

钢管具有强度高、韧性好、抗冲击性和严密性好，能承受很大的压力，抗压、抗震的强度大，塑性好，便于焊接和热加工等优点，但耐腐蚀性较差，需要有可靠的防腐措施。按照制造方法可分为焊接钢管和无缝钢管。

（1）焊接钢管　焊接钢管是由卷成管形的钢板以对缝或螺旋缝焊接而成，由于它们的制造条件不同，又分为低压流体输送用钢管、螺旋缝电焊钢管、直缝卷焊钢管、电焊管等。

① 低压流体输送用钢管是用焊接性能较好的低碳钢制作，管径通常用 DN（公称直径）表示规格。它是燃气管道工程中最常用的一种小直径的管材，适用于输送各种低压力燃气介质。按其表面质量可分为镀锌管（俗称白铁管）和非镀锌管（俗称黑铁管），镀锌管比非镀锌管重约 3%～6%。按其管壁厚度不同可分为薄壁管、普通管和加厚管三种。薄壁管不得用于输送燃气介质，但可作为套管用。

② 螺旋缝电焊钢管分为自动埋弧焊和高频焊接钢管两种。各种钢管按输送介质的压力高低分为甲类管和乙类管两类。

③ 直缝卷焊钢管用中厚钢板采用直缝卷制，以弧焊方法焊接而成。直缝电焊钢管在管段互相焊接时，两管段的轴向焊缝应按轴线成 45°角错开。对于 DN≤600mm 的长管，每段管只允许有一条焊缝。此外，管子端面的坡口形状、焊缝错口和焊缝质量均应符合焊接规范要求。

（2）无缝钢管　无缝钢管是用优质碳素钢或低合金圆钢坯加热后，经穿管机穿孔轧制（热轧）而成的，或者再经过冷拔而成为外径较小的管子，由于它没有接缝，因此称为无缝钢管。按照制造方法可分为热轧无缝钢管和冷拔无缝钢管两类。

① 热轧无缝钢管的规格：外径为 32～630mm，壁厚为 2.5～75mm。

② 冷拔无缝钢管的规格：外径为 5～200mm，壁厚为 0.25～14mm。

4.3.1.2　塑料管

塑料管具有材质轻、耐腐蚀、韧性好、密闭性良好、管壁光滑、流动阻力小、施工方便等优点，适宜埋地敷设。由于施工土方工程量少，管道无需防腐，系统完整性好，维修少或不需维修，工程造价和运行费用都较低。因此，在燃气工程中应用广泛。

聚乙烯塑料管是以高密度或中密度聚乙烯为原料生产的管道（简称 PE 管）。它具有以下优点：①优异的抗冲击、抗地震、抗磨损、抗腐蚀性能；②寿命长，埋地管道在 −20～

40m 范围内安全使用 50 年以上；③管壁平滑，能提高介质流速，增大流量，与相同直径的金属管道相比，可输送更多的流量，减少动力消耗；④成本低，投资少，与金属管道相比，可减少工程投资 1/3 左右；⑤质量仅为钢管的 1/8，易搬运；⑥管材柔软，易弯曲，连接工艺简单；⑦土方量少，不需防腐处理，施工速度快。

聚乙烯管道输送天然气、液化石油气和人工煤气时，其设计压力应不大于管道最大允许工作压力，最大允许工作压力应符合表 4-4 的规定。

表 4-4 聚乙烯管道的最大允许工作压力 单位：MPa

城镇燃气种类		PE80		PE100	
		SDR11	SDR17.6	SDR11	SDR17.6
天然气		0.50	0.30	0.70	0.40
液化石油气	混空气	0.40	0.20	0.50	0.30
	气态	0.20	0.10	0.30	0.20
人工煤气	干气	0.40	0.20	0.50	0.30
	其他	0.20	0.1	0.30	0.20

目前国产聚乙烯管件有两种：一种是 DN(20～110)mm 电熔管件，另一种是 DN(110～250)mm 热熔管件，管件颜色为黄色或黑色。

4.3.1.3 铸铁管

铸铁管具有塑性好，使用年限长，生产简便，成本低，且有良好的耐腐蚀性等优点。一般情况下，地下铸铁管的使用年限为 60 年以上。

（1）灰口铸铁管 灰口铸铁是目前铸铁管中最主要使用的管材。灰口铸铁中的碳以石墨状态存在，破断后断口呈灰口，故称灰口铸铁。

（2）球墨铸铁管 铸铁熔炼时在铁水中加入少量球化剂，使铸铁中的石墨球化，这样就得到球墨铸铁。铸铁进行球化处理的主要作用是提高铸铁的各种机械性能。

球墨铸铁不但具有灰口铸铁的优点，而且还具有很高的抗拉、抗压强度，其冲击性能为灰口铸铁管十倍以上。因此国外已广泛采用球墨铸铁管来代替灰口铸铁管。我国球墨铸铁管生产增长很快，并已开始应用于燃气管道，球墨铸铁管接口形式为承插接口与机械接口。

4.3.2 附属设备

为保证燃气工艺装置及管网的安全运行，并考虑到检修、接线的需要，必须依据具体情况及有关规定，在管道的适当地点设置必要的附属设备。

4.3.2.1 阀门

阀门是启闭、调节和控制管道内介质的流向、流速与压力的管道附属设备，是管路系统中的重要设备。由于燃气管道输送的介质易燃、易爆、有毒性，且阀门经常处于备而不用的状态，又不便于检修，因此对它的质量和可靠性有以下严格要求：

① 密封性能好。阀门关闭后不泄漏，阀壳无砂眼、气孔，对其严密性要求严格。阀门关闭后若漏气，不仅造成大量燃气泄漏，造成火灾、爆炸等危险，而且还可能引起自控系统的失灵和误动作。因此，阀门必须有出厂合格证，并在安装前逐个进行强度试验和严密性试验。

② 强度可靠。阀门除承受与管道相同的试验与工作压力外，还要承受安装条件下的温度、机械振动和其他各种复杂的应力，阀门断裂会造成巨大的损失，因此不同压力管道上阀门的强度一定要安全可靠。

③ 耐腐蚀。不同种类的燃气中含有程度不一的腐蚀气体，阀门中金属材料和非金属材料应能长期经受燃气腐蚀而不变质。

常见的阀门如下：

（1）闸阀　闸阀由阀体、阀座、闸板、阀盖、阀杆、填料压盖及手轮等部件组成。它的主要启闭件是闸板和阀座。闸板平面与介质流动方向垂直，流体沿直线通过阀门，阻力小，启闭力较小，改变闸板与阀座间的相对位置即可改变介质流通截面的大小，从而实现对管路的开启和关闭。

图 4-4 为明杆平行式双闸板闸阀，其适用于压力不超过 1.0MPa，温度不高于 200℃ 的燃气介质，当介质参数较高时多采用图 4-5 所示的楔形闸板闸阀。

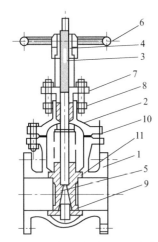

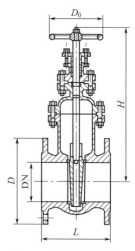

图 4-4　明杆平行式双闸板闸阀

图 4-5　楔形闸板闸阀

1—阀体；2—阀盖；3—阀杆；4—阀杆螺母；5—闸板；
6—手轮；7—填料压盖；8—填料；9—顶楔；
10—垫片；11—密封圈

（2）截止阀　截止阀由阀座、阀瓣、阀杆、阀体、阀盖、填料、密封圈及手轮等部件组成。截止阀在管路中主要起开启和关闭的作用。截止阀的内腔左右两侧不对称，安装时必须注意介质流向。截止阀的优点是密封性较好，密封面摩擦现象不严重，检修方便，开启高度小，可以适当调节流量；缺点是介质通过截止阀时流动阻力比闸阀大，结构长度和启闭力较大。

截止阀的阀体形式一般分为直通式、直流式和直角式。直通式截止阀介质流动方向在阀体内突然改变 90°，因而阻力较大。为了减少阻力，阀体可做成斜阀杆而成直流式，直流式截止阀常用于液化石油气槽车、槽船的卸装管道上。直角式截止阀两个通道的方向相互成90°，直角式截止阀则适用于改变燃气流动方向的管道上。

（3）止回阀　止回阀又称逆止阀或单向阀，是一种防止管道中的介质逆向流动的自动阀门。止回阀是利用阀前、阀后的压力差使阀门完成自动启闭，从而控制管道中的介质只向一定的方向流动，当介质即将倒流时，它能自动关闭而阻止介质逆向流动。止回阀根据结构形式可分为升降式止回阀和旋启式止回阀两大类。

① 升降式止回阀（图 4-6）。阀瓣垂直于阀体的通道做升降运动。当介质流过阀门时，

阀瓣反复冲击阀座,使阀座很快磨损并产生噪声。

② 旋启式止回阀（图 4-7）。阀瓣围绕阀座的销轴旋转,按其口径大小分为单瓣、双瓣和多瓣三类。它阻力较小,在低压时密封性能较差。多用于大直径或高、中压燃气管道上。旋启式止回阀介质的流动方向没有多大变化,流通面积也大,但密封性不如升降式。旋启式止回阀安装时,仅要求阀瓣的销轴保持水平,因此可装于水平管道和直立管道。当装于直立管道时,应注意介质的流向必须是由下向上流动,否则阀瓣会因自重作用起不到止回作用。

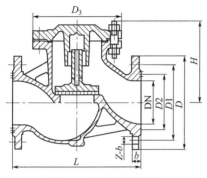

图 4-6　升降式止回阀

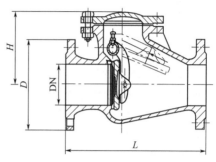

图 4-7　旋启式止回阀

（4）旋塞阀　旋塞阀是一种快开式阀门,在管路上用作快速全开和全关使用。旋塞阀由阀体、栓塞、填料及填料压盖等部件组成,它是利用带孔的锥形栓塞绕阀体中心线旋转而控制阀门的开启和关闭。旋塞阀具有结构简单、外形尺寸小、启闭迅速、阻力小、操作方便等优点。但由于栓塞和阀座接触面大,转动较费力,不适用于大直径管道,且容易磨损发生渗漏,研磨维修困难。旋塞阀根据其进出口通道的个数可分为直通式、三通式和四通式。按其连接方式不同分为螺纹连接旋塞阀（图 4-8）和法兰旋塞连接阀（图 4-9）。

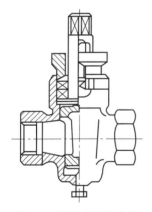

图 4-8　螺纹连接旋塞阀

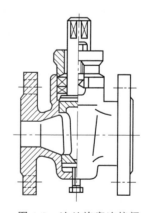

图 4-9　法兰旋塞连接阀

（5）球阀　球阀的结构和作用原理与旋塞阀非常相似。球阀由阀体和中间开孔的球体阀芯组成,带孔的球体是球阀的主要启闭零件,其利用中间开孔的球体阀芯旋转实现阀门的开启和关闭。球阀的最大特点是操作方便、启闭迅速、旋转 90°即可实现开启和关闭,流体流动阻力小、结构简单、质量小,零件少,密封面比旋塞阀容易加工,且不易擦伤。

球阀是管网系统中不可缺少的控制元件。主要用于低温、高压、黏度较大的介质,或要求快速开启和关闭的管路中,因此,在燃气工程中应用很广泛。球阀也同旋塞阀一样分为直通式、三通式和多通式三类。连接方式分为螺纹连接（图 4-10）、法兰连接（图 4-11）和夹式三种。

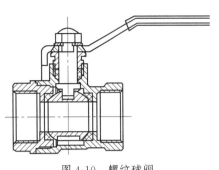
图 4-10 螺纹球阀

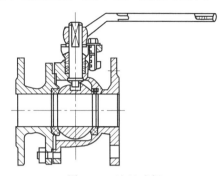
图 4-11 法兰球阀

（6）蝶阀 蝶阀由阀体、阀板、阀杆和驱动装置等部件组成。蝶阀的启闭件为阀板，阀板随着阀杆的旋转实现阀门的启闭。蝶阀具有结构简单、质量小、流体阻力小、操作力矩小、结构长度短、整体尺寸小等优点，但密封性不好。蝶阀的驱动方式有手动、涡轮传动、气动和电动，手动蝶阀可安装在管道的任何位置上，带传动机构的蝶阀应直立安装，使传动机构处于铅垂位置。

（7）安全阀 安全阀是一种安装在受内压的容器或管道上，根据介质工作压力而自动开启或关闭的阀门。当容器或管道内介质的压力超过规定数值时，阀瓣自动开启，排出部分介质；当介质压力降到规定数值时，阀瓣又自动关闭，使系统正常工作。

（8）紧急切断阀 紧急切断阀是燃气工程上为应付紧急事故，迅速切断燃气输入（或输出）的安全装置，它的启闭件靠弹簧及阀顶部的活塞作用而作升降运动。紧急切断阀在管道系统中，经常处于开启状态，当需要紧急切断时，气（油）缸腔泄压，活塞杆在弹簧力的作用下向下运动，使启闭件处于闭合状态，切断燃气流动。紧急切断阀按驱动方式分为气动紧急切断阀和液动紧急切断阀。

（9）电动阀 电动阀门一般用于直径 500mm 以上管道，安装方法与立式阀门相同。但由于阀杆部分必须露出地面，阀门两端的管道埋设深度，应酌情考虑（见图 4-12）。电动阀门一般用于输配站内。

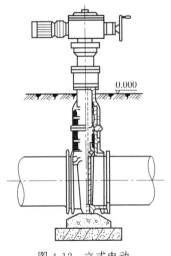
图 4-12 立式电动
阀门安装图

4.3.2.2 补偿器

由于燃气及周围环境温度变化，引起管道的长度发生变化，会产生巨大的应力，导致管道损坏，故架空燃气管路上需设置补偿器。地下直埋燃气管道，虽然由于燃气及周围土壤温度变化很小，可不设补偿器，但是为了安装、更换阀门方便和保护阀门，在阀门旁应安装补偿器。当考虑基础沉陷或地裂带错动等原因引起管道位移时，也应设置补偿器。燃气管线上常用的补偿器主要有波形补偿器、波纹补偿器和方形补偿器等。

（1）波形补偿器 波形补偿器是一种以金属薄板压制拼焊起来，利用凸形金属薄壳挠性变形构件的弹性变形，来补偿管道热伸缩量的一种补偿器。波形补偿器一般用于工作压力 $p_g \leqslant 0.6MPa$ 的中、低压大直径的燃气管线上。根据其形状可分为波形、盘形、鼓形和内凹形四种。燃气工程上常用套筒式波形补偿器，其结构如图 4-13 所示。通常补偿器可由单波或多波组成，边缘波节的变形大于中间波节，造成波节受力不均匀，因此波节不宜过多，燃气管道上用的一般为二波节。

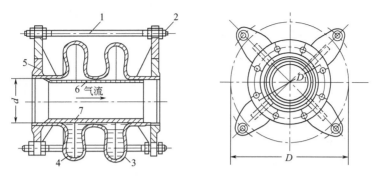

图 4-13 套筒式波形补偿器

1—螺杆；2—螺母；3—波节；4—石油沥青；5—法兰；6—套管；7—注入孔

（2）波纹补偿器 波纹补偿器可以防止多波节波形补偿器对称变形的破坏，减小固定支架承受的推力，提高使用寿命。为了减少介质的流动阻力，减少高速流动下的冲蚀现象，或为了减少因波纹而发生的共振，当公称直径 DN≥150mm，补偿器应安装内套管。

（3）方形补偿器 方形补偿器是由四个弯头和一定长度的相连直管构成，依靠弯管变形来消除热应力及补偿热伸长量，其材质与所连接管道相同，其结构形式有四种，如图 4-14 所示。方形补偿器的特点是坚固耐用、工作可靠、补偿能力强、制作简便。架空和地上燃气管道常用方形补偿器调节管线的伸缩变形。

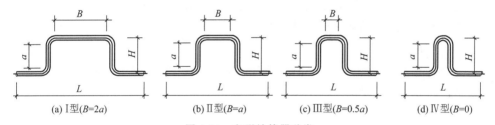

(a) Ⅰ型(B=2a)　　(b) Ⅱ型(B=a)　　(c) Ⅲ型(B=0.5a)　　(d) Ⅳ型(B=0)

图 4-14 方形补偿器种类

（4）橡胶-卡普隆补偿器 橡胶-卡普隆补偿器是带法兰的螺旋皱纹软管，软管是用卡普隆作夹层的胶管，外层则用粗卡普隆（或钢绳）加强，如图 4-15。其补偿能力在拉伸时为150mm，压缩时为100mm。这种补偿器的特点是纵横方向均可变形，多用于通过山区、坑道和多地震地区的中、低压燃气管道上。

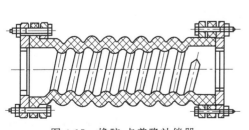

图 4-15 橡胶-卡普隆补偿器

图 4-16 排水器

4.3.2.3 排水器

排水器又称凝水缸及聚水井，如图 4-16 所示。其作用是把燃气中的水或油收集起来并能排出管道之外。管道应有一定的坡度，且坡向排水器，设在管道低点，通常每 500m 设置一台。考虑到冬季防止水结冰和杂物堵塞管道，排水器的直径可适当加大。排水器分为低压型、中压型和高压型。高压型与中压型排水器用钢制成。

排水器应保证夏、冬季都能排水、安全运行、维修方便，并便于清除其中固体沉淀物。在气候温和地区，可露天安装，作适当保温或加热。在寒冷地区，排水器应设在采暖小室内。架空敷设的燃气管道上常用自动连续排水器，管道按规定坡向设置排水器。

（1）管道敷设坡度要求

① 湿燃气管道的坡度不宜小于 0.003，低压管道的坡度应更大一些。

② 管道坡向应遵循小口径坡向大口径管、支管坡向干管的规定，并应尽量适应道路或地面的变化。

（2）排水器的设置

① 排水器设置在管道坡向改变的转折最低处；

② 排水器的设置间距，视冷凝液量的多少而定，一般每 200～300m 设置 1 只，在出厂、出站管线上还需加密；

③ 河底管道的排水器的井杆应伸至岸边，以便定期排水。

4.3.2.4 放散管

放散管用于排放管道内部的空气或者燃气，在管道投入运行时，利用放散管排出管内的空气；在管道和设备检修时，利用放散管排出管内的燃气。

放散管设在阀门井中时，在单向供气的管道上安装在阀门之前；在环网中，由于燃气流动方向不定，所以阀门前后都应该安装放散管。

4.3.2.5 阀门井

为保证管网的安全与操作方便，地下燃气管道上的阀门一般都设在阀门井中，阀门井要坚固、防水，并且要有一定的空间供人进去检修。阀门井构造如图 4-17 所示。

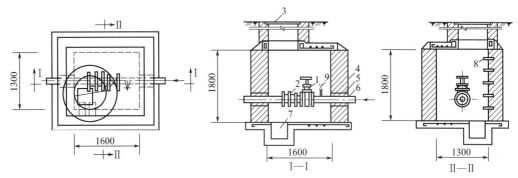

图 4-17 100mm 单管阀门井构造图

1—阀门；2—补偿器；3—井盖；4—防水层；5—浸沥青麻；

6—沥青砂浆；7—集水坑；8—爬梯；9—放散管

4.3.3 管道的防腐

4.3.3.1 腐蚀类型

（1）管道内腐蚀 管道内腐蚀影响因素主要受所输送介质和其中杂质的物理化学特性影响，发生的腐蚀主要以电化学腐蚀为主。对于这类腐蚀的机理研究比较成熟，处理方法也很规范。随着整个行业对管道运行安全管理的加强以及对输送介质的严格要求，管道内腐蚀在很大程度上得到了控制。

（2）管道外腐蚀　管道外腐蚀的原因包括外防腐层的外力破损，外防腐层的质量缺陷，钢管的质量缺陷，管道埋设的土壤环境腐蚀等。

（3）管道的应力腐蚀破裂　管道在拉应力和特定的腐蚀环境下产生的低应力脆性破裂现象称为应力腐蚀破裂，它不仅能影响到管道内腐蚀，也能影响到管道外腐蚀。

目前钢制燃气输配管道腐蚀控制主要发展方向是在外防腐方面，因而管道防腐施工的重点也主要针对外腐蚀造成的涂层缺陷及管道缺陷。

4.3.3.2　腐蚀的原因

埋地钢质管道发生腐蚀有四大影响因素：所处环境、腐蚀防护效果、钢管材质及制造工艺、应力水平。管道的腐蚀通常是上述诸因素共同作用的结果。

（1）所处环境影响　埋地管道所处的环境是引起腐蚀的外因，这些因素包括管道所承受的压力、环境温度、介质类型、介质流速、土壤类型、土壤电阻率、土壤含水量（湿度）、pH 值、硫化物含量、氧化还原电位、杂散电流及干扰电流、微生物、植物根系等。主要发生的腐蚀类型有化学腐蚀、电化学腐蚀、细菌腐蚀等。因此，在选择防腐覆盖层时，必须综合考虑。

① 化学腐蚀。指金属表面与周围介质发生化学作用而引起的破坏。化学腐蚀又可分为气体腐蚀和在非电解质溶液中的腐蚀。

② 电化学腐蚀。是指金属表面与离子导电的介质因发生电化学作用而产生的破坏。管道主要腐蚀是电化学腐蚀，可分为原电池腐蚀和电解腐蚀。原电池腐蚀可能是由新旧管线连接、不同金属成分连接、产生微电池、金属物理状态不均匀、金属表面差异和氧浓度差等引起的，电化学腐蚀原理如图 4-18 所示。

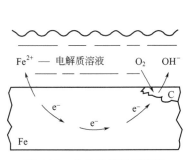

图 4-18　电化学腐蚀原理图

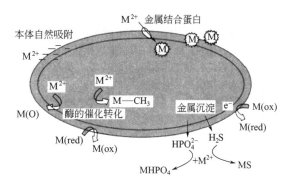

图 4-19　细菌腐蚀原理示意图

③ 细菌腐蚀。细菌本身并不侵蚀钢管，但随着它们的生长繁殖，消耗了有机质，最终形成管道严重腐蚀的化学环境而腐蚀管道。细菌腐蚀受土壤含水量、土壤呈中性或酸性、有机质的类型和丰富程度、不可缺少的化学盐类及管道周围的土壤温度等许多因素的影响。其中，当土壤 pH 值在 5～9，温度在 25～30℃时最有利于细菌的繁殖。在 pH 值为 6.2～7.8 的沼泽地带和洼地中，细菌活动最激烈，当 pH 值在 9 以上时，硫酸盐还原菌的活动受到抑制。细菌腐蚀原理如图 4-19 所示。

（2）腐蚀防护效果影响　腐蚀防护是控制管道是否会发生腐蚀破坏的关键因素。目前管道的腐蚀防护采用了双重措施，即外防腐绝缘层和阴极保护。防腐绝缘覆盖层能抵御现场环境腐蚀，保证与钢管牢固黏结，尽可能不出现阴极剥离。外防腐绝缘层是第一道屏障，对埋地钢管腐蚀起到 95% 以上的防护作用，一旦发生局部破损或剥离，就必须保证阴极保护

（Cathodic Protection，CP）电流的畅通，达到防护效果。随着防腐绝缘层性能的降低，CP的作用会逐渐增加，但是无论如何发挥 CP 的作用，它都不可能替代防腐绝缘层对管道的保护作用。而且使用 CP 应注意它的副作用，CP 仅在极化电位－（0.85～1.17）V 这样一个很窄的电位带上起作用，一旦电位超出这个范围，就会造成阳极溶解或引起应力腐蚀破裂。

（3）钢管的材质与制造工艺影响　钢管的材质与制造因素是管道腐蚀的内因，特别是钢材的化学组分与微晶结构，非金属组分含量高，如 S、P 易发生腐蚀，C、Si 易造成脆性开裂。微晶细度等级低，裂纹沿晶粒扩展，易发生开裂，加入微量镍、铜、铬可提高抗腐蚀性。在钢管制造过程中，表面存在缺陷如划痕、凹坑、微裂等，也易造成腐蚀开裂。

（4）应力水平影响　管道操作运行时，输送压力与压力波动是应力腐蚀开裂的重要因素之一。过高的压力使管壁产生过大的使用应力，易使腐蚀裂纹扩展；压力循环波动也易使裂纹扩展。当裂纹扩展达到临界状态时，管道就会发生断裂破坏，甚至引起爆炸。

4.3.3.3　管道防腐

随着防腐工程技术的日益成熟，批量钢制管道绝缘层的主体防腐均在专业的外防腐厂完成，工艺相对可靠，施工速度快且质量有保证，在施工现场的防腐工程一般包括管道接口、管件的防腐、破损点的防腐、附属设备防腐和牺牲阳极防腐。

（1）管壁外防腐　为减少电化学腐蚀对埋地钢质管道外壁的腐蚀，通常采用外涂层方法减少或阻断腐蚀电流，进而减缓腐蚀的发生。目前，用于埋地钢质管道的外防腐层主要有：石油沥青、煤焦油瓷漆（树脂）、环氧煤沥青、熔结环氧粉末、挤压聚乙烯（二层/三层PE）、聚乙烯胶黏带六种。

（2）电保护法　单独的外防腐层在使用过程中往往存在不可预见的破坏，造成管道的局部腐蚀，采用阴极保护不仅能更有效地提高防腐能力，而且可以在地面上监控管道的腐蚀和运行状况、准确设计和预测管道的寿命，高压长输管道上应用很多，而且效果良好。实施阴极保护时，在铁路和电气设施附近的管段可采用增加牺牲阳极的数量等措施。

① 外加电流保护。根据腐蚀过程的电化学原理对金属管外加负电流进入阳极地床输入到土壤中，电流在土壤中流动到想要保护的建筑结构或工业机械中，并顺延着电流的移动路线回到电源设备。这样被保护设备的电流一直处于电流移动的状态，从而因电子不会流失而得到保护。又因为电流是被强制加入的，所以这种阴极保护的方式又被称为强制电流阴极保护，外加电流保护原理如图 4-20 所示。

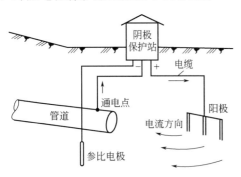

图 4-20　外加电流保护原理示意图

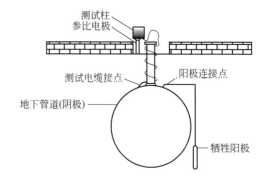

图 4-21　牺牲阳极保护原理示意图

其优点是能灵活控制阳极，适合恶劣的腐蚀条件和高电阻环境，保护范围广。但它存在一次性投资较高，对邻近的金属设施有电磁干扰，在管道裸露较大的区域电流容易流失等缺点。通过在管道进、出口设置电绝缘装置可减少保护电流的损失。

辅助阳极是外加电流阴极保护系统的重要组成部分。在外加电流阴极保护系统中与直流电源正极连接的外加电极称为辅助阳极，作用是使电流从阳极经介质到达被保护结构的表面。辅助阳极用做阴极保护系统中的辅助电极，通过其本身的溶解，与介质（如土壤、水）、电源、管道形成电回路。辅助阳极在不同的环境中使用不同的材料，有高硅铸铁阳极、铂钛阳极、铂铌阳极、钛基金属氧化物阳极、石墨阳极、埋地金属氧化物阳极等。

② 牺牲阳极保护。采用比被保护金属电位更负的金属材料与之相连，使管道电位为均一的阴极来防止腐蚀。其优点为不需要加直流电源，对邻近的金属设施没有影响，施工技术简单，维修费用低，接地、保护兼顾，适用于无电源地区和规模小、分散的对象，牺牲阳极保护原理如图 4-21 所示。

4.4 工业企业燃气管网系统

4.4.1 工业企业燃气管网系统的组成

① 引入管。城市燃气管网至工厂围墙之间的管道。引入管上设总阀门，总阀门位于厂界外，与建筑红线或建筑物外墙的距离应不小于 2m。每个工厂只设一个引入口，对不允许停气的大型工厂，可采用有几个引入口的环网。若设总调压站，总阀门、调压装置、计量装置需设在一起。

② 厂区管道。燃气从引入管通过厂区管道送到用气车间。

③ 车间管道。进入车间的燃气管道应设车间总阀门。阀门一般设在室内，对重要车间还应在室外另设阀门。阀门应设在便于检查和维修的地点，在必要时能迅速关闭车间燃气管道，车间总阀门的安装高度不应超过 1.7m，总阀门应使用闸阀，大口径的宜采用明杆式。

车间燃气管道应架设在不低于 2.0m 的高度，并应不妨碍起重设备的运行。

车间燃气管道一般敷设在房架上，或沿厂房的柱子和墙敷设。在无法架设的情况下，也可敷设在有良好通风条件的管沟内。车间输送湿燃气的管道应坡向厂区燃气管道，坡度不小于 0.003。敷设燃气管道的车间高度，一般不应小于 2.5m。

④ 总调压站。

⑤ 车间调压站。

⑥ 用气计量装置及控制系统。

工业企业用户一般由城市中压或高压管网供气，若用气量小且用气压力为低压的用户可由低压管网供气，大型企业用户可由专线直接由分配站或长输管线直接供气。

4.4.2 工业企业燃气管网系统的分类

（1）一级系统 所有的厂区管道和车间燃气管道压力级制相同，燃气用量可以统一计量，也可以按车间分别计量。车间分布紧凑，连接管路较短，适用于设备对燃气压力要求不高的场合，包括低压一级管网系统和高中压一级管网系统。

工业企业低压一级管网系统如图 4-22 所示，各车间分别计量。工厂引入管直接和城市低压管网相连，适合于小型工业企业用户，工厂的用气不会对同一管网上的居民用户产生影响。

工业企业高中压一级管网系统如图 4-23 所示，工厂引入管与城市中压或高压管网相连，引入口设总调压站，压力值由设计给定，计量装置设于总调压站，全厂所有燃气压力相同。

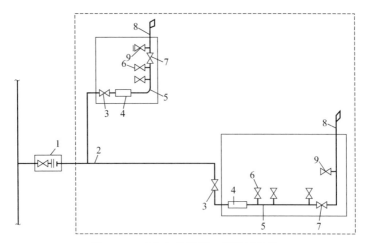

图 4-22 工业企业低压一级管网系统

1—工厂引入管总阀门及补偿器；2—厂区燃气管道；3—车间引入管总阀门；4—燃气计量装置；
5—车间燃气管道；6—燃烧设备前的总阀门；7—放散管阀门；8—放散管；9—吹扫取样短管

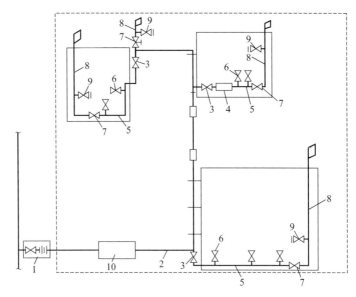

图 4-23 工业企业高中压一级管网系统

1—工厂引入管总阀门及补偿器；2—厂区燃气管道；3—车间引入管总阀门；
4—燃气计量装置；5—车间燃气管道；6—燃烧设备前的总阀门；7—放散管阀门；
8 放散管；9—吹扫取样短管；10—总调压站和计量室

（2）二级系统　工业企业的二级系统如图 4-24 和图 4-25 所示。图 4-24 为工业企业二级管网系统通过工厂总调压站与城市高压或中压管网相连接，用气量通过总表计量。调压站将燃气压力降到所需的中压，使用中压燃气的车间直接与厂区燃气管道相连。另一部分车间的燃烧器使用低压燃气，需单独设车间调压装置。

图 4-25 为系统的厂区管道直接与城镇中压 A 管道相连接，无总调压站，各车间分别将压力调到该车间的燃烧器所需的压力。用气量在全厂和各车间分别计量，当进入厂区的燃气含湿量较高时，应设凝水缸。

这种系统与图 4-24 所示系统的主要区别在于，供给各车间的燃气由车间自设的调压装置进行调压，压力稳定，不受其他车间工作的影响。

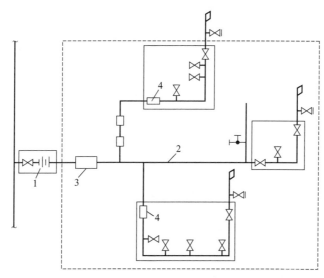

图 4-24　工业企业二级管网系统

1—工厂引入管总阀门及补偿器；2—厂区燃气管道；3—总调压站和计量室；4—车间调压装置

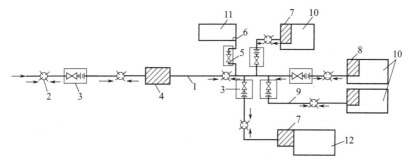

图 4-25　车间分别调压的二级管网系统

1—厂区燃气管道；2—凝水缸；3—阀门井；4—计量室；5—小型阀门井；6—箱式调压装置；
7—中-中压调压装置；8—中-低压调压装置；9—支管；10—车间；11—食堂；12—锅炉房

4.4.3　工业企业燃气管网系统的选择与布线

（1）燃气管网系统的选择应考虑的因素

① 城镇燃气分配管网与引入管连接处的燃气压力等级。

② 各用气车间燃烧器前所需的压力等级。

③ 用气车间的分布。

④ 车间的用气量及用气规模。

⑤ 与其他管道的关系及管理维修条件。

（2）厂区燃气管道的布线原则　厂区燃气管道可以采用埋地敷设，也可以采用架空敷设。具体采用哪种敷设方式，依据拟敷设架空管道的构筑物特点、厂区的车间分布、地下管道和构筑物的密集程度等确定。

当地下水位较高，土质较差，以及过河、过铁道等情况时，常采用架空敷设管道；在工厂区，当地下管道繁多，如有给水、排水和热力管道、电缆、其他工业管道时，为避免管道交叉绕道，也常采用架空敷设管道。架空敷设管道，其优点在于可以省去大量土方工程量，不受地下水的影响，没有埋地敷设管道的腐蚀问题，施工中管道交叉问题较易解决。厂区燃气管道采用架空敷设，燃气漏气容易察觉，便于消除，危险性小，在运行管理和检查维修上都比较方便。

厂区架空燃气管道应尽可能地简单而明显，便于施工安装、操作管理和日常维修。

架空管道可以采用支架敷设，也可以沿建筑物的墙壁、屋顶或者栈桥敷设。在市郊区不影响交通并有安全措施的情况下，还可以沿管底至地面的垂直净距不小于0.5m的低支架敷设。管道的支架应采用不燃材料制成。

沿建筑物外墙敷设的燃气管道距住宅或公共建筑物门、窗的净距：中压管道应不小于0.5m，低压管道应不小于0.3m。燃气管道距生产厂房建筑物门、窗的净距不限。架空管道与其他建筑物平行时，应从方便施工和安全运行考虑，与公路边线及铁路轨道的最小净距分别为1.5m及3.0m；与架空输电线，根据不同电压应保持2.0～4.0m的水平净距。

给水、排水、供热及地下电缆等管道或管沟至架空燃气管道支架基础边缘的净距不小于1.0m。与露天变电站围栅的净距不小于10.0m。

架空燃气管道与铁路、道路、其他管线交叉时的垂直净距应不小于表4-5的规定。

表4-5　架空燃气管道与铁路、道路、其他管线交叉时的垂直净距

建筑物和管线名称		最小垂直净距/m	
		燃气管道下	燃气管道上
铁路轨顶		5.5	—
城市道路路面		5.5	—
厂房道路路面		4.5	—
人行道路路面		2.2	—
架空电力线	电压3kV以下	—	1.5
	电压3～10kV	—	3.0
	电压35～66kV	—	4.0
其他管道	管径≤300mm	同管道直径,但不小于0.1	同管道直径,但不小于0.1
	管径>300mm	0.3	0.3

注：1. 电气机车铁路除外。

2. 架空电力线与燃气管道的交叉垂直净距还应考虑导线的最大垂度。

燃气管道与给水、热力、压缩空气及氧气等管道共同敷设时，燃气管道与其他管道的水平净距不小于0.3m。当管径大于300mm时，水平净距应不小于管道直径。与其他管道共架敷设时，燃气管道应位于酸、碱等腐蚀性介质管道的上方，与其相邻管线间的水平间距必须满足安装和检修要求。输送湿燃气的管道坡度不小于0.003，低点设凝水缸，两个凝水缸之间的距离一般不大于500m，在寒冷地区还应采取保温措施。

架空管道不允许穿越爆炸危险品生产车间、爆炸品和可燃材料仓库、配电间和变电所、通风间、易使管道腐蚀的房间、通风道或烟道等场所。架空敷设的管道应避免被外界损伤，如接触有强烈腐蚀作用的酸、碱等化学药品，或受到冲击或机械作用等。架空管道应间隔300m左右设接地装置。厂区燃气管道的末端应设放散管。工业企业内燃气管道沿支柱敷设时，应符合现行的国家标准《工业企业煤气安全规程》（GB 6222—2005）的规定。

4.4.4　车间燃气管网系统

进入车间的燃气管道上应设总阀门，阀门一般设在室内，重要的车间室外也设置。阀门应设置在便于检查和维修的位置，总阀门安装高度不超过1.7m，大口径的管道宜采用明杆式闸阀。

车间燃气管道架设高度不低于2.0m，不应敷设在可能被火焰和化学药品侵蚀的地方。

车间燃气管道敷设在房架上或有良好通风条件的管沟内。输送湿燃气的管道应坡向厂区燃气管道，坡度不小于 0.003。

车间燃气管网系统有枝状和环状两种。枝状管网系统参见图 4-25，环状管网系统如图 4-26 所示。车间引入管上设有阀门和压力表，分支管和通向用气设备的各分支管上均设有阀门。

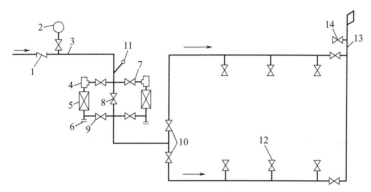

图 4-26　设有燃气计量装置的环状管网系统

1—车间入口的阀门；2—压力表；3—车间燃气管道；4—过滤器；5—燃气计量表；
6—带堵三通；7—计量表前的阀门；8—旁通阀；9—计量表后的阀门；
10—车间燃气分支管上的阀门；11—温度计；12—用气设备前的总阀门；
13—放散管；14—取样管

4.5　建筑燃气供应系统

用户引入管和室内燃气管道两部分统称为建筑燃气供应系统，系统范围一般从引入管距建筑物外墙皮 2m 处开始至灶具或燃烧器。

4.5.1　建筑燃气供应系统的构成

建筑燃气供应系统由用户引入管、立管、水平干管、用户支管、燃气计量表、用具连接管、燃气用具等构成，如图 4-27 所示。

（1）用户引入管　庭院管道与室内管网的连接管道，可采用地下引入式或地上引入式，一般从厨房引入，不便时可引入楼梯间或阳台。

① 地上引入。燃气管道在墙外伸出地面，然后穿过外墙进入室内，适用于有密闭地下室的建筑物。可分为地上低立管引入法和地上高立管引入法。在北方冰冻地区，对外墙管段需采取保温措施。

② 地下引入。燃气管道在地下穿过墙基础后沿墙垂直升起，从室内地面伸出。

引入管无论穿越外墙还是墙基础，都要敷设在套管内加以保护，如图 4-28 所示。

（2）立管　燃气立管一般敷设在厨房或走廊内，立管的第一层处设阀门。立管与各层楼板接触的地方设套管，套管与燃气管道之间用沥青和油麻填塞。

（3）用户支管　用户支管是连接在立管上，通向各个厨房的用户分支管道。通过用户支管，立管中的燃气分流到各厨房。用户支管上设燃气表和表前阀，连接燃气表的管道以燃气表为最高点分别坡向立管和燃气灶具，以保护燃气表。用户支管在厨房内的高度不低于 1.7m。

（4）用具连接管　又称下垂管。

室内燃气管道应为明管敷设。当建筑物或工艺有特殊要求，需要采用暗管敷设时，应按规范要求采取必要的安全防护措施。为了满足安全、防腐和便于检修需要，室内燃气管道不得敷设在卧室、浴室、地下室、易燃易爆品仓库、配电间、通风机室、潮湿或有腐蚀性介质的房间内。当输送湿燃气的室内管道敷设在可能冻结的地方时，应采取防冻措施。室内燃气管道的管材应采用输送低压流体的钢管、镀锌钢管及薄壁不锈钢管等，由于室内管道的管径小、压力低，一般采用螺纹连接。

4.5.2 高层建筑燃气供应系统

根据《建筑设计防火规范》（2018 年版）（GB 50016—2014）规定：高层建筑是建筑高度大于 27m 的住宅建筑和建筑高度大于 24m 的非单层厂房、仓库和其他民用建筑。

对于高层建筑的室内燃气管道除了上面的内容外，还需特别注意如下问题：

① 附加压力问题。高层建筑燃气立管较长，燃气因高程差所产生的附加压力对用户燃具的燃烧效果影响很大。

② 管道系统的安全问题。燃气立管自重大，温差变形大，刚度较小，容易引起管道失稳、变形或断裂。高层建筑用户较多，人员密集，需采取泄漏报警等安全措施。

消除附加压力影响的措施一般有：

① 通过水力计算和压力降分配，增加管道阻力。通过水力计算和压力降分配来选择适当的燃气立管管径，或在燃气立管上增加节流阀来增加燃气管道的阻力，这种方法简便、经济、易操作，但是浪费了压力能。同时，燃气管道内的燃气流量，随用户用气量的多少而变化，由于流量的变化，使燃气立管的阻力也随之变化，造成用户燃具前的压力波动，影响燃具的正常燃烧。

② 在燃气立管上设置低-低压调压器。

③ 用户表前设置低-低压调压器。

高层建筑燃气管道的安全措施有：

① 燃气立管的安全设计。高层建筑的燃气立管应有承受自重和热伸缩推力的固定支架和活动支架，燃气水平干管和高层建筑立管应考虑工作环境温度下的极限变形，当自然补偿不能满足要求时，应设置补偿器。

② 管道的紧急自动切断。《城镇燃气设计规范》（2020 年版）（GB 50028—2006）规定，一类高层民用建筑（≥19 层的建筑）宜设置燃气紧急自动切断阀，燃气紧急自动切断阀应设在用气场所燃气入口管、干管和总管上，紧急自动切断阀宜设在室外，阀前应设置手动切断阀，

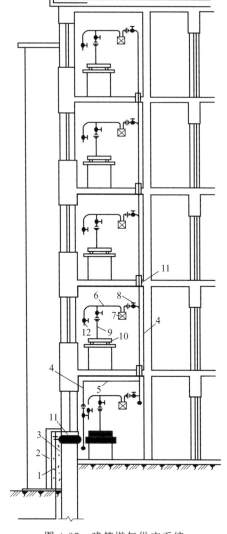

图 4-27　建筑燃气供应系统

1—用户引入管；2—砖台；3—保温层；4—立管；
5—水平干管；6—用户支管；7—燃气计量表；
8—表前阀门；9—燃气灶具连接管；10—燃气灶；
11—套管；12—燃气热水器接头

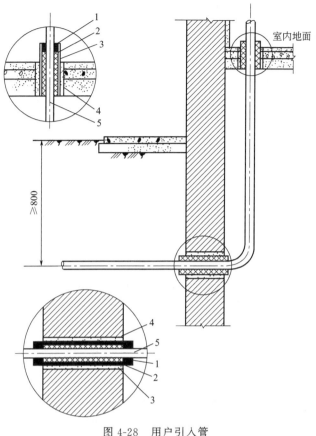

图 4-28　用户引入管

1—沥青密封层；2—套管；

3—油麻填料；4—水泥砂浆；

5—燃气管道

紧急自动切断阀宜采用自动关闭、现场人工开启型，当浓度达到设定值时，报警后关闭。

③ 用户室内的泄漏报警。

4.6　城镇燃气输配调度与管理系统

城镇燃气输配调度与管理系统是对城镇燃气门站、储配站和调压站等输配站场或重要节点配备有效的过程检测和运行控制系统，并通过网络与调度中心进行在线数据交互和运行监控。其基本任务是对故障事故或紧急情况做出快速反应，并采取有效的操控措施保证输配安全；使输配工况具有可控性，并按照合理的给定值运行；及时进行负荷预测，合理实施运行调度；建立管网运行数据库，实现输配信息化。燃气输配调度管理系统为燃气企业对燃气生产、产销、管网运行状态、设备资产管理、用气安全管理等提供现代化的管理手段。输配调度与管理系统是燃气管网安全高效运行的重大技术措施，也是燃气管网现代化的重要内容。它对提高燃气管网运行的可靠性、安全性与经济效益，减轻调度员的负担，实现燃气输配调度自动化与现代化，提高调度的效率和水平等方面有着不可替代的作用。

城镇燃气输配调度与管理系统主要包括 SCADA 系统（数据采集与监控系统）、GIS（地理信息系统）、CIS 系统（客户服务信息系统）、MIS 系统（信息管理系统）和通信系统等子系统，见图 4-29。SCADA 系统由调度中心各现场站控系统组成，负责城镇燃气系统生产过程的监控和调度；GIS 系统基于的地理信息、图形信息数据库（或称为数字化地图），结合专用软件及配套硬件，协助 SCADA 系统对燃气管网事故进行准确定位，为事故应急维护、抢修的快速反应提供直观有效的服务平台；CIS 系统主要负责建立、健全客户信息档案，提供客户咨询、报装、报修、收费等服务的受理，结合 SCADA 和 GIS 子系统实现派工维修的调度；MIS 系统由数据库服务器和各职能部门的办公自动化管理系统（OA 系统）组成，负责公司生产、运营信息收集、整理、分析和存储，为公司决策层的各种决策提供及时、准确的信息资料，并负责管理对外信息的协调交流。各系统均通过通信系统进行信息的传递和共享。

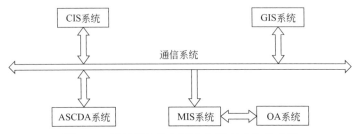

图 4-29　城镇燃气输配调度与管理系统构成图

　　燃气经营企业可根据自身规模和发展规划做适当调整，但 SCADA 系统中紧急报警功能以及 MIS 系统中的数据上传功能必须具备。

4.6.1　SCADA 系统

　　（1）概述　为了保证燃气管网输配系统安全稳定运行，实现城市燃气管网合理有效的管理调度，提高管理水平，降低企业运营成本，很多燃气企业通过建设一个燃气输配管网数据采集与监控系统（Supervisory Control and Data Acquisition，简称 SCADA），帮助管理人员进行管网的调度管理。

　　SCADA 系统是燃气公司一项重要的综合自动化系统，目前燃气管网输配 SCADA 系统在技术上日趋成熟，一般来说，燃气管网输配 SCADA 系统应达到以下几方面要求：技术设备先进；数据准确可靠；系统运行稳定；扩充扩容便利；系统造价合理；使用维护方便。

　　燃气管网输配 SCADA 系统建设按三级分布式控制系统，SCADA 调度中心为第一级，作为系统控制管理级，负责企业下辖各场站工艺生产过程的远程监控、调度控制和运行管理，并预留未来 GIS 管网地理信息管理系统、客户服务系统和 OA 办公系统等的接口。有人值守站（SCS）为第二级。分布于管网无人值守站的 RTU 系统过程控制级为第三级，负责现场数据采集和设备控制。三级系统通过有线网络和无线网络有机地结合在一起，进而构成一个完整的数据采集和监控（SCADA）系统。

　　（2）SCADA 系统构架　天然气管网的运行和管理通过建立以调度及监控中心为核心的远程监控系统，用于遥控、遥测、遥调、遥讯天然气管网和各远程站点的运行，调度及监控中心通过适当的通信系统，利用安装在各远程站点的远程终端装置 RTU/PLC 采集各类不同的工艺数据，及时分析、处理，并对管网进行远程的控制，保证天然气安全、稳定、连续的输送，同时向管网与运行相关的管理部门传递和交换信息。

　　管网输配监控系统主要由五部分组成，见图 4-30。其可以实现管网的实时中央监控和管理操作的功能，各部分的功能分别是：

　　① 第一部分是现场仪表，主要是变送器、流量计、燃气泄漏报警器、阀门开关状态指示等。负责提供天然气管网现场站点的各种实时运行参数。该装置还包括一些执行结构，允许操作人员遥控、修改工作流程条件或工艺参数。

　　② 第二部分是远程监测子站（用户、管网监控点、供气监控点的远程站系统）数据监

控系统（RTU）。RTU/PLC 与现场的传感器、变送器、智能仪表和执行器相连，检测、测量现场站点的运行参数并控制现场设备。无人值守的调压箱及主要用户，也安装远程终端装置 RTU/PLC，通过通信系统向主控中心传输数据，并接受主控中心或紧急控制中心的操作指令。

③ 第三部分是计算机网络调度管理系统，计算机网络调度管理系统在调度及监控中心经 RTU/PLC 接受从各个远程站点传来的数据，通过系统实现对数据的分析和管理等应用。

④ 第四部分是数据通信系统，它为 SCADA 系统的远程监控功能提供必需的数据通道。这些数据通道连接着各种不同的控制中心和远程站点，在场站以光纤及无线 GPRS/CDMA 通信系统作为主系统。

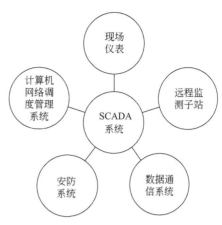

图 4-30 SCADA 系统构架示意图

⑤ 第五部分是安防系统，主要是指视频监控和红外监控等安防设施，通常场站的安防系统会与 SCADA 系统的建设同步考虑。

SCADA 系统的组成示意图见图 4-31。

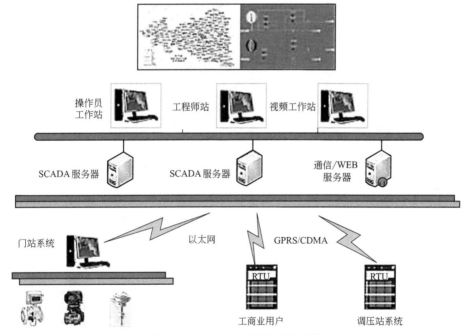

图 4-31 SCADA 系统组成示意图

（3）SCADA 系统调度中心计算机系统主要功能　调度指挥中心是整个城市燃气管网输配 SCADA 系统的调度指挥中心，在正常情况下操作人员在调度指挥中心通过计算机系统即可完成对整个城市燃气管网输配的监控和运行管理等任务。调度指挥中心通过有人值守站、无人值守站等远程控制终端 RTU，对城市燃气输配管网的工艺参数进行数据采集及控制，同时实现对管网状态的泄漏检测及定位、工商业用户用气量管理、燃气输送计划编制、操作人员模拟培训等任务。其主要功能如下：

① 数据采集和处理（储配站、门站、CNG 站等）；

② 工艺流程的动态显示（流程状态、阀门状态等）；

③ 报警显示、管理以及事件的查询、打印；

④ 数据（实时、历史）的采集、归档、管理以及趋势图显示；

⑤ 统计报表的生成和打印［在 SCADA 系统内各处生成的报表中的数据完全相同（即数据唯一性）］；

⑥ 管网输配管理；

⑦ 流量计算、管理；

⑧ 大型工商用户信息管理；

⑨ 下达调度和操作命令；

⑩ 管道泄漏检测和定位；

⑪ 管道事故处理，如管道发生泄漏、设备运行异常等；

⑫ 供电状态监控；

⑬ 安全保护；

⑭ 标准组态应用软件和用户生成的应用软件的执行；

⑮ 模拟培训；

⑯ WEB 发布；

⑰ 远程阀门控制；

⑱ SCADA 系统故障诊断；

⑲ 仪表的故障诊断和分析；

⑳ 网络监视和管理；

㉑ 通信通道监视及管理；

㉒ 移动办公；

㉓ 设备台帐建立；

㉔ 支持系统同步时钟；

㉕ 与视频安防系统的通信等；

㉖ 数据通信信道故障时主备信道的切换；

㉗ 为 MIS 系统提供数据；

㉘ 与企业自动化管理系统平台连接、进行数据交换；

㉙ 与上级计算机系统通信等；

㉚ 为其他系统提供数据接口和二次开发。

（4）调度中心 SCADA 系统软件　生产调度中心计算机监控系统主要完成管道全线的数据采集和监控管理任务，将各站控制系统传送来的数据信息进行处理、分析及存档，并向各站发送调度及控制命令。软件系统的一般构成见表 4-6。

表 4-6　软件系统一般构成

序号	软件	主要功能	性能需求
1	SCADA 系统软件及上位开发	通过对系统软件的二次开发，实现管道全线的数据采集和监控管理任务，将各站控制系统传送来的数据信息进行处理、分析及存档，并向各站发送调度及控制命令	无客户许可证限制、数据共享、系统运作不间断、高兼容性及高开放性、具有生产调度仿真模块
2	数据库软件	管网监测运行数据的存储与交换	完整的数据管理功能；可移植性好；使用方便、稳定性好、功能强
3	通信软件	实现主备通信服务器自动切换、主备通信信道自动切换、主备冗灾中心数据同步功能；支持逢变上报功能	与场站通信支持 Modbus RTU 或 Modbus TCP/IP 协议，与 DMS 系统通信支持 Modbus TCP/IP 及 OPC 通信协议

（5）调度中心硬件系统构成　调控中心的配置主要包括 SCADA 服务器、通信服务器、服务器机柜、操作员站、工程师站、打印机、UPS、网络交换机等设备。调度中心系统拓扑

结构图如图 4-32 所示。

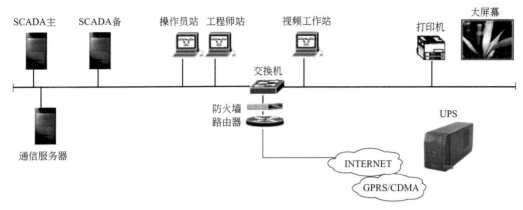

图 4-32　SCADA 调度中心系统拓扑结构图

（6）远程监控点系统　远程监控点系统主要完成对所在站的数据采集和监控任务，对本站的工艺变量、设备状态及其他过程变量进行巡回检测和数据处理；还要完成与调度中心计算机监控系统（SCADA）之间的信息传递。

① 系统结构。类型描述：配置现场采集柜。需要采集信号的设备主要包括：进出口压力温度变送器、气体智能流量计。

远程监控点系统主要由过程控制单元、变送器、执行机构、通信设备等构成。系统结构如图 4-33、图 4-34 所示。

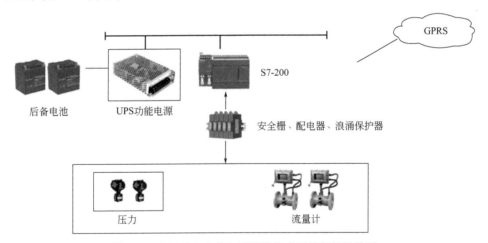

图 4-33　SCADA 有市电远程监控点系统拓扑结构图

② 系统功能。

a. 现场数据采集；

b. 数据处理（工程单位换算、算术与逻辑运算）；

c. 流量计数据读取及协议解析；

d. 燃气泄漏及压力等参数报警监视、报警处理；

e. 数据被调度中心读取或主动上传调度中心；

f. 接受调度中心发来的参数设定和控制命令；

g. 自动进行监控任务，发出控制或调节命令；

h. 可远程或现场设定、修改参数。

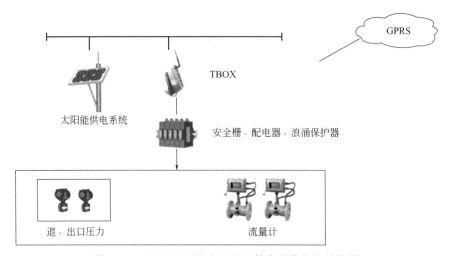

图 4-34　SCADA 无市电远程监控点系统拓扑结构图

（7）网络和数字通信系统　SCADA 系统是一个大规模网络系统，它既涉及先进的计算机技术，同时又涉及现代数据通信技术。调度中心与各监控站之间一天 24 小时要保持不间断的可靠通信，因此采用何种数据通信方式是决定系统先进性与可靠性的关键。通常调度中心计算机监控系统与计量站及门站、分输站之间采用光纤组建局域网（专线）进行快速通信；调度中心计算机监控系统与其他基站控制系统之间通信采用 GPRS/CDMA 网络通信。

① 调度中心及各分中心系统内部网络。调度中心内部建立局域网，网络规格及技术指标要求如下：

a. 符合国际标准和工业标准；

b. 具有开放式结构；

c. 支持多种网络硬件设备；

d. 有众多应用软件支持；

e. 具有良好的、方便的开发环境；

f. 具有良好的安全保障功能；

g. 调度中心内部建立冗余的以太网，保证系统的可靠性。

② 调度中心与站控系统远程通信网络。通信系统为 SCADA 系统的远程监控功能提供必需的数据通道。根据实际需求，调度中心计算机监控系统与用户、管网监控点站控制系统之间通信采用 GPRS/CDMA 网络通信，与供气监控点控制系统之间通信采用光纤网络通信。通信系统网络图如图 4-35 所示。

4.6.2　GIS 系统

4.6.2.1　GIS 系统概述

随着城市供气业务的迅猛发展，管网基础资料的不断增多，现有完全依赖人工管理的办法无论从管理角度还是从业务角度上均无法跟上时代步伐，更不能满足使用需求。伴随国内外燃气企业信息化应用的不断发展，将 GIS（地理信息系统，Geographic Information System）技术作为工具应用至营业、抄表、报装、巡检、检漏、抢维修等业务中，辅助各部分工作与管网数据进行紧密结合，从而实现更加精细化的管理已经成为行业共识。以 GIS 管网地图为载体，实现各类业务流程、分析结果、运营信息基于地图的可视化展现，辅助燃气

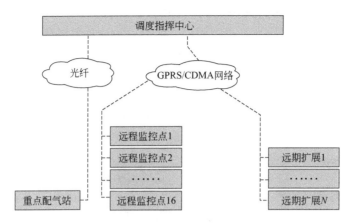

图 4-35　SCADA 通信系统网络图

企业进行宏观决策、综合运营亦成为燃气企业实现"智慧燃气"的发展方向。

因此，为增强企业对燃气管网的运营和监管的能力，提高燃气管网管理与服务的水平，可以通过利用新一代的 GIS 技术，构建高效、合理、实用的燃气管网信息系统，为燃气公司各项工作开展及后续信息化系统建设提供数据支撑。

4.6.2.2　GIS 系统的建设目标

GIS 系统的建设可以有效提升企业运营管理效率，GIS 系统的建设应能实现以下目标：

① 全面管理燃气公司天然气管网相关的各种基础数据，建立管网 GIS 数据库，把管网的图形信息、属性资料，以及管网日常维护数据、燃气用户信息等都接口到数据库中，实现统一的属性数据和空间数据平台，充分发挥图文一体化系统的强大管理功能。能够在 GIS 平台上对燃气管网的信息进行数据管理、分析、统计。

② 实现各种图档资料存储的集中统一管理。提供对管网的检修、维护记录的管理；对管网防腐情况检测及安全评估的管理；对突发事件做出快速响应，快速找到故障点，确定影响范围等。

③ 燃气管网 GIS 数据的操作、维护、管理和发布。

④ 燃气管网 GIS 数据完整地与其他不同 GIS 平台数据进行转换和交换；实现图域管理、管网拓扑分析；实现管线资料的可视化查询、统计以及各种输出。

⑤ 为管网新建和扩建提供规划和辅助设计。

⑥ 完善管网分析功能，实现辅助决策功能，形成一个集燃气管网设计、运行、管理、维护、管网资源分析以及辅助决策为一体的综合管理信息系统。

⑦ 建立管网信息发布系统，与企业办公自动化系统联网，形成企业整体信息化平台体系。

⑧ 结合 GPS 和其他测绘数据，实现管网设备的定位、管线数据的动态更新；为企业使用各种手持设备（手持 GPS 接收机、PDA、手机等）及调度系统提供地理地图数据。

4.6.2.3　GIS 系统的建设原则

GIS 系统建设是以计算机网络为基础，遵照国家有关标准以及规范对地下燃气管线数据进行科学的存储与管理，实现快速的数据采集、校验、建库、查询、检索、更新、统计、空间分析、空间辅助决策以及资源共享等，实现将大规模的、动态变化的燃气管线基础资料转换为数字化的、可操作的、可共享的信息资源，为管线工程的实施提供现势性、高精度的燃气管线数据，为城市发展提供决策支持信息，为相关部门和社会各界提供不涉密的数据共享，为燃气管线管理形成一个良性的循环，如图 4-36 所示。

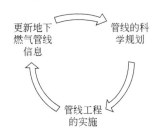

图 4-36　GIS 系统管理循环示意图

燃气管网 GIS 系统的建设将遵循下列的建设原则：

（1）可靠性原则　燃气管线 GIS 系统是地下燃气管线日常管理的重要工具，建设时应充分考虑系统和技术的可靠性。

（2）先进性原则　GIS 系统在设计思想、系统架构、采用技术上尽可能采用当前较为先进的技术、方法、软件平台等，确保系统有一定的先进性、前瞻性、扩展性，符合技术发展方向，延长系统的生命周期，确保建成的系统具有良好的稳定性、可扩展性和安全性。

（3）高安全性原则　GIS 系统管理的数据是城市基础性的关键数据，信息管理系统的建设必须同步实施安全工程，使安全措施成为保障信息资源系统正常运行的重要手段。

（4）可扩展性原则　考虑到系统数据量的增长、数据类型的拓展以及系统的管理需求和应用范围的进一步扩展，将会对系统的性能和功能提出新的要求。因此，随着信息技术的发展，系统中的硬件设备和软件系统必须具有良好的扩充性。在系统的设计和建设中，保证系统的结构模块化。系统应是可成长的，应能适应业务的增长和扩充，同时，将按一定的比例预留冗余节点，以保证系统的扩充及容错能力，冗余和容错也是保证系统稳定性与可靠性的重要措施。

（5）开放性原则　开放式系统为开发者提供了一种可以按照开放式系统的标准和技术进行设计和开发的思想。

（6）标准性原则　系统开发使用的技术标准应符合国家、行业及当地的有关技术规定。

（7）实用性原则　GIS 系统不仅面向专业的技术人员，还面向企业当地各种需求层次应用的其他专业管线公司，所以系统应具有良好的实用性，操作简单快捷，界面友好，系统和数据要易于维护、更新和管理，提供各种满足不同层次用户需求的功能和工具。

（8）合理的数据库架构　GIS 系统是城市地理信息系统的典型应用，数据库设计是否合理，是系统开发是否成功的关键。GIS 系统数据类型多、数据量大，管线与管点之间又有复杂的拓扑关系，因此数据结构的合理性非常重要，在系统分析和数据库设计时应该给予充分地重视，特别是系统元数据的设计，以保证系统高效稳定地运行。

4.6.2.4　GIS 系统具备的功能

根据燃气公司管网 GIS 系统的建立原则，系统的建设规模和功能要求与系统开发目标紧密相关，系统的具体目标应是在科学合理的用户需求分析基础上确定的，因此，不同城市和不同部门在系统的建设规模和功能上具有一定的差别。一般而言，燃气管网 GIS 系统应具备如下基本功能：

（1）数据采集功能　系统具备高效的数据采集、记录、输入功能。针对不同的信息源，采用不同的数据获取方法和处理手段，包括：数字化仪输入及扫描矢量化输入；机助测量技术直接获取外业数据；格式转换和键盘输入等。

（2）编辑修改功能　城市面貌不断改变，基础数据的更新维护工作每天都在进行，系统应具有高效的图形信息增改功能，提供方便实用的图形工具和用户界面，完成管网和地形信息的修改。

（3）存储管理功能　可建立科学、合理的地形图要素分类和编码标准，这是数据采集、组织、转换输出的依据。城市管网地理信息系统具有较广的服务面，因此基础管网数据库内容应该是全要素的。建立科学的存放结构，应具有较细的信息分层，以满足城市信息系统的各应用子系统对管网应用的需要。

（4）查询统计功能　数据库的内容可按用户要求方便地以多种方式（包括图名、图号、坐标、城区名、地名、道路名等）对管网信息进行查询，可完成分层、分要素的提取、转换和输出，并可对管网信息进行计算与统计（如计算管线的长度、统计指定范围内的阀门数量等）。

（5）管网信息输出功能　可对基本数据内容及满足一定条件的查询结果完成屏幕显示、存盘、绘图仪或打印机输出和数据转换工作，并满足现行图例标准。可对地形图进行任意分幅、裁剪与切割。

（6）管网分析功能　系统可完成满足管网应用的各种分析功能，包括：

① 爆管分析、影响用户分析、预警分析；

② 纵横剖面分析、垂距分析；

③ 最短路径分析、连通性分析；

④ 水力分析等。

燃气管网 GIS 系统的开发是一个复杂的软件工程，它主要包含的主要功能如图 4-37 所示。

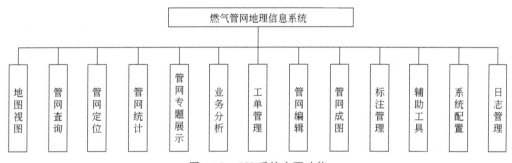

图 4-37　GIS 系统主要功能

4.6.2.5　GIS 系统规范化与标准化

地理信息系统的一个重要特点就是将大量的各部门和各专业的信息按照一定的标准和规范，置于统一管理之下，使管理部门的工作有一个标准化和规范化的数据基础，而且在这一基础上，通过信息系统提供的规范化的作业流程，实现办公的规范化和自动化。为了能够顺利地和企业当地其他单位实现数据与资源的有效共享，在 GIS 系统建设中，在遵循国家和行业标准的基础上，还应遵循当地政府制订的相关标准和规范。系统基础信息分类与编码应遵循如下原则：

① 编码方案应适用于城市大比例尺数字地形图和管网图，生产和建立各种空间信息系统中地形要素的采集、存储、检索、分析、输出和交换，用以标定该比例尺范围内管网要素的数字信息，实现管网图信息标准化存储和信息共享；

② 管网要素的条目、含义和符号配置应遵循国家或行业标准的规定；

③ 适应现代计算机和数据库技术应用与管理及数字化制图的目的，按照地形要素的属性和特征进行严密的科学分类，形成系统的分类体系；

④ 方案中的代码结构保留有适当的扩充余地；

⑤ 不受管网图比例尺的限制，同一要素在不同比例尺地图库中有唯一的分类代码；

⑥ 方案具有可移植性，便于向不同的编码方案转换；

⑦ 从管网要素的符号结构考虑，同一要素的目标可以对其主要部分和次要部分分别定义，以方便信息系统中地形要素的符号配置和绘图输出。

4.6.2.6 GIS系统通常的功能模块设置

（1）GIS系统界面及菜单　GIS系统主要包括查询定位、管网编辑、管网统计、业务分析、系统工具、用户权限等功能模块。

（2）地图展示模块　地图展示模块主要是结合电子地图，通过图形化的方式展现燃气管网的构成，通过系统提供的各种快捷工具，可以实现管网数据的快速浏览。具体的功能包括放大、缩小、平移、复位、前一视图、后一视图、刷新、设置比例尺、书签管理、距离量算、面积量算、图层设置、截图输出、局部图纸、爆管分析、部门管理、标注工具箱、连通性分析、范围查询、缓冲区查询、旋转设备、属性拷贝等功能。

（3）管网查询模块　查询定位模块，主要是提供对各类燃气管网设施的快速查询的功能。查询的主要功能包括综合查询、属性查询、自定义SQL查询、范围查询、缓冲区查询等功能。目的是方便用户根据不同的查询条件，快速查找到目标信息。同时提供查询结果定位跳转功能，并能通过闪烁方式标注查询结果。系统能够查询的实体包括但不限于：低压管、高压管、阀门、凝水缸、放散管、管末、接换头、四通、极性保护、立管、弯头、门站、调压站、调压器、流量计、压力计、引入管端、水井、节点、护沟、套管等。

（4）管网定位模块　系统能对燃气管网数据支持定位操作，包括坐标定位、设备实体定位、辅助数据定位等功能。通过定位模块，方便用户快速地进行管网数据查询与定位，并通过点高亮、线高亮的模式进行突出强调显示。

（5）管网统计模块　统计分析模块主要是提供按照不同的维度对燃气管网数据进行统计分析，形成各类报表数据。主要包括：管段统计、设备统计、空间统计、汇总统计以及统计输出等。

（6）管网分析模块

① 横断面分析。系统支持根据管网的埋深进行横断面分析，自动生成管网的横断面图，方便用户快速进行成图。

② 纵剖面分析。系统支持根据管网的埋深进行纵剖面分析，自动生成管网的纵断面图，方便用户快速进行成图。

③ 爆管分析。系统提供了方便的爆管分析功能，可以迅速对燃气管网进行爆管分析。如果某些阀门失灵，还可以继续扩大范围搜索，并且同时显示关闭阀门后受影响的用户。

④ 连通分析。系统提供根据用户指定的起点和终点，查询连接两点间所有管段和管点设备，并以列表的形式进行展示。

⑤ 预警分析。为了让用户动态了解管网中设备的使用情况，系统提供该功能自动检查管网中超过使用年限和维修次数的设备，为用户动态掌握管网现状提供直接依据。

⑥ 水力分析。支持单气源、单环状、多用气点压力流量分析。

⑦ 供用储气分析。

（7）工单管理模块　系统提供按照工单的模式进行数据的录入，工单录入完毕以后由管理员进行审核，审核通过后，数据方能正式入库。工单管理包括：工单录入、工单查询、我的待办、我的已办、工单明细、工单审核等功能。

（8）管网编辑模块　管网编辑模块主要是在B/S架构下实现对燃气管网数据的编辑功能，包括：管网录入、管网修改、管网属性管理、管网检查、管网数据成图等。同时，对于已入库的数据，提供地图打印、地图裁剪输出、地图导出为栅格图等功能。

（9）管网数据成图　系统提供对管网数据进行出图管理，包括标准成图、局部成图、屏幕成图、栓点图纸等，同时支持对出图的数据进行出图整饰、地图打印、地图裁剪输出、地图导出、地图导出为栅格图等功能。

（10）标注管理模块　系统提供强大的标注管理功能，能够对燃气管网数据进行各类标注管理功能，包括坐标标注、埋深标注、管网标注、扯旗标注、物资标注、杂项标注、流向标注、自定义标注等。

（11）辅助工具模块　辅助工具模块主要是提供一些快捷功能的入口，方便用户快速地对管网数据进行量算、查询、浏览和标注，主要功能包括：量算工具、标注工具、书签工具、专题图工具、辅助绘图工具等。

（12）系统配置模块　系统配置模块主要是对系统的用户权限、日志、标注等进行配置和管理的模块。主要的功能包括：用户权限管理、标注配置管理、数据字典管理、系统日志管理等。

（13）数据字典维护管理　系统提供对数据字典维护功能，方便用户对燃气管网实体属性字段的添加、修改等工作。

（14）系统日志管理

① 系统登录日志。系统提供全面的操作日志记录管理，记录并查询用户事件，包括用户名、用户登录时间、用户登录次数等信息。

② 数据操作日志。系统提供对设备数据的操作，包括新增、删除、修改等操作进行日志记录，方便管理员对数据维护的情况进行追溯。

③ 日志查询。系统支持按照使用者、操作类型等方式对系统操作日志进行查询管理，系统能严格管理变更运行状态的任何操作。在系统运行过程中实时记录用户名、所属单位、查询主机 IP 地址、查询条件、查询时间、操作模块，保存系统详细的日志记录。

（15）与其他系统的接口　燃气公司 GIS 系统不是一个孤立的系统，它要服务于公司的其他部门、各管线权属单位、各政府部门和广大公众，所以 GIS 系统建设项目必须要具有开放性的接口，实现信息的共享。

随着网络互联互操作标准和技术的发展，采用开放的标准和面向服务的架构（SOA）来推进应用基础结构的兼容性已经成为 IT 行业实现系统接口的条件。燃气 GIS 系统建设项目也将遵循这一规则，采用面向服务的架构（SOA）和采用 WebService 来实现与其他部门、其他系统的接口。

这种技术架构的最大难度在于，通信接口的设计和契约的定制，因为这类系统往往要和各种各样的、跨职能部门的"软件使用者""开发者"进行沟通，所以在开发前必须确保相关业务流程、通信接口及契约标准的制定。

在城镇燃气管理运行中，还可以设置生产调度决策系统，这一系统将动态的 SCADA 系统数据和静态的 GIS 及用户基础数据相结合，提供部分固定的优化策略，为生产调度提供灵活多样的辅助决策。

4.6.3　CIS 和 MIS 系统

CIS 和 MIS 系统主要用于企业内部管理，其基础架构要根据企业自身的需要来制定，故本书不对其架构做详细介绍，只简单概括它们的基本功能。

（1）CIS 系统主要功能

① 建立、健全客户信息档案，记录客户的计量器具、燃气设备信息，记录各种设备的维修情况，记录客户的用气历史，为提供优质的个性化服务奠定基础；

② 建立多渠道的呼叫中心，提供客户咨询、查询，客户报修、报装等服务的受理，提

供市场调查、客户关怀、投诉受理、气费查询、气费催收等多种功能；

③ 实现用户入户点火手续办理，定期抄表，多种方式收费，达到方便客户的目的；

④ 实现派工维修调度、抢修报警、安检、故障处理等服务业务；

⑤ 建立 WEB 服务系统，方便公众通过互联网技术了解燃气服务内容。

（2）MIS 系统主要功能

① 收集、整理其他子系统的相关信息，制作企业所需的各种报表、文档等，方便企业决策层进行有效管理和制定发展战略；

② 发布公司管理的各项规章制度和公司临时性、事务性的通知通告进行人事信息管理；

③ 收集、整理其他子系统的相关信息，通过设立 WEB 服务系统，方便公众通过互联网技术了解燃气企业，提升企业形象；

④ 与关联的同行业企业建立业务经营、管理的沟通平台；

⑤ 向城镇燃气指挥管理中心上传安全生产信息和应急预案。

第5章

燃气设施

5.1 燃气储罐

燃气储存的目的是通过气量调节来解决城镇燃气各类用户用气量与气源供气量之间的不平衡性。燃气储罐是燃气输配系统中经常采用的储气设施之一。合理确定储罐在输配系统的位置，使输配管网的供气点分布合理，可以改善管网的运行工况，优化输配管网的技术经济指标，解决气源供气均匀性与用户用气不均匀性之间的矛盾。

燃气储罐按照工作压力可分为：

（1）低压储罐 储罐的工作压力一般在 5kPa 以下，储气压力基本稳定，储气量的变化使储罐容积相应变化。

（2）高压储罐 高压储罐的几何容积是固定的，储气量变化时，储罐储气压力相应变化。

5.1.1 低压储罐

低压储罐是用于气源压力较低时的储气设备，也用于人工制气的中-低压输配系统中，其工作压力一般在 4kPa 以下。按照活动部位构造及密封介质分为湿式和干式两类。

湿式罐（以水作为活动部位的密封介质）有直立导轨式和螺旋导轨式。干式罐根据密封方法不同分为三种罐型：曼（MAN）型、可隆（KLONNE）型、维金斯（WIGGINS）型。目前国内集可隆型和曼型各自技术优点于一体的新型干式罐最大储气容积已达 30 万立方米。干式罐最高设计压力已达 15kPa。

（1）湿式罐 湿式罐主要由水槽及钟罩组成。钟罩是可以上下移动的储气空间。煤气进入钟罩时，煤气压力使钟罩上升；排气时，钟罩下降。水槽中的水是保持钟罩储气的密封介质。储气容积小于 $1000m^3$，一般为一节（即钟罩）。较大容积的储气罐增加节数，顶节为钟罩，其他各塔节为圆筒形，节间有水封环。随储气量的增减，逐节依次升降。

按照升降方式分为水槽外壁上设有导轨柱的直立升降式和外壁带有螺旋导轨的螺旋升降式两种。直立低压湿式罐见图 5-1，螺旋低压湿式罐见图 5-2。

水封是在钟罩与塔节或塔节与塔节间起密封作用，塔节上升时，上一节塔节挂起下节塔节时水封合封，塔节下降时为脱封过程。水封的最大水封水位在设计时应考虑满足罐最大工作压力、罐的倾斜量、风对水封水的影响、水封水蒸发量和安全量等要求。水封内侧应设有水口以防止水封合封时提水过多而溢出，并设置补水管道和在寒冷地区使用时的防冻汽管道。

湿式储气罐罐内储气的压力是由钟罩和塔节自重形成的，即

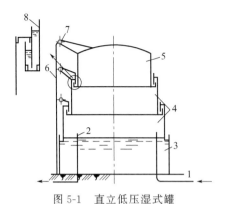

图 5-1　直立低压湿式罐
1—煤气进口；2—煤气出口；3—水槽；4—塔节；
5—钟罩；6—导向装置；7—导轮；8—水封

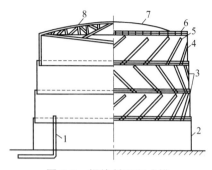

图 5-2　螺旋低压湿式罐
1—煤气管；2—水槽；3—塔节；4—上塔节；
5—导轨；6—栏杆；7—钟罩；8—顶架

$$p = \frac{W}{S} \tag{5-1}$$

式中　　W——钟罩和塔节的重力，N；

　　　　S——钟罩或塔节的投影面积，m^2；

　　　　p——罐内压力，Pa。

所以，当一节钟罩升起后罐的压力基本不变，当多个塔节逐节升起时罐的压力有阶梯形的变化。如有四个塔节（包括钟罩）的 5 万立方米湿式螺旋罐压力为 1034、1523、2091、2525(Pa)，即钟罩升起时罐压为 1034Pa、钟罩和一个塔节升起时罐压为 1523Pa、钟罩和二个塔节升起时罐压为 2091Pa、钟罩和塔节全部升起时罐压为 2525Pa。

螺旋式储气罐与直立式储气罐相比可节约 15%～30% 的钢材，但不能承受强烈风压，故在风速大的地区使用需进行验算或采用直立式罐。此外其施工允许误差较小，基础的允许倾斜或沉降值也较小。

（2）干式罐　干式罐由多边或圆柱形筒体、沿筒内壁移动的活塞、底板及顶板组成。干式储气罐是相对于以水密封的湿式储气罐而言的，其密封形式为非水密封。主要分为三种罐型，采用稀油密封的多边形稀油密封型储气罐（曼型）、圆筒形稀油密封型储气罐（可隆型）、采用橡胶膜密封的膜密封储气罐（维金斯型）。

① 曼型干式罐（图 5-3）。这是一种采用稀油加钢制滑板的活塞密封方法的干式罐，具有正多边形的外形特征。滑动部分的间隙充满油液，同时从上部补充，通过间隙流失的油液循环使用，又称循环油密封干式罐。

② 可隆型干式罐（图 5-4）。这是一种采用稀油加橡胶条的活塞密封方法的干式罐，具有圆筒形的外形特征。活塞周边装橡胶及纺织品组成的密封圈，从活塞上压紧密封圈并向密封圈注入润滑油脂以保持密封，又称干油脂密封干式罐。

③ 维金斯型干式罐（图 5-5）。这是一种采用橡胶膜的活塞密封方法的干式罐，具有采用特制橡胶膜的活塞结构和圆筒形的外形特征。在筒体的下端与活塞边缘贴有柔性橡胶，并能随活塞升降自行卷起或张开，又称柔膜密封干式罐。

三种低压干式罐的主要区别见表 5-1。

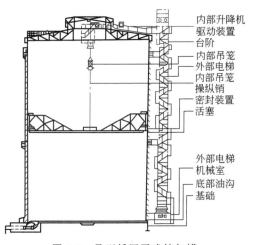

图 5-3 曼型低压干式储气罐

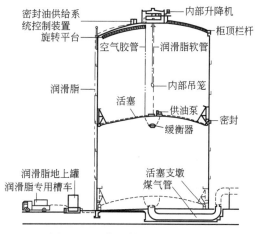

图 5-4 可隆型低压干式储气罐

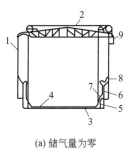

(a) 储气量为零

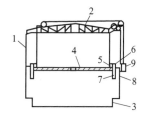

(b) 储气量为最大容积1/2

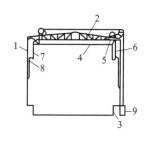

(c) 储气量为最大容积

图 5-5 维金斯型低压干式储气罐

1—侧板；2—罐顶；3—底板；4—活塞；5—活塞护栏；6—套筒式护栏；
7—内层密封帘；8—外层密封帘；9—平衡装置

表 5-1 三种低压干式罐的主要区别

类型	曼型	可隆型	维金斯型
外形	正棱柱形	圆柱形	圆柱形
密封方式	稀油密封	胶圈及油脂密封	夹布橡胶密封
活塞形式	平板架	拱架	T 形挡板

干式储气罐罐内储气的压力主要是由活塞自重形成的（维金斯罐还要考虑护栏和橡胶的重力），即

$$p = \frac{W}{S} \tag{5-2}$$

式中　W——活塞的重力，N；

　　　S——活塞的投影面积，m^2；

　　　p——罐内压力，Pa。

所以，若要提高干式罐的压力，可以在活塞上增加配重。当然，要在活塞结构允许的范围内，最大罐压一般不超过 10kPa。需增加的配重重力 ΔW＝活塞的投影面积 S×需增加的罐压 Δp。

（3）几种低压储气罐的技术特性和比较　低压湿式罐和曼型干式罐的比较见表 5-2。

表 5-2　低压湿式罐和曼型干式罐比较

项目	低压湿式罐	曼型干式罐
罐内煤气压力	随储气塔节的增减而改变,煤气压力阶梯状变化	储气压力稳定
罐内煤气湿度	罐内湿度大、出口煤气含水分高	不增加储存气体的含水量
保温蒸汽用量	寒冷地区冬季需保温,除水槽加保护墙外,所有水封部分需加引射器喷射蒸汽保温,蒸汽用量大	冬季气温低于 5℃ 时,罐底部油槽有蒸汽管加热,但耗热量少
占地	高径比一般小于 1,钟罩顶落在水槽上部,空间利用降低,占地面积较大	高径比一般为 1.2～1.7,活塞落下与底板间距为 60mm 左右,储气空间大,占地面积小
使用寿命	一般为≥20 年	一般为≥50 年
耐腐蚀性	由于水槽底部细菌繁殖,使水中硫酸盐生化还原成 H_2S,煤气中含有 H_2S,易使罐体内壁腐蚀	由于内壁的表面经常保持一层厚约 0.5mm 的油膜,保护钢板不产生腐蚀
抗震、抗风等性能	由于水槽上部塔节为浮动结构,发生强地震和强风时易造成塔节倾斜,产生导轮错动、脱轨、卡住等现象	活塞不受强风和冰雪影响
罐体耗钢量	低	高(干/湿＝1.35～1.5)
罐体造价	低	高(干/湿＝1.5～2.0)

由于干式罐活塞升降的运行速度较快（尤其是维金斯型），所以干式罐比湿式罐更适应于进、排气流量较大的工作条件。另外，维金斯型采用橡胶密封帘密封，设有密封油，所以也适应储存含尘量较多的气体。

5.1.2　高压储罐

高压储罐几何容积是固定的，罐内压力随储气量的多少而增减，其储气调峰以罐内压力的增减来进行储气和排出。其设计压力以储气时罐的最高工作压力状态来确定。高压储罐有圆筒形储气罐和球形储气罐两种。

（1）圆筒形储气罐　圆筒形储气罐由钢板制成圆筒体，两端为碟形或半球形封头构成的容器，按安装方式分为立式和卧式两种。立式占地面积小，但防止罐体倾倒的支座及基础必须牢固。卧式支座及基础作法较简单。圆筒形储气罐制作比较方便，但耗钢量比球形罐大，一般用作液化石油气储存或小规模的高压储气设备，其最大单体几何容积一般为数百立方米。圆筒形储气罐见图 5-6。

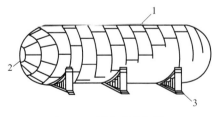

图 5-6　圆筒形储气罐
1—筒体；2—封头；3—鞍式支座

（2）球形储气罐　在相同的几何容积下，球形储气罐的表面积小。与圆筒形储气罐比较，可节省 30％ 左右钢材。球形罐的制作及安装都比圆筒形储气罐复杂，单位造价高，一般较大容积的高压罐采用球形罐时，技术经济上才比较适宜。球形储气罐见图 5-7。

球形储气罐用于调峰的调度气量 V 是以其几何容积 v 和最高工作压力 p_1、最低工作压力 p_2 决定的，即

$$V=10(p_1-p_2)v \tag{5-3}$$

式中　V——球罐的可调度气量，m^3；

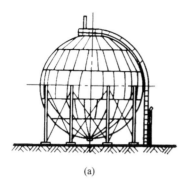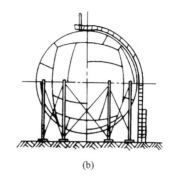

(a)　　　　　　　　　　　　　(b)

图 5-7　球形储气罐

$p_1 - p_2$——最高、最低工作压力差，MPa；

v——球罐几何容积，m^3。

　　所以，要增加罐的可调度气量，提高球罐的储气利用率，需要提高球罐最高工作压力以提高工作压差。但是无论提高球罐的设计压力还是增加球罐的几何容积都需要增加球壳板的壁厚或采用高强度、高韧性的钢材制造球壳板。

　　制作球壳板的压力容器用钢是需要经过实践检验，并经质量技术监督部门认可，具有高强度和良好韧性并且焊接后不发生裂纹和保持良好韧性的高性能钢材。目前我国常用的球壳板材多为 20R、15MnVR、16MnR、07MnCrVR（CF62）等国产钢材或进口钢材。我国已实现了几何容积 1 万立方米，工作压力 1MPa 的大型天然气球罐设计、板材生产、压制、组装全面国产化。

　　另外，不同的钢材制作的球罐的壁厚达到该钢种所限制的厚度以上时，需要对球罐进行整体热处理。球罐的整体热处理尤其是大容积球罐的整体热处理具有较高的技术难度和一定的复杂性，且费用较高。所以制作大型球罐应尽量避免进行整体热处理。因此，在设计大型球罐时采用高韧性的球壳板钢材，以使球壳壁厚不超过需要整体热处理所限制的厚度。这样，该容积球罐不采用整体热处理时的最大设计压力即是该球壳板壁厚达到该限制厚度时该球罐的设计压力。目前我国进行整体热处理的燃气球罐几何容积小于 $6500m^3$。

　　高压储气也可以采用管束储气。管束储气是将若干管道构成的管束埋于地下，构成储气设施。与其他高压储存设施相比，这种储气设施运行压力高，埋地较安全，建造费用低，但占地面积很大且运行后难于检查，要求有较高的防腐措施。

5.2　燃气的压力调节及计量

5.2.1　燃气压力调节及调压器的构造

　　燃气供应系统的压力工况是利用调压器来控制的，调压器的作用是根据燃气的需用情况将燃气调至不同压力，并使调压器出口压力保持相对稳定。调压器通常设置在城市燃气输配系统中门站、调压站等各类场站、不同压力等级管网间、用户前等处。

　　在燃气输配系统中，所有调压器均是将较高的压力降至较低的压力，因此调压器是一个降压设备，其工作原理见图 5-8。

　　气体作用于薄膜上的力可按式（5-4）计算

$$N = F_\alpha p = cFp \tag{5-4}$$

式中　N——气体作用于薄膜上的移动力；

　　　F_α——薄膜的有效面积；

　　　p——作用于薄膜上的燃气压力；

　　　c——薄膜的有效系数；

　　　F——薄膜表面在其固定端的投影面积。

调节阀门的平衡条件可近似认为

$$N = W_g \tag{5-5}$$

式中　W_g——重块的重力。

当出口处的用气量增加或入口压力降低时，燃气出口压力 p 降低，造成 $N < W_g$，进而失去平衡。此时薄膜下降，使阀门开大，燃气流量增加，使压力恢复平衡状态。

当出口处用气量减少或入口压力增加时，燃气出口压力 p 升高，造成 $N > W_g$，此时薄膜上升，带动阀门使开度减小，燃气流量减少，因此又逐渐使压力恢复到原来的状态。

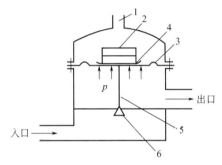

图 5-8　调压器工作原理

1—呼吸孔；2—重块；3—悬吊阀杆的薄膜；
4—薄膜上的金属压盘；5—阀杆；6—阀芯

可见，不论用气量及入口压力如何变化，调压器均可以通过重块（或弹簧）的调节自动地保持稳定的供应压力。因此调压器和与其连接的管网是一个自调系统。

该自调系统的工作就是首先由薄膜测出出口压力，然后通过薄膜将这个压力和重块（或弹簧）作用的力进行比较，依据两者之间的差值，通过薄膜及其悬吊的网杆带动阀芯上下移动，调节调压器出口处的管道压力。因此，该自动系统是由测量元件（或称敏感元件）、传动装置、调节机构和调节对象（与调压器出口连接的燃气管道）所组成。

为了更清楚地描述该自调系统的各个组成环节之间的相互影响和信号联系，可用图 5-9 来表示调压器的工作原理。

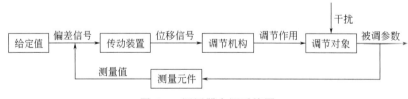

图 5-9　调压器自调系统图

当外界给一个干扰信号时，则被调参数发生变化，传给测量元件，测量元件发出一个信号与给定值进行比较，得到偏差信号，并被送给传动装置，传动装置根据偏差信号发出位移信号送至调节机构，使阀门动作起来，并向调节对象输出一个调节作用信号克服干扰作用影响。

在压力自动调节系统的过渡过程中，当用气量及进口压力保持不变时（无干扰），整个系统保持一种相对静止状态（称为静态），由于用气量及进口压力的改变而破坏了这种平衡状态时，被调参数就要发生变化，而压力自调系统就要自动地移动调节机构并改变调节参数

（流量），克服干扰恢复平衡状态，干扰发生后，经过调节，系统又重新建立平衡。在这一段时间中整个系统的各个环节的参数都处于变动之中，所以这种状态称为动态。在燃气供应系统中，用气量及压力每时每刻几乎都在变化，所以了解压力自调系统的动态特性是很重要的。

当压力自动调节系统在动态阶段时，被调参数是不断变化的，它随时间变化的过程称为自调系统的过渡过程，也就是系统从一个平衡状态过渡到另一个平衡状态的过程。

系统动特性可以用突然干扰（阶跃变化）作用下过渡过程曲线来描述。系统的过渡过程的几种基本形式见图 5-10。

图 5-10 中（a）图所示曲线是发散振荡过程，说明被调参数偏离给定值的数值将逐渐增大，最后到超出限度产生事故为止，这种过程是不稳定的过程。（b）图所示曲线是等幅振荡过程，除了振幅是所允许的极小数值以外，也是不稳定过程。（c）图所示曲线是衰减振荡过程，被调参数经过一段时间的振荡，最终能达到接近给定值的平衡状态，在燃气压力调节中希望采用这种过程。（d）图所示曲线是非振荡的过渡过程（单调过程），在不允许被调参数有大幅度波动的情况下，这种过程是可以采用的，但由于这种过程变化较慢，在燃气压力的调节系统中也不采用。

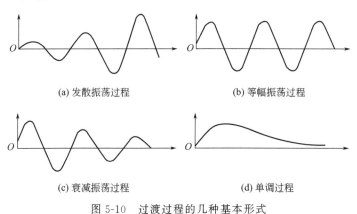

(a) 发散振荡过程　　　　　　　　　(b) 等幅振荡过程

(c) 衰减振荡过程　　　　　　　　　(d) 单调过程

图 5-10　过渡过程的几种基本形式

5.2.2　调压器的种类

调压器通常分为直接作用式和间接作用式两种。

5.2.2.1　直接作用式调压器

直接作用式调压器只依靠常感元件（薄膜）所感受的出口压力的变化移动阀门进行调节，不需要消耗外部能源，敏感元件就是传动装置的受力元件。常用的直接作用式调压器有：液化石油气调压器、用户调压器及各类低压调压器。

（1）液化石油气调压器　目前采用的液化石油气调压器连接在液化石油气钢瓶的角阀上，流量 $0 \sim 0.6 m^3/h$，其构造见图 5-11。

调压器的进口接头由手轮旋入角阀，压紧于钢瓶出口上，出口用胶管与燃具连接。当用户用气量增加时，调压器出口压力降低，作用在薄膜上的压力也就相应降低，横轴在弹簧与薄膜作用下开大阀口，使进气量增加，经过一定时间，出口压力重新稳定在给定值。当用气量减少时，调压器薄膜及调节阀门反向动作。当需要改变出口压力设定值时，可调节调压器上部的调节螺栓。

这种弹簧薄膜结构的调压器，随着流量增加，弹簧增长、弹簧力减弱、给定值降低。同

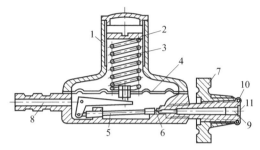

图 5-11　液化石油气调压器

1—壳体；2—两节蝶钉；3—调节弹簧；4—薄膜；5—横轴；

6—阀口；7—手轮；8—出口；9—进口；10—胶圈；11—滤网

时，随着流量增加，薄膜挠度减小，有效面积增加。气流直接冲击在薄膜上，将抵消部分弹簧力。所以这些因素都会使调压器随着流量的增加而降低出口压力。液化石油气调压器是将中压至次高压的液化石油气调节至低压供用户使用。

（2）用户调压器　用户调压器可以直接与中压管道相连，燃气减至低压后供给用气设备，可用于集体食堂、小型工业用户等，其构造如图 5-12 所示。

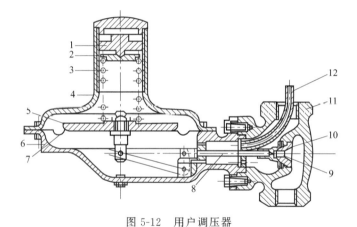

图 5-12　用户调压器

1—调节螺钉；2—定位压板；3—弹簧；4—上体；5—托盘；6—下体；

7—薄膜；8—横轴；9—阀垫；10—阀座；11—阀体；12—导压管

该调压器具有体积小、质量小、性能可靠、安装方便等优点。由于通过调节阀门的气流不直接冲击到薄膜上，因此改善了由此引起的出口压力低于设计理论值的缺点。另外，由于增加了薄膜上托盘的重力，则减少了弹簧力变化对出口压力的影响。导压管引入点置于调压器出口管流速最大处。当出口流量增加时，该处动压头增大而静压头减小，使阀门有进一步开大的趋势，能够抵消由于流量增大、弹簧推力降低和薄膜有效面积增大而造成的出口压力降低的现象。

5.2.2.2　间接作用式调压器

间接作用式调压器的敏感元件和传动装置的受力元件是分开的。当敏感元件感受到出口压力的变化后，使操纵机构（如指挥器）动作，接通外部能源或被调介质（压缩空气或燃气），使调压阀门动作。由于多数指挥器能将所受力放大，故出口压力微小变化，也可导致主调压器的调节阀门动作，因此间接作用式调压器的灵敏度比直接作用式高，下面以轴流式调压器为例介绍间接作用式调压器的工作原理。

该调压器结构如图 5-13 所示。进口压力为 p_1，出口压力为 p_2，进出口流线是直线，故称为轴流式。轴流式的优点为燃气通过阀口阻力损失小，所以可以使调压器在进出口压力差较低的情况下通过较大的流量。调压器的出口压力 p_2 是由指挥器的调节螺丝 8 给定。稳压器 13 的作用是消除进口压力变化对调压的影响，使 p_4 始终保持在一个变化较小的范围。p_4 的大小取决于弹簧 7 和出口压力 p_2，其通常比 p_2 大 0.05MPa，稳压器内的过滤器主要防止指挥器流孔阻塞，避免操作故障。

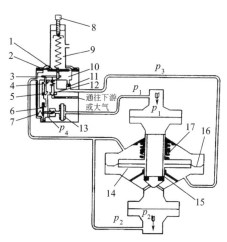

图 5-13 轴流式间接作用调压器

1—阀柱；2—指挥器薄膜；3—阀杆；4，5—指挥器阀；6—皮膜；7—弹簧；8—调节螺丝；
9—指挥器弹簧；10—指挥器阀室；11—校准孔；12—排气阀；13—带过滤器的稳压器；
14—主调压器阀室；15—主调压器阀；16—主调压器薄膜；17—主调压器弹簧

在平衡状态时，主调压器弹簧 17 和出口压力 p_2 与调节压力 p_3 平衡，因此在 $p_3 > p_2$ 指挥器内由阀 5 流进的流量与阀 4 和校准孔 11 流出的流量相等。

当用气量减少，p_2 增加时，指挥器阀室 10 内的压力 p_2 增加，破坏了与指挥器弹簧的平衡，使指挥器薄膜 2 带动阀柱 1 上升。借助阀杆 3 的作用，阀 4 开大，阀 5 关小，使阀 5 流进的流量小于阀 4 和校准孔 11 流出的流量，使 p_3 降低，主调压器薄膜上下压力失去平衡。主调压器阀向下移动，关小阀门，使通过调压器的流量减小，因此使 p_2 下降。如果 p_2 增加较快，指挥器薄膜上升速度也较快，使排气阀 12 打开，加快了降低 p_3 的速度，使主调压器阀尽快关小甚至完全关闭。当用气量增加，p_2 降低时，其各部分的动作相反。

该系列调压器流量可以从 160m³/h 到 1.5×10^5 m³/h，进口压力可以从 0.01MPa 到 1.6MPa，出口压力可以从 500Pa 到 0.8MPa。

5.2.3 调压器的选择

5.2.3.1 选择调压器应考虑的因素

（1）流量 通过调压器的流量是选择调压器的重要参数之一，所选择调压器的尺寸既要满足最大进口压力时通过最小流量，又要满足最小进口压力时通过最大流量。当出口压力超出工作范围时，调节阀应能自动关闭。若调压器尺寸选择过大，在最小流量下工作时，调节阀几乎处于关闭状态，则会产生颤动、脉动及不稳定的气流。实际上，为了保证调节阀出口压力的稳定，调节阀不应在小于最大流量的 10% 以下和大于 90% 以上的情况工作，一般在

最大流量的 $20\%\sim80\%$ 之间使用为宜。

（2）燃气种类　燃气的种类影响所选用调压器的类型与制造材料。由于燃气中的杂质有一定的腐蚀作用，故选用调压器的阀体宜为铸铁等耐腐蚀材料，阀座宜为不锈钢，薄膜、阀垫及其他橡胶部件宜采用耐腐蚀的腈基橡胶，并用合成纤维加强。

（3）调压器进出口压力　进出口压力影响所选调压器的类型和尺寸。调压装置必须承受压力的作用，并使高速燃气引起的磨损最小。要求的进出口压力值决定了调压器薄膜的尺寸，薄膜越大对压力变化的反应越灵敏。当进出口压力降太大时，可以采用两个调压器串联工作进行调压。

（4）调节精度　在选择调压器时，应采用满足所需调节精度的调压装置。调节精度是以出口压力的稳压精度来衡量的，即调压器出口压力偏离额定值的偏差与额定出口压力的比值。稳压精度值一般为 $\pm(5\%\sim15\%)$。

（5）阀座形式　在调压器进出口压差的作用下，调节阀需经常启闭。当需要完全切断燃气气流时，宜选用柔性阀座。而在高压气流作用下，选用硬性阀座可以减少高速气流引起的磨损，但噪声较大。

（6）连接方式　调压器与管道的连接可以用标准螺纹或法兰连接，通常大管径调压器采用法兰连接。

5.2.3.2　选择方法

在实际应用中，常按产品样本来选择调压器。产品样本中给出的调压器通过能力通常是按某种气体（如空气）在一定进出口压力降和气体密度下实验得出的，在使用时要根据实际燃气性质对调压器给定参数进行折算。

如果产品样本中给出试验调压器时所用的参数流量 $Q_0'(\mathrm{m^3/h})$、压降 $\Delta p'(\mathrm{Pa})$、出口压力 $p_2'(\mathrm{Pa})$、气体密度 $\rho_0'(\mathrm{kg/m^3})$，则折算公式有如下形式：

（1）亚临界状态 $\dfrac{p_2}{p_1}>v_0$

$$Q_0=Q_0'\sqrt{\frac{\Delta p\, p_2\,\rho_0'}{\Delta p'\, p_2'\,\rho_0}} \tag{5-6}$$

（2）临界状态 $\dfrac{p_2}{p_1}\leqslant v_0$

$$Q_0=0.5Q_0'\, p_1\sqrt{\frac{\rho_0'}{\Delta p'\, p_2'\,\rho_0}} \tag{5-7}$$

式中　Q_0——调压器实际通过最大能力，$\mathrm{m^3/h}$；

$\quad\quad\Delta p$——调压器实际压降，Pa；

$\quad\quad\rho_0$——燃气实际密度，$\mathrm{kg/m^3}$；

$\quad\quad p_1$——调压器入口燃气绝对压力，Pa；

$\quad\quad p_2$——调压器出口燃气绝对压力，Pa；

$\quad\quad v_0$——临界压力比。

按上述公式计算所得调压器的通过能力，是在可能的最小压降和阀门完全开启条件下的最大流量。在实际运行中，调压器阀门不宜处在完全开启状态下工作，因此选用调压器时，调压器的最大流量与调压器的计算流量（额定流量）有如下关系：

$$Q_0^{max} = (1.15 \sim 1.2)Q_p \tag{5-8}$$

式中　Q_0^{max}——调压器的最大流量；

　　　Q_p——调压器的计算流量。

为保证调压器在最佳工况下工作，调压器的计算流量应按该调压器所承担的管网计算流量的 1.2 倍确定。调压器的压降，应根据调压器前燃气管道的最低压力与调压器后燃气道需要的压力差值确定。

5.2.4　燃气调压站

5.2.4.1　调压站的组成及其装置

调压站在城市燃气管网系统中是用来调节和稳定管网压力的设施，通常是由调压器、阀门、过滤器、安全装置、旁通管及测量仪表等组成。有的调压站还装有计量设备，进而除了调压以外，还起计量作用，通常将这种调压站叫做调压计量站。

（1）阀门　调压站进口及出口处设置的阀门，主要是当调压器、过滤器检修或发生事故时切断燃气。在调压站之外的进、出口管道上亦应设置切断阀门，此阀门是常开的（但要求它必须随时可以关断），并和调压站相隔一定的距离，以便当调压站发生事故时，不必靠近调压站即可关闭阀门，避免事故蔓延和扩大。

（2）过滤器　燃气中含有的固体悬浮物很容易积存在调压器和安全阀内，妨碍阀芯和阀座的配合，破坏了调压器和安全阀的正常工作。因此，有必要在调压器入口处安设过滤器（图 5-14）以清除燃气中的固体悬浮物。调压站常采用以马鬃或玻璃丝做填料的过滤器。

过滤器前后应设置压差计，根据测得的压力降可以判断过滤器的堵塞情况。在正常工作情况下，燃气通过过滤器的压力损失不得超过 10kPa，压力损失过大时应拆下清洗。

（3）安全装置　当负荷为零而调压器阀口关闭不严，以及调压器中薄膜破裂或调节系统失灵时，出口压力会突然增高，它会危及设备的正常工作，甚至会对公共安全造成危害。防止出口压力过高的安全装置有安全阀、监视器装置和调压器并联装置。

① 安全阀。安全阀可以分为安全切断阀和安全放散阀。安全切断阀的作用是当出口压力超过允许值时自动切断燃气通路的阀门。安全切断阀通常安装在箱式调压装置、专用调压站和采用调压器并联装置的区域调压站中。安全放散阀是当出口压力出现异常但尚没有超过允许范围前即开始工作，把足够数量的燃气放散到大气中，使出口压力恢复到规定的允许范围内。安全放散阀分为水封式、重块式、弹簧式等形式。

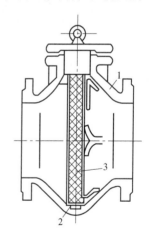

图 5-14　过滤器
1—外壳；2—夹圈；3—填料

水封式安全阀简单，故被广泛使用。其缺点是尺寸较大，并需要经常检查液位，在 0℃以下的房间内，需采用不冻液，或在调压站安装采暖设备。无论哪一种安全放散阀，都有压力过高时保护网路不间断供气的优点。主要缺点是当系统容量很大时，可能排出大量的燃气，因此，通常不安装在建筑物集中的地方。

② 监视器装置。它是由两个调压器串联连接的装置，如图 5-15 所示。

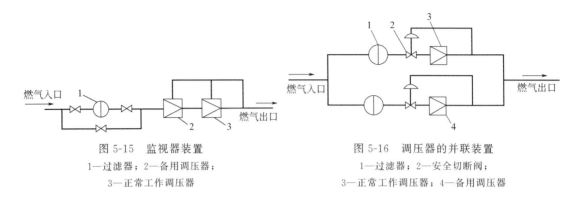

图 5-15　监视器装置

1—过滤器；2—备用调压器；
3—正常工作调压器

图 5-16　调压器的并联装置

1—过滤器；2—安全切断阀；
3—正常工作调压器；4—备用调压器

备用调压器 2 的给定出口压力略高于正常工作调压器 3 的出口压力，因此，正常工作时备用调压器的调节是全开的。当调压器 3 失灵，出口压力上升到调压器 2 的给定出口压力时，备用调压器 2 投入运行。备用调压器也可以放在正常工作调压器之后，备用调压器的出力不得小于正常工作调压器。

③ 调压器并联装置。这种装置如图 5-16 所示。

此种系统运行时，一个调压正常工作，另一台备用。当正常工作调压器出现故障时，备用调压器自动启动，开始工作。其原理如下：正常工作调压器的给定出口压力略高于备用调压器的给定出口压力，所以正常工作时，备用调压器呈关闭状态。当正常工作的调压器发生故障，使出口压力增加到超过允许范围时，其线路上的安全切断阀关闭，致使出口压力降低，当下降到备用调压器的给定出口压力时，备用调压器自行启动正常工作。备用线路上安全切断阀的动作压力应略高于正常工作线路上安全切断阀的动作压力。

④ 旁通管。为了保证在调压器维修时不间断的供气，在调压站内设有旁通管。燃气通过旁通管供给用户时，管网的压力和流量是由手动调节旁通管上的阀门来实现。对于高压调压装置，为便于调节，通常在旁通管上设置两个阀门。

选择旁通管的管径时，要根据燃气最低的进口压力和需要的出口压力以及管网的最大负荷进行计算。旁通管的管径通常比调压器出口管的管径小 2～3 号。

⑤ 测量仪表。为了判断调压站中各种装置及设备工作是否正常，需设置各种测量仪表。通常调压器入口安装指示式压力计，出口安装自记式压力计，自动记录调压器出口瞬时压力，以便监视调压器的工作状况。专用调压站通常还安装流量计。

此外，为了改善管网水力工况，需随着燃气管网用气量改变而使调压站出口压力相应变化，可在调压站内设置孔板或凸轮装置。当调压站产生较大的噪声时，必须有消声装置。当调压站露天设置时，如调压器前后压差较大，还应设防止冻结的加热装置。

5.2.4.2　调压站的分类及选址

按使用性质、调压作用和建筑形式，调压站可分为各种不同的类型，见表 5-3。

区域调压站通常是布置在地上特设的房屋里。在不产生冻结、保证设备正常运行的前提下，调压器及附属设备（仪表除外）也可以设置在露天（应设围墙）或专门制作的调压柜内。

表 5-3　调压站的分类

分类方法	类型		
	一	二	三
按使用性质分	区域调压站	箱式调压装置	专用调压站
按调压作用分	高中压调压站	高低压调压站	中低压调压站
按建筑形式分	地上调压站	地下调压站	—

虽然地下调压站不必采暖，不影响城市美观，在城市中选择位置比较容易，但是地下调压站会给工人操作管理带来许多不便，难于保证调压站内干燥和良好的通风，发生中毒危险的可能性较大。因此，只有当受到地上条件限制，且燃气管道进口压力不大于 0.4MPa 时，可设置在地下构筑物内。目前一些大城市在繁华地带设置了可以在地面上对调压站内设备进行检修的地下调压装置，运行情况良好，受到了普遍欢迎。但气态液化石油气的调压装置不得设在地下构筑物中。因为液化石油气的密度比空气大，如有漏气不易排出。

地上调压站的设置应尽可能避开城市的繁华街道。可设在居民区的街坊内或广场、公园等地。调压站应力求布置在负荷中心或接近大用户处。调压站的作用半径，应根据经济水平比较确定。

调压站为二级防火建筑，与周围建筑物之间的水平安全距离应符合表 5-4 的规定。

表 5-4　调压站与周围建筑物之间的水平安全距离

建筑形式	调压装置入口 燃气压力级制	距建筑物或构筑物 /m	距重要公共建筑物 /m	距铁路或电车轨道 /m
地上独立建筑	高压(A)	10.0	30.0	15.0
	高压(B)	8.0	25.0	12.5
	中压(A)	6.0	25.0	10.0
	中压(B)	6.0	25.0	10.0
地下独立建筑	中压(A)	5.0	25.0	10.0
	中压(B)	5.0	25.0	10.0

注：1. 当调压装置露天设置时，则指距离装置的边缘。

2. 当达不到上表净距要求时，采取有效措施，可适当缩小净距。

5.2.4.3　调压站的布置

调压站内部的布置，需便于管理及维修，设备布置需紧凑，管道及辅助管线力求简短。

（1）区域调压站　区域调压站通常布置成一字形，有时也可布置成Ⅱ形及 L 形。调压站布置示例如图 5-17 所示。因为城市输配管网多为环状布置，由某一个调压站所供应的用户数不是固定不变的，因此在区域调压站内不必设置流量计。

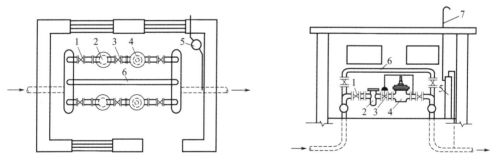

图 5-17　区域调压站平面、剖面图

1—阀门；2—过滤器；3—安全切断阀；4—调压器；
5—安全水封；6—旁通管；7—放散管

调压站净高通常为 3.2～3.5m，主要通道的宽度及每两台调压器之间的净距不小于1m。调压站的屋顶应有泄压设施，房门应向外开。调压站应有自然通风和自然采光，通风次数每小时不宜少于两次。室内温度一般不低于 0℃，当燃气为气态液化石油气时，不得低于其露点温度。室内电器设备应采取防爆措施。

（2）专用调压站　工业企业和公共事业用户的燃烧器通常用气量较大，可以使用较高压力的燃气，因此，这些用户与中压或高压燃气管道连接较为合理。这样不仅可以减轻低压燃气管网的负荷，还可以充分利用燃气本身的压力来引射空气。因此，专用调压站的进出口都可以采用比较高的压力。

通常用与燃烧设备毗邻的单独房间作为专用调压站，如图 5-18 所示。

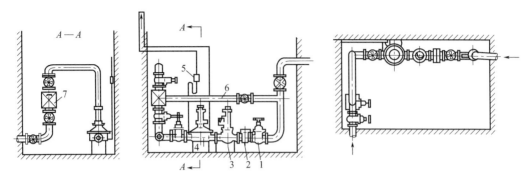

图 5-18 专用调压站
1—阀门；2—过滤器；3—安全切断阀；4—调压器；
5—安全放散阀；6—旁通管；7—燃气表

当进口压力为中压或低压，且只安装一台接管直径小于 50mm 的调压器时，调压器亦可设在使用燃气的车间角落处。如果设在车间内，应该用栅栏把它隔离起来，并要经常检查调压设备、安全设备是否工作正常，也要经常检查管道的气密性。

专用调压站要安装流量计。选用能够关闭严密的单座阀调压器，安全装置应选用安全切断阀。不仅压力过高时要切断燃气通路，压力过低时也要切断燃气通路。这是因为压力过低时可能引起燃烧器熄灭，而使燃气充满燃烧室，形成爆炸气体，当火焰靠近或再次点火时发生事故。

（3）箱式调压装置 当燃气直接由中压管网（或压力较高的低压管网）供给生活用户时，应将燃气压力通过用户调压器直接降至燃具正常工作时的额定压力。这时常将用户调压器装在金属箱中挂在墙上，如图 5-19 所示。当箱式调压装置设在密集的楼群中时，安全放散阀可以不用，只用安全切断阀。

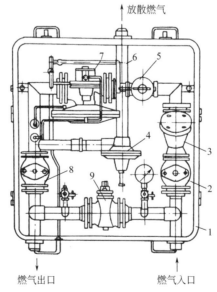

图 5-19 箱式调压装置
1—金属箱；2—关闭旋塞；3—网状过滤器；4—安全放散阀；5—安全切断阀；
6—放散管；7—调压器；8—关闭旋塞；9—旁通管阀门

在北方采暖地区，如果将箱式调压装置放在室外，则燃气必须是干燥的或者要有采暖设施。否则，冬季就会在管道中形成冰塞，影响正常供气。

有的城市采用进口的用户调压器，将用户调压器安装在燃气表前的室内管道上，运行效果良好，但在规范中尚未明确规定。

5.2.5　燃气的计量

燃气的生产、经营、管理以及消费等活动，都必须依据计量仪表测量的数值进行经济核算或结算。燃气计量是燃气供需流动中流量和总量的测量，主要包括产量、供量、销量以及购量的计量，以其量值的公正性维护经营者和用户双方的合法经济利益。

燃气计量主要是流量测量，其单位以体积表示称"体积计量"，以质量表示称"质量计量"。此外，还有与燃气性质相关的"热值计量"。

① 体积计量单位为 m^3/h，体积总量计量单位为 m^3；

② 质量计量单位为 kg/h，质量总量计量单位为 kg 或 t；

③ 热值计量单位为 kJ/m^3 或 kJ/kg。

常用的燃气计量仪表有容积式流量计、速度式流量计、差压式流量计、质量流量计、涡街式流量计、超声波流量计等。

（1）容积式流量计　容积式流量计是依据流过流量计的液体或气体的体积来测定流量。传统容积式流量仪表有膜式燃气表和腰轮流量计。

① 膜式燃气表。膜式燃气表的工作原理如图 5-20 所示，被测量的燃气从表的入口进入，充满表内空间，经过开放的滑阀座孔进入计量室 2 及 4，依靠薄膜两面的气体压力差推动计量室的薄膜运动，迫使计量室 1 及 3 内的气体通过滑阀及分配室从出口流出。当薄膜运动到尽头时，依靠传动机构的惯性使滑盖向相反方向运动，计量室 1、3 和入口相通，2、4 和出口相通，薄膜往返运动一次，完成一个回转，这时表的读数就应为表的一回转流量（即计量室的有效体积），膜式表的累积流量值即为一回转流量和回转数的乘积。

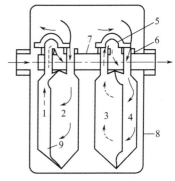

图 5-20　膜式燃气表的工作原理
1～4—计量室；5—滑阀盖；
6—滑阀座；7—分配室；
8—外壳；9—薄膜

目前膜式燃气表的结构为装配式，便于维修；外壳多采用优质钢板加粉末热固化涂层，耐腐蚀能力强；阀座及传动机构选用优质工程塑料，使用寿命长；采用铝合金压铸机芯、合成橡胶膜片，计量容积稳定。膜式燃气表可以计量人工煤气，也可以计量天然气和液化石油气。膜式燃气表除用于居民用户计量外，也适用于燃气用量不太大的商业用户和工业用户，流量一般 $\leqslant 80 m^3/h$。

膜式燃气表的最大优点是量程比较宽，可以达到 $1:160$，特别适用于流量变化很大的用户。它的缺点是工况计量，没有温压修正。对于平原地区带来压力计量损失，对于寒冷地区带来温度计量损失。低温室外环境下，由于结构、材料等方面问题皮膜表转速偏慢，带来计量损失（目前不能确定偏慢多少）。皮膜表尽可能户内安装，壁挂炉用户建议使用带温度补偿皮膜表。寒冷地区（特别海拔较高地区）应考虑用温度补偿皮膜表对小商业用户进行计量。

为了便于收费及管理，配有智能卡、预交费的燃气表正得到广泛的应用，目前为方便用户管理和充值正推广物联网表。

② 腰轮流量计。腰轮流量计（Gas Roots Meter）也称罗茨流量计，如图 5-21 所示。这种流量计不仅可以测量气体，也可以测量液体。外壳的材料可以是铸铁、铸钢或铸铜，外壳上带有入口管及出口管。转子是由不锈钢、铝或是铸铜做成的两个 8 字形转子。带减速器的计数机构通过联轴器与一个转子相连接，转子转动圈数由联轴器传到减速器及计数机构上。

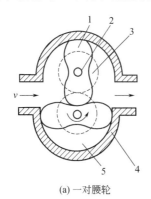 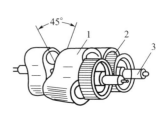

(a) 一对腰轮　　　　　　　　　　(b) 两对互呈45°角的组合腰轮

1—腰轮；2—转动轮；3—驱动齿轮；　　　1—腰轮；2—驱动齿轮；3—转动轮；
4—外壳；5—计量室

图 5-21　腰轮流量计的结构

此外，可在表的进出口安装压差计，显示表的进出口压力差。

流体由上面进口管进入外壳内部的上部空腔，由于流体本身的压力使转子旋转，使流体经过计量室（转子和外壳之间的密闭空间）之后从出口管排出。8 字形转子同转一周，就相当于流动了 4 倍计量室的体积。这样经过适当设计减速机构的转数比，计数机构就可以显示流量。由于加工精度较高，转子和外壳之间只有很小的间隙，当流量较大时，间隙产生的误差可控制在计量精度的允许范围之内。

腰轮流量计计量精度高，坚固而不变的计量室确保永久、非调整的高精度和良好的重复性；旋转流和管道阻流件流速畸变对计量精度没有影响，没有前后直管段要求；测量范围度宽，一般为(1∶20)～(1∶160)，适合于流量负荷变动大的气体流量测量。但是缺点有：结构复杂，体积庞大、笨重；大口径表易产生噪声及振动，一般只适合中小口径，DN100mm以下；对测介质清洁度要求较高，需要配置过滤器；流量计安装要求较高，易受安装应力影响而卡死或增加摩擦，降低测量精度，造成断气，影响连续生产；不宜在高压环境下使用，通常使用压力在 1.6MPa 以下。

(2) **速度式流量计**　速度式流量计量仪表有涡轮流量计、近年来快速发展的超声流量计等。

① 涡轮流量计。涡轮流量计是利用气体推动流量计转子转动，通过测量转子转动次数来计量气体流量，其结构如图 5-22 所示。当被测流体通过涡轮流量计时，流体通过整定装置冲击涡轮叶片，由于涡轮叶片与流体流向间有一定夹角，流体的冲击力对涡轮产生转动力矩，使涡轮克服机械摩擦阻力矩和流动阻力矩而转动。

在一定的流量范围内，涡轮的转速与通过涡轮的流量成正比。转速和流量的关系式如下：

$$n = KQ_v \tag{5-9}$$

式中　n——叶轮转速，1/s；

　　　K——系数，1/m³；

　　　Q_v——流量，m³/s。

对于每一种固定的速度式流量计，K 为固定值，称为仪表常数，通过实验确定。通过

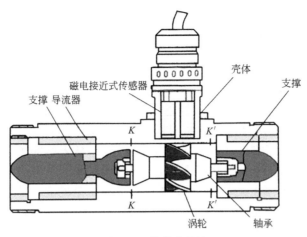

图 5-22　涡轮流量计

式（5-9）可知，如测出转速 n 即可将流量测定出来。

涡轮流量计有良好的计量性能，其测量范围较宽且误差小，重复性好，但对制造的精度和组装技术要求较高，涡轮叶片必须达到动、静平衡，而且轴承的摩擦力必须很小。通过轴和齿轮的传动和减速，旋转着的涡轮转子驱动机械式计数器进行计数，并由磁簧开关输出低频脉冲。另外，传动机构还可以驱动感应轮并通过光电传感器产生中频脉冲，用于精确度要求较高的场合。体积修正仪通过统计这些脉冲，可计算出流过气体的总体积量和气体流速等相关数据。涡轮流量计目前已在燃气的计量中得到了广泛应用。

② 超声流量计。超声流量计是一种非接触式流量仪表，20 世纪 70 年代随着集成电路技术迅速发展才开始得到实际应用。它利用超声波在流动的流体中传播时，可以记录流体流速信息的特性，通过接收和处理穿过流体的超声波信息就可以检测出流体的流速，从而换算成流量。在结构上主要由超声换能器（超声波发生器）、电子处理线路及流量显示、积算系统三部分组成。

超声波流量计的原理如图 5-23 所示。超声波在流动的流体中传播时就载上流体流速的信息。因此通过接收到的超声波就可以检测出流体的流速，从而换算成流量。超声脉冲穿过管道从一个传感器到达另一个传感器，当气体不流动时，声脉冲以相同的速度在两个方向上传播。如果管道中的气体有一定流速，则顺着流动方向的声脉冲会传输得快些，而逆着流动方向的声脉冲会传输得慢些。这样，顺

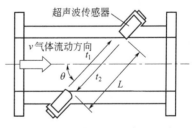

图 5-23　超声波流量计原理图

流传输时间会短些，而逆流传输时间会长些。根据检测的方式，可分为传播速度差法、多普勒法、波束偏移法、噪声法、相关法等不同类型的超声波流量计。

超声波流量计工作原理简单，有望成为基准流量计；测量精度高，可达 0.5%；量程比大，一般为 1∶20，甚至可达 1∶100；能实现双向流量计量；可精确测量脉动流；适应性强，占地少；无可动部件，坚固耐用，可直接进行清管作业；不受压力、温度、分子量、气体组分变化的影响。但其价格昂贵，只适合于大、中口径；对上下游直管段长度等有要求。

（3）差压式流量计　差压式流量计又称为节流流量计，其作用原理是基于流体通过突然缩小的管道断面时使流体的动能发生变化而产生一定的压力降，压力降的变化和流速有关，此压力降可借助于压差计测出。因此，压差式流量计包括两部分：一部分是与管道连接的节

流件，此节流件可以是孔板、喷嘴和文丘里管三种，但在燃气流量的测量中，主要是用孔板；另一部分是差压计，它被用来测量孔板前后的压力差。差压计与孔板上的测压点借助于两根导压管连接，差压计可以制成指示式的或自动记录式的。差压流量计是最早期的燃气流量计，现在基本已经淘汰。

（4）质量流量计　在科学研究、生产过程控制、质量管理、经济核算和贸易交接等活动中所涉及的流体量一般多为质量。以前只能在测量流体的温度、压力、密度和体积等参数后，通过修正、换算和补偿等方法间接地得到流体的质量。这种测量方法，中间环节多，质量流量测量的准确度难以得到保证和提高。随着现代科学技术的发展，相继出现了一些直接测量质量流量的计量方法和装置，从而推动了流量测量技术的进步。

质量流量计是利用流体在振动管中流动时，产生与质量流量成正比的科里奥利力制成的一种直接式质量流量仪表，见图 5-24。质量流量计是采用感热式测量，通过分体分子带走的分子质量多少从而来测量流量，因为是用感热式测量，所以不会因为气体温度、压力的变化从而影响到测量的结果。

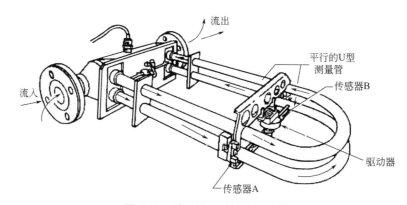

图 5-24　质量流量计结构原理图

质量流量计可分为两类：一类是直接式，即直接输出质量流量；另一类为间接式或推导式，如应用超声流量计和密度计组合，对它们的输出再进行乘法运算以得出质量流量。直接式质量流量计有多种类型，如热式、角动量式、陀螺式和双叶轮式等。这种仪表适于测量小流量气体，缺点是惰性大，测量值与气体的定压比热有关，测量元件与介质接触，易被玷污和腐蚀。间接式质量流量计有三种主要型式：速度式流量计与密度计的组合，节流式（或靶式）流量计与容积式流量计的组合，节流式（或靶式）流量计与密度计组合。

质量流量计可以直接测量质量流量，具有很高的精度，通常精度可达 0.2%～0.5%；可测量流体范围广、测量值对黏度不敏感，流体密度变化对测量值的影响微小；适合高压力下计量，压力越高越经济，是高压力下的主要选择；安装、维护成本低，不要求直管段；检定费用低，总体上是最经济的流量计。但是零点不稳定、不能测量低密度介质（低压气体）；不能用于较大管径，目前局限于 200mm 以下；价格昂贵。科氏质量流量计已经成为汽车加气站的主要计量仪表。

5.3　燃气的压送

压缩机是燃气输配系统的心脏，用来提高燃气压力或输送燃气。

5.3.1 燃气压缩机

压缩机的种类根多，按其工作原理可分为两大类：容积型压缩机和速度型压缩机。在城镇燃气输配系统中，常用的容积型压缩机有活塞式、滑片式、罗茨式及螺杆式等；速度型压缩机主要有离心式压缩机。

5.3.1.1 活塞式压缩机

（1）工作原理 在活塞式压缩机中，气体是依靠在气缸内做往复运动的活塞进行加压的。图 5-25 是单级单作用活塞式气体压缩机的示意图。

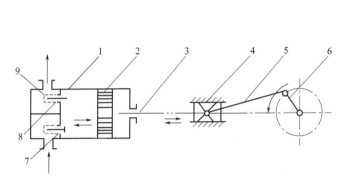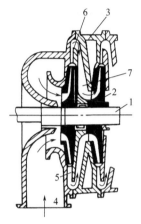

图 5-25 单级单作用活塞式气体压缩机的示意图
1—气缸；2—活塞；3—活塞杆；4—十字头；5—连杆；
6—曲柄；7—呼气阀；8—排气阀；9—弹簧

图 5-26 离心式压缩机
1—传动轴；2—叶轮；3—机壳；4—气体入口；
5—扩压器；6—弯道；7—回流器

当活塞 2 向右移动时，气缸 1 中活塞左端的压力略低于上游管道内的压力 p_1 时，吸气阀 7 被打开，燃气在 p_1 的作用下进入气缸 1 内，这个过程称为吸气过程；当活塞返回时，吸入的燃气在气缸内被活塞压缩，这个过程称为压缩过程；当气缸内燃气压力被压缩到略高于下游燃气管道内压力 p_2 后，排气阀 8 即被打开，被压缩的燃气排入下游燃气管道内，这个过程称为排气过程。至此，压缩机完成了一个工作循环。活塞再继续运动，则上述工作循环在原动机的驱动下将周而复始地进行，连续不断地压缩燃气。

压缩机的排气量，通常是指单位时间内压缩机最后一级排出的气体量，换算成第一级进口状态时的气体体积值，常用单位为 m^3/min 或 m^3/h。

（2）特点 活塞式压缩机的优点是效率高，对压力的适应范围较大；其缺点是输气量小且不连续，气体可能会被气缸内的润滑油污染。压缩机的吸气量随着活塞缸直径的增大而增加，但从制造、管理及操作角度来看，吸气量为 $250m^3/min$ 是最大的极限。另外，其出口压力越高，压缩时引起的升温及功率消耗越大，所以高压排气的活塞式压缩机，多半为带有中间冷却器的多级压缩形式。

5.3.1.2 离心式压缩机

离心式压缩机的工作原理及结构如图 5-26 所示。

（1）工作原理 当原动机传动轴带动叶轮旋转时，气体被吸入并以很高的速度被离心力甩出叶轮而进入扩压器中；在扩压器中由于有宽的通道，气体部分动能转变为压力能，速度随之降低而压力提高。这一过程相当于完成一级压缩。当气流接着通过弯道和回流器经第二道叶轮的离心力作用后，其压力进一步提高，又完成第二级压缩。这样，依次逐级压缩，一直达到额定压力。提高压力所需的动力大致与吸入气体的密度成正比。如输送空气时，每一级的压力比 p_2/p_1 最大值为 1.2，同轴上安装的叶轮最多不超过 12 级。由于材料极限强度的限制，普通碳素钢叶轮叶顶周速为 $200\sim300\text{m/s}$；高强度钢叶轮叶顶周速则为 $300\sim450\text{m/s}$。

（2）特点　离心式压缩机的优点是排气量大、连续而平稳；机器外形小，占地少；设备轻，易损件少，维修费用低；机壳内不需要润滑；排出气体不被油污染；转速高，可直接和电动机或汽轮机连接，故传动效率高；排气侧完全关闭时，升压有限，可不设安全阀。其缺点是高速旋转的叶轮表面与气体磨损较大，气体流经扩压器、弯道和回流器时回转多，局部阻力较大；因此效率比活塞式压缩机低，对压力的适应范围较窄，有喘振现象。

（3）离心式压缩机使用中的异常现象——喘振　喘振又叫飞动，是离心式压缩机的一种特殊现象。任何离心式压缩机按其结构尺寸，在某一固定的转数下，都有一个最高的工作压力，在此压力下有一个相应的最低流量。当离心式压缩机出口的压力高于此数值、流量低于最低流量时，就会产生喘振。

从图 5-27 可以看出，OB 为飞动线，A 点为正常工作时的操作点，此时通过压缩机的流量为 Q_1。

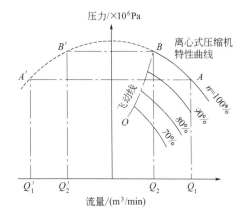

图 5-27　离心式压缩机的喘振原因分析

由于进口流量过小或出口压力过高等因素使工作点 A 沿操作曲线向左移动到超过 B 点时，则压力超过了离心式压缩机最高允许的工作压力，流量也小于最低的流量 Q_2，这时的工作点就开始移入压缩机的不稳定区域，即喘振范围。当出口侧高压气体回流，压缩机在短时间里发生了气体以相反方向通过压缩机的现象，这时压缩机的操作点将迅速移至左端操作线的 A' 点，使流量变成了负值。由于气体以相反方向流动，使排气端的压力迅速下降；而出口压力降低后，压缩机就又可能恢复正常工作，因此操作点又由 A' 点迅速右移至右端正常工作点 A。如果操作状态不能迅速改变，A 点又会左移，经过 B 点进入不稳定区域，这样的反复过程就是压缩机的喘振现象。

发生喘振时，机组开始强烈振动，伴随发生异常的吼叫声，这种振动和吼叫声是周期性发生的；和机壳相连接的进、出口管线也随之发生较大的振动；入口管线上的压力表和流量计发生大幅度地摆动。

喘振对压缩机的密封损坏较大，严重的喘振很容易造成转子轴向窜动，损坏止推轴瓦，叶轮有可能被打碎。极严重时，可使压缩机遭到破坏，损伤齿轮箱和电动机等，并会造成各种严重的事故。

为了避免喘振的发生，必须使压缩机的工作点远离喘振点，使系统的操作压力低于喘振点的压力。当生产上实际需要的气体流量低于喘振点的流量时，可以采用循环的方法，使压缩机出口的一部分气体经冷却后，返回压缩机入口，这条循环线称为反飞动线。由此可见，在选用离心式压缩机时，负荷选得过于富裕是无益的。

5.3.2　压缩机的选型及台数的确定

（1）压缩机的选型　在燃气输配系统中，最常用的压缩机是活塞式压缩机及回转式罗茨压缩机,而在天然气长距离输气干管的压气站中离心式压缩机被广泛使用。压缩机排气量及排气压力必须和管网的负荷及压力相适应,同时考虑未来的发展。

燃气输配系统内,排气压力相近的各储配站宜选用同一类型的压缩机。排气压力不大于0.07MPa 时,一般选用罗茨式压缩机;大于 0.07MPa 时,选用活塞式压缩机。如果排气量较大,宜选用排气量大的机组。若选用多台小排气量的机组,会增加压缩机室的建筑面积及机组的维修费用。一个压缩机室内相同排气量的压缩机通常不超过 5 台。在负荷波动较大的压缩机室,可选用排气量大小不同的机组,但不宜超过两种规格。

燃气压缩机需满足防爆要求。活塞式压缩机、回转式压缩机和一部分离心式压缩机都广泛采用交流电动机驱动。交流电动机常用的有绕线式异步电动机和同步电动机。同步电动机能改善电网的功率因数,但价格高,管理要求也较高,一般适用于 250kW 以上场合。同步电动机本身采用正压通风防爆方式,在安装设计时,需设计相应的通风系统。绕线式异步电动机特点是启动电流小,一般用在电网容量不大或需要高速电动机降速带动有大飞轮压缩机的场合,功率在 200~250kW 以下多采用隔爆型异步电动机。绕线式异步电动机的启动一般有三种方式:

① 采用频敏变阻器降压启动。

② 采用电阻降压启动。

③ 采用直接启动,一般适用小于 20kW 的小功率电动机。

城市天然气输配系统中有时也采用燃气发电机直接驱动的活塞式压缩机。

（2）压缩机台数的确定　压缩机型号选定后,压缩机台数可按下式计算

$$n = \frac{Q_P k_V}{Q_g K_1 K} \tag{5-10}$$

式中　n——压缩机工作台数,台;

Q_P——压缩机室的设计排气量,m^3/h;

Q_g——压缩机选定后工作点的排气量,m^3/h;

K_1——压缩机排气量的允许误差系数;根据产品性能试验的允许误差（压力值或排气量值）为 $-5\%\sim10\%$,通常 $K_1=0.95$;

K——压缩机并联系数,对于新建压缩机室的设计,通常 $K=1$,对于扩建,由于增加了压缩机,压缩机的设计流量应按新工作点确定;

k_V——体积校正系数,一般按下式计算:

$$k_V = \left(1 + \frac{d_1}{0.833}\right)\left(\frac{273 + t_1}{273}\right)\left(\frac{1.013 \times 10^5}{p_1 + p}\right) \tag{5-11}$$

式中　d_1——压缩机入口处燃气含湿量,g/m^3;

t_1——压缩机入口处燃气温度,℃;

p_1——压缩机入口处燃气压力,Pa;

p——建站地区平均大气压,Pa。

若计算中采用最大流量计算,则计算出的工作台数 1~5 台应备用 1 台;若采用平均流量计算,则计算出的工作台数 2~4 台应备用 1 台。

5.3.3　压缩机的布置及工艺流程

（1）压缩机室布置　压缩机在室内宜单排布置,当台数较多,可双排布置,但两排之间

净距应不小于2m。室内主要通道，应根据压缩机最大部件的尺寸确定，一般应不小于1.5m。为了便于检修，压缩机室一般都设有起重吊车，其起重量按压缩机室最大机件重量确定。

压缩机室内应留有适当的检修场地，一般设在室内的发展端。当压缩机室较长时，检修场地也可以考虑放在中间，但应不影响设备的操作和运行。

布置压缩机时，应考虑观察和操作方便；同时需考虑管道的合理布置，如压缩机进气口和末级排气口的方位等。对于有卧式气缸的压缩机，应考虑抽出活塞和活塞杆运动需要的水平距离。设置卧式列管式冷却器时，应考虑在水平方向抽出其中管束所需的空间；立式列管式冷却器的管束可垂直吊出，也可卧倒放置抽出。辅助设备的位置应便于操作，不妨碍门、窗的开启和不影响自然采光及通风。

压缩机之间的净距及压缩机和墙之间的距离不应小于1.5m，同时要防止压缩机的振动影响建筑物的基础。

当不设置吊车时，为临时起重和自然通风的需要，一般压缩机室屋架下弦高度不低于4m，对于机身较小的压缩机可适当缩小；当设置吊车时，吊车轨顶高度可参照下列参数确定：吊钩自身的长度、吊钩上限位置与轨顶间的最小允许距离及设备需要起吊的高度等。

压缩机排气量和设备较大时，为了方便操作、节省占地面积和更合理地布置管道，压缩机室可双层布置：压缩机、电动机及变速器设在操作层（第二层），中间冷却器、润滑油系统及进出口管道均放在底层。

压缩机宜按独立机组配置进出气管、阀门、旁通、冷却器、安全放散、供油和供水等各项辅助设施。压缩机的进、出气管道宜采用地下直埋或管沟敷设，并宜采取减振降噪措施。管道设计应设有能满足投产置换，正常生产维修和安全保护所必需的附属设备。压缩机组前必须设有紧急停车按钮。

（2）压缩机室的工艺流程　以活塞式压缩机室为例，其工艺流程见图5-28。低压燃气先进入过滤器，除去所带悬浮物及杂质，然后进入压缩机。在压缩机内经过一级压缩后进入中间冷却器，冷却到初始温度再进行二级压缩并进入最终冷却器冷却，经过油气分离器最后进入储罐或输气管道。

此外，压缩机室的进、出口管道上，应设阀门和旁通管。高压蒸气主要用于清扫管道与设备。

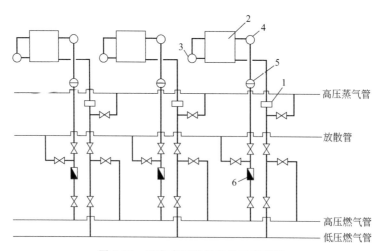

图5-28　活塞式压缩机室的工艺流程
1—过滤器；2—压缩机；3—中间冷却器；
4—终冷却器；5—油气分离器；6—止回阀

5.4　燃气门站和储配站

在城镇燃气输配系统中，根据燃气性质、供气压力、系统要求等因素设置门站及储配站。门站和储配站一般具有接收气源来气、控制供气压力、气量分配、计量、加臭、气质检测等功能。接收长输线来气的场站称为门站，具有储存燃气功能的场站称为储配站。两者在设计、功能、工艺、设备等方面有许多相似之处。

5.4.1　门站和储配站站址选择及站区布置

（1）门站和储配站站址选择要求　门站和储配站站址选择应征得规划部门的同意并符合下列要求：

① 站址应符合城镇总体规划和燃气发展规划的要求；

② 站址应具有适宜的地形、工程地质、供电、给水排水和通信等条件；

③ 门站和储配站应少占农田、节约用地并应注意与城市景观等协调；

④ 门站站址应结合长输管线位置确定；

⑤ 根据输配系统具体情况，储配站与门站可合建；

⑥ 储配站内的储气罐与站外的建筑物、构筑物的防火间距应符合现行国家标准《建筑设计防火规范》（2018 年版）（GB 50016—2014）的有关规定。

（2）门站和储配站站区布置的要求

① 站区应分区布置，即分为生产区（包括储罐区、调压计量区、加压区等）和辅助区。

② 站内的各建构筑物之间以及与站外建构筑物之间的防火间距不应低于现行国家标准《建筑设计防火规范》（2018 年版）（GB 50016—2014）的有关规定。站内建筑物的耐火等级不应低于现行国家标准《建筑设计防火规范》（2018 年版）（GB 50016—2014）"二级"的规定。

③ 站内露天工艺装置区边缘距明火或散发火花地点不应小于 20m，距办公、生活建筑不应小于 18m，距围墙不应小于 10m。与站内生产建筑的间距按工艺要求确定。

④ 储配站生产区应设置环形消防车通道，消防车通道宽度不应小于 3.5m。

5.4.2　门站和储配站的工艺设计

门站和储配站的工艺设计应符合下列要求：

① 功能应满足输配系统输气调度和调峰的要求；

② 站内应根据输配系统调度要求分组设置计量和调压装置，装置前应设过滤器，门站进站总管上宜设置油气分离器；

③ 调压装置应根据燃气流量及压力降等工艺条件确定是否需设置加热装置；

④ 站内计量调压装置和加压设备应根据工作环境要求露天或在厂房内布置，在寒冷或风沙地区宜采用全封闭式厂房；

⑤ 进出站管线应设置切断阀门和绝缘法兰；

⑥ 储配站内进罐管线上宜设置控制进罐压力和流量的调节装置；

⑦ 当长输管道采用清管球清管工艺时，门站宜设置清管球接收装置；

⑧ 站内管道上应根据系统要求设置安全保护及放散装置；

⑨ 站内设备、仪表、管道等安装的水平间距和标高均应便于观察、操作和维修。

5.4.3　门站和储配站示例

（1）门站示例　图5-29是以天然气为气源的门站（带清管球接收装置）。在用气低峰时，由燃气长输管线的天然气一部分经过一级调压进入高压球罐，另一部分经过二级调压进入城镇管网；在用气高峰时，高压球罐中的气体和经过一级调压后的长输管线来气汇合经过二级调压送入城镇。

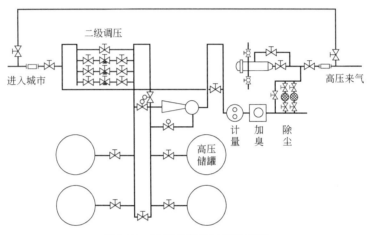

图 5-29　天然气门站工艺流程图

（2）低压储配站示例　当城镇采用低压气源，而且供气规模又不是特别大时，燃气供应系统通常采用低压储气，与其相适应，要建设低压储配站。低压储配站的作用是在用气低峰时将多余的燃气储存起来，在用气高峰时，通过储配站的压缩机将燃气从低压储罐中抽出压送到中压管网中，保证正常供气。

当城镇燃气供应系统中只设一个储配站时，该储配站应设置在气源厂附近，称为集中设置。当设置两个储配站时，一个设在气源厂，另一个设置在管网系统的末端，称为对置设置。根据需要，城镇燃气供应系统可能有几个储配站，除了一个储配站设在气源厂附近外，其余均分散设置在城镇其他合适的位置，称为分散设置。

储配站的集中设置可以减少占地面积，节省储配站投资和运行费用，便于管理。分散设置可以节省管网投资、增加系统的可靠性，但由于部分气体需要二次加压，需多消耗一些电能，导致输气成本增加。

储配站通常是由低压储罐、压缩机室、辅助区（变电室、配电室、控制室、水泵房、锅炉房）、消防水池、冷却水循环水池及生活区（值班室、办公室、宿舍、食堂和浴室等）组成。

储配站的平面布置图示例见图5-30。储罐应设在站区年主导风向的下风向；两个储罐的间距不小于相邻最大罐的半径；储罐的周围应有环形消防车道；并要求有两个通向站外的大门；锅炉房、食堂和办公室等有火源的建筑物宜布置在站区的上风向或侧风向；站区布置要紧凑，同时各建筑物之间的间距应满足《建筑设计防火规范》的要求。

低压储气、中压输送的储配站工艺流程如图5-31所示。用气低峰时，操作阀门6开启，用气高峰时压缩机启动，阀门6关闭。低压储气过程中，中低压分路输气的储配站工艺流程如图 5-32 所示。用气低峰时，操作阀门 7、9 开启，阀门 8 关闭；用气高峰时，压缩机启动，阀门 7、9 关闭，阀门 8 开启，阀门 10 是常开阀门。中、低压分路输气的优点是一部分气体不经过加压，一般直接由储罐经稳压器稳压后作为站内用气，因此节省了电能。

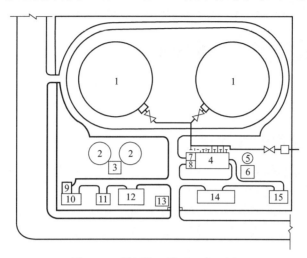

图 5-30　低压储配站平面布置图

1—低压储罐；2—消防水池；3—消防水泵；4—压缩机室；5—循环水池；
6—循环泵房；7—配电室；8—控制室；9—浴池；10—锅炉房；11—食堂；
12—办公楼；13—门卫；14—维修车间；15—变电室

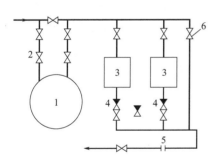

图 5-31　低压储气中压输送工艺流程

1—低压储罐；2—水封阀；3—压缩机；
4—单向阀；5—出口计量器；6—阀门

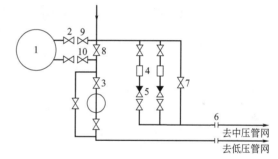

图 5-32　低压储气中低压分路输送工艺流程

1—低压储罐；2—水封阀；3—稳压器；4—压缩机；
5—单向阀；6—流量计；7～10—阀门

第6章

燃气管网水力计算

6.1 燃气管网设计计算

燃气管道水力计算的任务，一是根据计算流量和规定的压力损失来计算管径，进而决定管道投资与金属消耗；二是对已有管道进行流量和压力损失的验算，以充分发挥管道的输气能力，或决定是否需要对原有管道进行改造。因此，正确地进行水力计算，关系到输配系统经济性和可靠性，是城镇燃气规划与设计中的一项重要工作。

6.1.1 燃气管道水力计算公式

根据流体力学可知，流体在管道内流动时，要克服沿程阻力和局部阻力，对于气体还要考虑附加压力的影响。水力计算应按照燃气输送压力的不同分别计算。

6.1.1.1 低压燃气管道沿程阻力损失计算公式

低压燃气管道单位长度沿程阻力损失应按式(6-1)～式(6-5)进行计算：

$$\frac{\Delta p}{L} = 6.26 \times 10^7 \lambda \frac{Q_0^2}{d^5} \rho_0 \frac{T}{T_0} \tag{6-1}$$

式中　Δp——燃气管道阻力损失，Pa；

　　　λ——燃气管道的摩擦阻力系数；

　　　L——燃气管道的计算长度，m；

　　　Q_0——燃气管道的计算流量，m^3/h；

　　　d——管道内径，mm；

　　　ρ_0——燃气的密度，kg/m^3；

　　　T——设计中所采用的燃气绝对温度，K；

　　　T_0——标准状态绝对温度，为 273.16K。

摩擦阻力系数 λ 是反映管内燃气流动的一个无因次数，其数值与燃气在管道内的流动状况、燃气性质、管道材质（管道内壁粗糙度）及连接方法、安装质量有关。根据燃气在管道中不同的运动状态，其单位长度的沿程阻力损失按下列各式计算。

（1）层流状态：$Re < 2100$、$\lambda = 64/Re$

$$\frac{\Delta p}{L} = 1.13 \times 10^{10} \frac{Q_0}{d^4} \nu \rho_0 \frac{T}{T_0} \tag{6-2}$$

式中　ν——燃气运动黏度，m^2/s；

　　　Re——雷诺数，$Re = \dfrac{dW}{\nu}$，W 指燃气的流速。

（2）临界状态：$Re = 2100 \sim 3500$、$\lambda = 0.03 + \dfrac{Re - 2100}{65Re - 10^5}$

$$\frac{\Delta p}{L}=1.9\times 10^{6}\left(1+\frac{11.8Q_0-7\times 10^4 d\nu}{23Q_0-10^5 d\nu}\right)\frac{Q_0^2}{d^5}\rho_0\frac{T}{T_0} \tag{6-3}$$

（3）紊（湍）流状态：$Re > 3500$

① 钢管

$$\lambda=0.11\left(\frac{\Delta}{d}+\frac{68}{Re}\right)^{0.25}$$

$$\frac{\Delta p}{L}=6.9\times 10^{6}\left(\frac{\Delta}{d}+192.2\frac{d\nu}{Q_0}\right)^{0.25}\frac{Q_0^2}{d^5}\rho_0\frac{T}{T_0} \tag{6-4}$$

式中 Δ——管道内壁的当量绝对粗糙度，mm，钢管一般取 0.1～0.2mm，聚乙烯管一般取 0.01mm。

② 铸铁管

$$\lambda=0.102\left(\frac{1}{d}+5158\frac{d\nu}{Q_0}\right)^{0.284}$$

$$\frac{\Delta p}{L}=6.4\times 10^{6}\left(\frac{1}{d}+5158\frac{d\nu}{Q_0}\right)^{0.284}\frac{Q_0^2}{d^5}\rho_0\frac{T}{T_0} \tag{6-5}$$

③ 聚乙烯管。燃气在聚乙烯管道中的运动状态绝大多数为紊流过渡区，少数为水力光滑区，极少数在阻力平方区，其低压燃气管道摩擦阻力计算公式同钢管的摩擦阻力计算公式。

6.1.1.2 高压、次高压和中压燃气管道沿程阻力损失计算公式

燃气在高压、次高压和中压管道中的运动状态绝大多数处于紊流的粗糙区，雷诺数对 λ 的影响为高阶无穷小，可以忽略不计，计算公式如下：

（1）钢管

$$\lambda=0.11\left(\frac{\Delta}{d}\right)^{0.25}$$

$$\frac{p_1^2-p_2^2}{L}=1.4\times 10^{9}\left(\frac{\Delta}{d}\right)^{0.25}\frac{Q_0^2}{d^5}\rho_0\frac{T}{T_0} \tag{6-6}$$

式中 p_1——管道起点燃气的绝对压力，kPa；

p_2——管道终点燃气的绝对压力，kPa；

L——燃气管道的计算长度，km；

Q_0——燃气管道的计算流量，m^3/h；

d——管道内径，mm；

Δ——管道内壁的当量绝对粗糙度，mm，钢管一般取 0.1～0.2mm，聚乙烯管一般取 0.01mm。

（2）铸铁管

$$\lambda=0.102\left(\frac{1}{d}\right)^{0.284}$$

$$\frac{p_1^2-p_2^2}{L}=1.3\times 10^{9}\times\frac{Q_0^2}{d^{5.284}}\rho_0\frac{T}{T_0} \tag{6-7}$$

（3）聚乙烯管 聚乙烯燃气管道输送不同种类燃气的最大允许工作压力应符合《聚乙烯燃气管道工程技术标准》（CJJ 63—2018），其燃气管道摩擦阻力损失计算公式同钢管的计算公式。

6.1.1.3 局部阻力损失计算公式

当燃气在管道内改变气流方向和气流断面变化时，如分流、管径变化、气流转弯、流经三通、弯头、变径管、阀门等管道附件时，由于几何边界的急剧变化、燃气流线的变化，必然产生额外的压力损失，称为局部阻力损失。在进行城镇燃气管网的水力计算时，管网的局部阻力损失一般不逐项计算，可按燃气管道沿程阻力损失的 5%～10% 进行估算。对于庭院管道和室内管道及厂、站区域的燃气管道，由于管路附件较多，局部阻力损失所占比例较大，常需逐一计算。局部阻力损失计算一般可用两种计算方式：一种是用公式计算，根据实验数据查取局部阻力系数，代入公式进行计算；另一种用当量长度法。

（1）局部阻力损失计算公式

$$\Delta p = \sum \zeta \frac{W^2}{2} \rho_0 \tag{6-8}$$

式中　Δp——局部阻力的压力损失，Pa；

　　　$\sum \zeta$——计算管段中局部阻力系数的总和；

　　　W——管道断面的燃气平均流速，m/s；

　　　ρ_0——燃气密度，kg/m^3。

局部阻力系数通常由实验测得，燃气管路中一些常用管件的局部阻力系数可参考表6-1。

表 6-1　局部阻力系数 ζ 值

名称	ζ	名称	不同直径的 ζ					
			15mm	20mm	25mm	32mm	40mm	≥50mm
变径管（管径相差一级）	0.35	直角弯头	2.2	2.2	2.0	1.8	1.6	1.1
三通直流	1.0	旋塞阀	4.0	2.0	2.0	2.0	2.0	2.0
三通分流	1.5	截止阀	11.0	7.0	6.0	6.0	6.0	5.0
四通直流	2.0	闸板阀	$d=50\sim100mm$		$d=175\sim300mm$		$d=300mm$	
四通分流	3.0		0.5		0.25		0.15	

（2）当量长度法　局部阻力损失也可用当量长度来计算，各种管件折合成相同管径管段的当量长度 L_2，可按式（6-9）确定：

$$\Delta p = \sum \zeta \frac{W^2}{2} \rho_0 = \lambda \frac{L_2}{d} \times \frac{W^2}{2} \rho_0$$

$$L_2 = \frac{d}{\lambda} \sum \zeta \tag{6-9}$$

对于 $\zeta=1$ 时各不同直径管段的当量长度可按下法求得：根据管段内径、燃气流速及运动黏度求出 Re，判别流态后采用不同的摩阻系数 λ 的计算公式，求出 λ 值，而后可得

$$l_2 = \frac{d}{\lambda} \tag{6-10}$$

实际工程中通常根据此式，对不同种类的燃气制成图表，见图 6-1，可查出不同管径不同流量时的当量长度。

管段的计算长度 L 可由式（6-11）求得：

$$L = L_1 + L_2 = L_1 + \sum \zeta l_2 \tag{6-11}$$

式中　L_1——管段的实际长度，m。

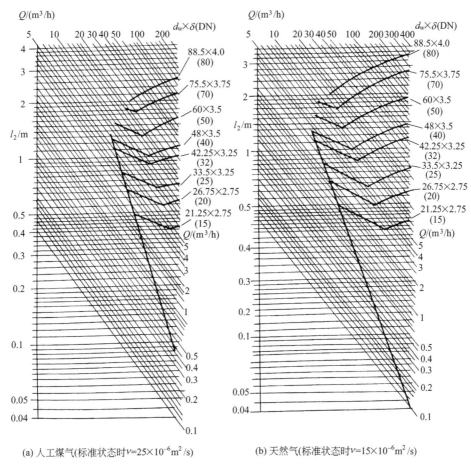

(a) 人工煤气(标准状态时$\nu=25\times10^{-6}\mathrm{m}^2/\mathrm{s}$)   (b) 天然气(标准状态时$\nu=15\times10^{-6}\mathrm{m}^2/\mathrm{s}$)

图 6-1　当量长度计算图（$\zeta=1$）

d_w—管道外径，mm；δ—管道厚度，mm；DN—公称直径，mm

6.1.1.4　附加压力

由于燃气与空气的密度不同，当管段始末端存在标高差值时，在燃气管道中将产生附加压力，其值由式（6-12）确定：

$$\Delta p_{附} = g(\rho_a - \rho_g)\Delta h \tag{6-12}$$

式中　$\Delta p_{附}$——附加压力，Pa；

　　　g——重力加速度，m/s^2；

　　　ρ_a——空气的密度，kg/m^3；

　　　ρ_g——燃气的密度，kg/m^3；

　　　Δh——管段终端和始端的标高差值，m。

计算室内燃气管道及地面标高变化相当大的室外或厂区的低压燃气管道，应考虑附加压力。附加压力计算结果可正可负。当附加压力为正值时，会减少压力降，有助于燃气流动；而当附加压力为负值时，会阻碍燃气流动。

6.1.2　燃气管道水力计算图表

为方便工程应用，可依据燃气管道水力计算公式，绘制出不同种类燃气在不同情况下的管道水力计算图表，根据图表可以查得不同管径的燃气单位长度沿程阻力损失与燃气流量的关系，如图 6-2～图 6-5，在使用图表时，需满足以下绘制条件。如果实际情况与绘制条件不符，应根据实际情况进行修正。

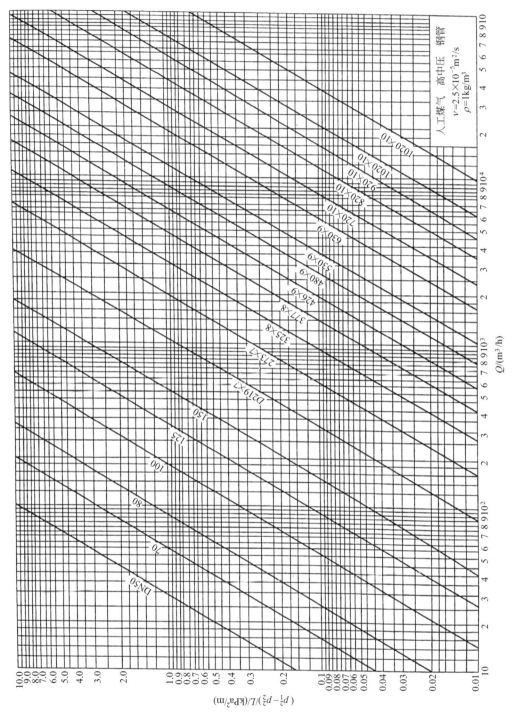

图 6-2　燃气管道水力计算图表（一）

计算图表的绘制条件：

① 燃气密度按 $\rho_0 = 1\mathrm{kg/m^3}$ 计算，因此，在使用图表时应根据不同的燃气密度进行修正。

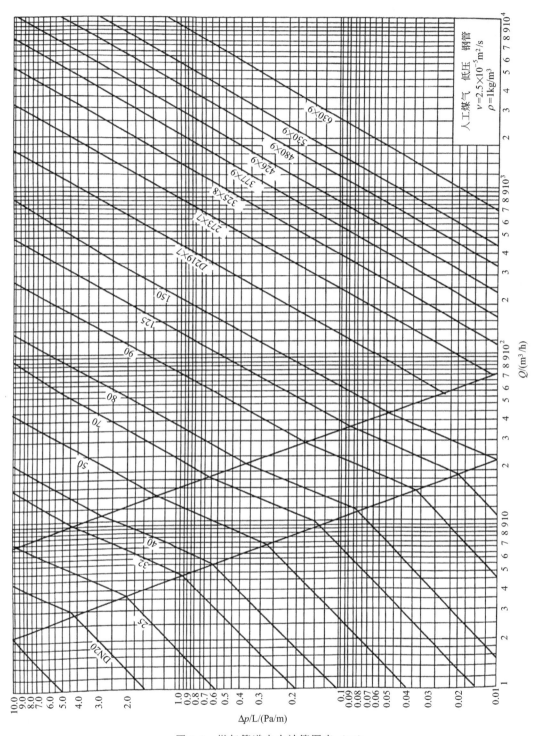

图 6-3 燃气管道水力计算图表（二）

低压管道：
$$\frac{\Delta p}{L} = \left(\frac{\Delta p}{L}\right)_{\rho_0 = 1} \rho$$

高、中压管道：
$$\frac{p_1^2 - p_2^2}{L} = \left(\frac{p_1^2 - p_2^2}{L}\right)_{\rho_0 = 1} \rho$$

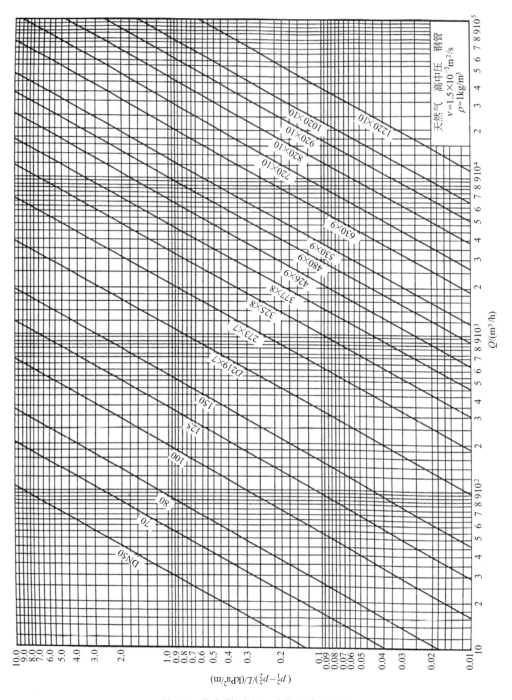

图 6-4　燃气管道水力计算图表（三）

② 运动黏度：人工煤气 $\nu=2.5\times10^{-5}\,\mathrm{m^2/s}$；天然气 $\nu=1.5\times10^{-5}\,\mathrm{m^2/s}$。

③ 取钢管的当量绝对粗糙度 $\Delta=0.00017\mathrm{m}$。

6.1.3　燃气管道水力计算示例

例6-1　已知燃气密度 $\rho_0=0.7\mathrm{kg/m^3}$，运动黏度 $\nu=2.5\times10^{-5}\,\mathrm{m^2/s}$，管径为 $D219\mathrm{mm}\times7\mathrm{mm}$ 的中压燃气钢管，长 200m，起点压力 $p_1=150\mathrm{kPa}$，输送燃气流量 $Q_0=$

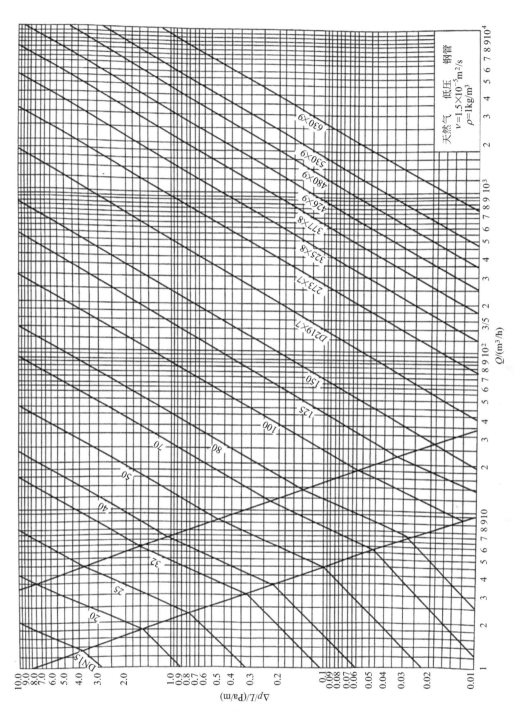

图 6-5　燃气管道水力计算图表（四）

2000m³/h，求 0℃时该管段末端压力 p_2。

【解法 1】　公式法

按式（6-6）计算：

$$\frac{p_1^2 - p_2^2}{L} = 1.4 \times 10^9 \left(\frac{\Delta}{d}\right)^{0.25} \frac{Q_0^2}{d^5} \rho_0 \frac{T}{T_0}$$

$$\frac{150^2 - p_2^2}{0.2} = 1.4 \times 10^9 \times \left(\frac{0.17}{205}\right)^{0.25} \times \frac{2000^2}{205^5} \times 0.7 \times \frac{273.16}{273.16}$$

得管段末端压力 $\qquad p_2 = 148.77\text{kPa}$

【解法 2】 图表法

按 $Q_0 = 2000\text{m}^3/\text{h}$ 及 $d = D219\text{mm} \times 7\text{mm}$，查图 6-2，得密度 $\rho_0 = 1\text{kg/m}^3$ 时管段的压力平方差为：

$$\left(\frac{p_1^2 - p_2^2}{L}\right)_{\rho_0 = 1} = 3.1\text{kPa}^2/\text{m}$$

作密度修正后得：

$$\left(\frac{p_1^2 - p_2^2}{L}\right)_{\rho_0 = 0.7} = 3.1 \times 0.7 = 2.17\text{kPa}^2/\text{m}$$

代入已知值

$$\frac{150^2 - p_2^2}{200} = 2.17$$

得管段末端压力 $\qquad p_2 = 148.55\text{kPa}$

由此可见，公式法与图表法的计算结果间的误差很小，均可满足工程领域的计算精度要求。

6.1.4　燃气分配管网计算流量

6.1.4.1　燃气分配管段计算流量的确定

燃气分配管网的各管段根据连接用户的情况，可分为三种：

① 管段沿途不输出燃气，用户连接在管段的末端，这种管段的燃气流量是常数，见图 6-6（a），所以其计算流量就等于转输流量。

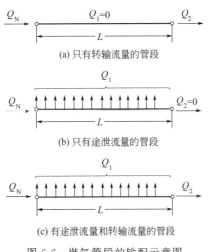

(a) 只有转输流量的管段

(b) 只有途泄流量的管段

(c) 有途泄流量和转输流量的管段

图 6-6　燃气管段的输配示意图

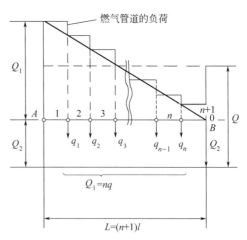

图 6-7　燃气分配管段的负荷变化示意图

q—途泄流量，m^3/h；n—途泄点数

② 分配管网的管段与大量居民用户、小型公共建筑用户相连。这种管段的主要特征是：由管段始端进入的燃气在途中全部供给各个用户，这种管段只有途泄流量，如图 6-6（b）

所示。

③ 最常见的分配管段的供气情况，如图 6-6（c）所示。流经管段送至末端不变的流量为转输流量 Q_2，在管段沿程输出的燃气流量为途泄流量 Q_1，该管段上既有转输流量，又有途泄流量。

一般燃气分配管段的负荷变化如图 6-7 所示。图中，AB 管段起点 A 处的管内流量为转输流量 Q_2 与途泄流量 Q_1 之和，而管段终点 B 处的管内流量仅为 Q_2，因此管段内的流量逐渐减小，在管段中间所有断面上的流量是不同的，流量在 Q_1+Q_2 及 Q_2 两极限值之间。假定沿管线长度向用户均匀配气，每个分支管的途泄流量 q 均相等，即沿线流量为直线变化。

为了进行变负荷管段的水力计算，可以找出一个假想不变的流量 Q，使它产生的管段压力降与实际压力降相等。这个不变流量 Q 称为变负荷管段的计算流量，可按式（6-13）求得：

$$Q = \alpha Q_1 + Q_2 \tag{6-13}$$

式中　Q——计算流量，m^3/h；

　　　Q_1——途泄流量，m^3/h；

　　　Q_2——转输流量，m^3/h；

　　　α——流量折算系数。

α 是与途泄流量和总流量之比 x 及沿途支管数 n 有关的系数。对于燃气分配管道，一管段上的分支管数一般不小于 $5\sim10$ 个，x 值在 $0.3\sim1.0$ 的范围内，此时系数 α 在 $0.5\sim0.6$ 之间，水力计算公式中 α 值的变化并不大，实际计算中均可采用平均值 $\alpha=0.55$。

故燃气分配管道的计算流量公式为：

$$Q = 0.55Q_1 + Q_2 \tag{6-14}$$

6.1.4.2　途泄流量的计算

途泄流量只包括大量的居民用户和小型公共建筑用户。用气负荷较大的公共建筑或工业用户应作为集中负荷来进行计算。

在设计低压分配管网时，连接在低压管道上各用户用气负荷的原始资料通常很难详尽和确切，当时只能知道区域总的用气负荷。在确定管段的计算流量时，既要尽可能精确地反映实际情况，又要使确定的方法不应太复杂。

计算途泄流量时，假定在供气区域内居民用户和小型公共建筑用户是均匀分布的，而其数值主要取决于居民的人口密度。

以图 6-8 所示区域燃气管网为例，各管段的途泄流量计算步骤如下：

（1）将供气范围划分为若干小区　根据该区域内道路、建筑物布局及居民人口密度等划分为 A、B、C、D、E、F 小区，并布置配气管道 1-2、2-3……

（2）分别计算各小区的燃气用量　分别计算各小区居民用气量、小型公共建筑及小型工业企业用气量，其中居民用气量可用居民人口数乘以每人每小时的燃气计算流量 $e[m^3/(人·h)]$ 求得。

（3）计算各管段单位长度途泄流量　在城镇燃气管网计算中可以认为，途泄流量是沿管段均匀输出的，管段单位长度的途泄流量为：

$$q = \frac{Q_1}{L} \tag{6-15}$$

式中　q——单位长度的途泄流量，$m^3/(m·h)$；

　　　Q_1——途泄流量，m^3/h；

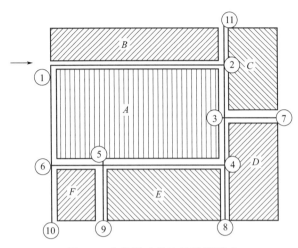

图 6-8 各管段途泄流量计算图式

L——管段长度，m。

图 6-8 中 A、B、C…各小区管道的单位长度途泄流量为：

$$q_A = \frac{Q_A}{L_{1-2}+L_{2-3}+L_{3-4}+L_{4-5}+L_{5-6}+L_{1-6}}$$

$$q_B = \frac{Q_B}{L_{1-2}+L_{2-11}}$$

$$q_C = \frac{Q_C}{L_{2-11}+L_{2-3}+L_{3-7}}$$

其余以此类推。

式中　Q_A，Q_B，Q_C——A、B、C 各小区的燃气用量，m^3/h；

　　　　q_A，q_B，q_C——A、B、C 各小区有关管道的单位长度途泄流量，$m^3/(m \cdot h)$；

　　　　L_{1-2}，L_{2-3}，…——管段长度，m。

（4）管段的途泄流量　管段的途泄流量等于单位长度途泄流量乘以该管段长度。若管段是两个小区的公共管道，需同时向两侧供气时，其途泄流量应为两侧的单位长度途泄流量之和乘以管长，图 6-8 中各管段的途泄流量为：

$$Q_1^{1-2} = (q_A + q_B)L_{1-2}$$

$$Q_1^{2-3} = (q_A + q_C)L_{2-3}$$

$$Q_1^{4-8} = (q_D + q_E)L_{4-8}$$

$$Q_1^{1-6} = q_A L_{1-6}$$

其余以此类推。

6.1.4.3　节点流量

在燃气管网计算时，特别是在用计算机进行燃气环状管网水力计算时，常把途泄流量转化成节点流量来表示。为此，假设沿管线不再有流量流出，即管段中的流量不再沿管线变化，它产生的管段压力降与实际压力降相等。由式（6-13）可知，与管道途泄流量 Q_1 相当的计算流量 $Q = \alpha Q_1$，可由管道终端节点流量 αQ_1 和始端节点流量 $(1-\alpha)Q_1$ 来代替。

① 当 α 取 0.55 时，管道始端 i、终端 j 的节点流量分别为：

$$q_i = 0.45 Q_1^{i-j} \tag{6-16}$$

$$q_j = 0.55Q_1^{i-j} \tag{6-17}$$

式中　Q_1^{i-j}——从 i 节点到 j 节点管道的途泄流量，m^3/h；

　　q_i，q_j——i、j 节点的节点流量，m^3/h。

对于连接多根管道的节点，其节点流量等于燃气流入节点（管道终端）的所有管段的途泄流量的 0.55 倍，与流出节点（管段始端）的所有管段的途泄流量的 0.45 倍之和，再加上相应的集中流量。如图 6-9 中各节点的流量为：

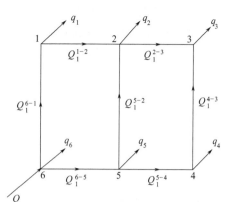

图 6-9　节点流量例图

$$q_1 = 0.55Q_1^{6-1} + 0.45Q_1^{1-2}$$
$$q_2 = 0.55Q_1^{1-2} + 0.55Q_1^{5-2} + 0.45Q_1^{2-3}$$
$$q_3 = 0.55Q_1^{2-3} + 0.55Q_1^{4-3}$$
$$q_4 = 0.55Q_1^{5-4} + 0.45Q_1^{4-3}$$
$$q_5 = 0.55Q_1^{6-5} + 0.45Q_1^{5-2} + 0.45Q_1^{5-4}$$
$$q_6 = 0.45Q_1^{6-5} + 0.45Q_1^{6-1}$$

管网各节点流量的总和应与管网区域的总计算流量相等：

$$Q = q_1 + q_2 + q_3 + q_4 + q_5 + q_6$$

② 当 α 取 0.5 时，管道始端 i、终端 j 的节点流量均为：

$$q_i = q_j = 0.5Q_1^{i-j} \tag{6-18}$$

则管网各节点的节点流量等于该节点所连接的各管道的途泄流量之和的一半。

③ 管段上所接的大型用户为集中流量，计算时，在大型用户处应设节点。

6.1.5　燃气管网的水力计算

6.1.5.1　枝状管网水力计算

（1）枝状管网水力计算特点　枝状管网是由输气管段和节点组成。任何形状的枝状管网，其管段数 N 和节点数 m 的关系均符合：

$$N = m - 1 \tag{6-19}$$

燃气在枝状管网中从气源至各节点只有一个固定流向，输送至某管段的燃气只能由一条管道供气，流量分配方案也是唯一的，枝状管道的转输流量只有一个数值，任一管段的流量等于该管段以后（顺气流方向）所有节点流量之和，因此每一管段只有唯一的流量值。如图 6-10 所示，管段 3-4 的流量为：

$$Q_{3-4} = q_4 + q_5 + q_8 + q_9 + q_{10}$$

管段 4-8 的流量为：

$$Q_{4-8} = q_8 + q_9 + q_{10}$$

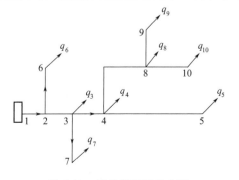

图 6-10　枝状管网流量分配

此外，枝状管网中变更某一管段的直径时，不影响管段的流量分配，只导致管道终点压力的改变。因此，枝状管网水力计算中各管段只有直径 d_i 与压力降 Δp_i 两个未知数。

（2）枝状管网水力计算步骤

① 对管网的节点和管道编号。

② 确定气流方向，从主干线末梢的节点开始，利用 $\sum Q_i = 0$ 的关系，求得管网各管段的计算流量。

③ 根据确定的允许压力降，计算管线单位长度的允许压力降。

④ 根据管段的计算流量及单位长度允许压力降预选管径。

⑤ 根据所选定的标准管径，求摩擦阻力损失和局部阻力损失，计算总的压力降。

⑥ 检查计算结果。若总的压力降超出允许的精度范围，则适当变动管径，直至总压力降小于并趋近于允许值为止。

6.1.5.2 环状管网水力计算

（1）环状管网水力计算特点　环状管网是由一些封闭成环的输气管段与节点组成。任何形状的环状管网，其管段数 N、节点数 m 和环数 n 的关系均符合式（6-20）：

$$N = m + n - 1 \tag{6-20}$$

环状管网任何一个节点均可由两向或多向供气，输送至某管段的燃气同时可由一条或多条管道供气，可以有许多不同的流量分配方案。分配流量时，在保证供给用户所需燃气量的同时，必须保持每一节点的燃气连续流动，也就是流向任一节点的流量必须等于流离该节点的流量。

此外，环状管网中变更某一管段的直径时，就会引起所有管段流量的重新分配，并改变管网各节点的压力值。因此，环状管网水力计算中各管段有三个未知量：直径 d_i、压力降 Δp_i 和流量 Q_i，即管网未知量总数等于管段数的 3 倍，设管段数为 N，则未知量总数等于 $3N$。

为了求解环状管网，需列出足够的方程式：

① 每一管段的压力降 Δp_j 计算公式为：

$$\Delta p_j = k_j \frac{Q_j^{\alpha}}{d_j^{\beta}} l_j \quad (j = 1, 2, \cdots, N) \tag{6-21}$$

式中，α 和 β 与燃气流动状况及管道粗糙度有关，而常数 k_j 则与燃气性质和管材有关，一共可得 N 个公式。

② 每一节点处流量的代数和为零，即

$$\sum Q_i = 0 (i = 1, 2, \cdots, N) \tag{6-22}$$

因为最后一个节点的方程式，在各流量均为已知值的情况下，不能成为一个独立的方程式。故所得的方程式数等于节点数减 1，共可得 $m - 1$ 个方程式。

③ 对于每一个环，燃气按顺时针方向流动的管段的压力降定为正值，逆时针方向流动的管段的压力降定为负值，则环网的压力降之和为零，即

$$\sum \Delta p_n = 0 \quad (n = 1, 2, \cdots, N) \tag{6-23}$$

所得的方程数等于环数，环数用 n 表示，故可得 n 个方程式。

④ 燃气管网的计算压力降 Δp 等于从管网源点至零点各管段压力降之和 $\sum \Delta p_i$，即

$$\sum \Delta p_i - \Delta p = 0 \tag{6-24}$$

所得方程式数等于管网的零点数 q。零点是环网最末管段的终点，是除源点外管网中已知压力值的节点。

至此，已得到 $2N + q$ 个方程，而未知量的个数为 $3N$ 个，尚需补充 $N - q$ 个方程。为了求解，可按供气可靠性原则预先分配流量，按经济性原则采用等压力降法选取管径作为补

充条件求解。

（2）环状管网水力计算步骤　环状管网水力计算可采用解管段方程组、解环方程组和解节点方程组的方法。不管用哪种解法，总是对压力降方程式（6-21）、连续性方程式（6-22）及能量方程式（6-23）的联立求解，以求得未知的管径及压力降。本节着重阐述用手工方法解环方程的计算方法。环状管网在初步分配流量时，必须满足连续性方程 $\sum Q_i = 0$ 的要求，但按该设定流量选定管径求得各管段压力降以后，每环往往不能满足能量方程 $\sum \Delta p_n$ 的要求。因此，解环方程的环状管网计算过程，就是重新分配各管段的流量，反复计算，直到同时满足连续性方程组和能量方程组为止，这一计算过程称为管网平差。换言之，平差就是求解 $m-1$ 个线性连续性方程组和 n 个非线性能量方程组，以得出 k 个管段的流量。一般情况下，不能用直接法求解非线性能量方程组，而需用逐步近似法求解。最终计算是确定每环的校正流量，使压力闭合差尽量趋近于零。若最终计算结果未能达到各种技术经济要求，还需调整管径，进行反复运算，以确定比较经济合理的管径。具体步骤如下：

① 绘制管网平面示意图，对节点、管段、环网编号，并标明管道长度、集中负荷、气源或调压站位置等。

② 计算管网各管段的途泄流量。

③ 按气流沿最短路径从供气点流向零点的原则，拟定环网各管段中的燃气流向。气流方向总是流离供气点，而不应逆向流动。

④ 从零点开始，逐一推算各管段的转输流量。

⑤ 求管网各管段的计算流量。

⑥ 根据管网允许压力降和供气点至零点的管道计算长度（局部阻力损失通常取沿程阻力损失的 $5\% \sim 10\%$），求得单位长度允许压力降，并预选管径。

⑦ 初步计算管网各管段的总压力降及每环的压力降闭合差。

⑧ 进行管网平差计算，求每环的校正流量，使所有封闭环网压力降的代数和等于零或接近于零，达到工程容许的误差范围。

对高、中压环状管网，用下式确定各环的校正流量。

$$\Delta Q = -\frac{\sum \Delta p}{1.75 \sum \frac{\Delta p}{Q}} + \frac{\sum \Delta Q'_{nn} \left(\frac{\Delta p}{Q}\right)_{ns}}{\sum \frac{\Delta p}{Q}} \tag{6-25}$$

令

$$\Delta Q' = -\frac{\sum \Delta p}{1.75 \sum \frac{\Delta p}{Q}}; \quad \Delta Q'' = \frac{\sum \Delta Q'_{nn} \left(\frac{\Delta p}{Q}\right)_{ns}}{\sum \frac{\Delta p}{Q}} \tag{6-26}$$

式中　$\sum \Delta p$ ——计算环各管段阻力降之和；

$\Delta Q'_{nn}$ ——相邻环的计算校正流量；

$\dfrac{\Delta p}{Q}$ ——相邻管的单位体积管道阻力降；

$\sum \dfrac{\Delta p}{Q}$ ——计算环单位体积平均阻力降之和。

式中 $\dfrac{\Delta p}{Q}$ 及 $\left(\dfrac{\Delta p}{Q}\right)_{ns}$ 任何时候均为正值，$\sum \Delta p$ 内各项的符号由计算决定，通常气流方向为顺时针时定为正；ΔQ 的符号与 $\sum \Delta p$ 的符号相反。

对低压环状管网，用式（6-27）确定各环的校正流量。

$$\Delta Q = -\frac{\sum \delta p}{2\sum \frac{\delta p}{Q}} + \frac{\sum \Delta Q'_{nn}\left(\frac{\delta p}{Q}\right)_{ns}}{\sum \frac{\delta p}{Q}} = \Delta Q' + \Delta Q'' \tag{6-27}$$

校正流量的计算顺序如下：首先求出各环的 $\Delta Q'$，然后求出各环的 $\Delta Q''$。令 $\Delta Q = Q' + \Delta Q''$，以此校正每环各管段的计算流量。若校正后闭合差仍未达到精度要求，则需再一次计算校正流量 $\Delta Q'$、$\Delta Q''$ 及 ΔQ，使闭合差达到允许的精度要求为止。

例6-2 试计算图 6-11 所示的低压管网，图上注有环网各边长度(m)及环内建筑用地面积 F（hm^2）。人口密度为 600 人/公顷，每人每小时的用气量为 0.05m^3，有一个工厂集中用户，用气量为 100m^3/h。气源是天然气，$\rho = 0.73kg/m^3$，$\nu = 1.5 \times 10^{-5} m^2/s$。管网中的计算压力降取 $\Delta p = 400Pa$。

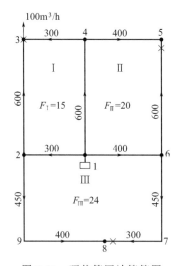

图 6-11 环状管网计算简图

【解】 计算顺序如下：

（1）计算各环的单位长度途泄流量。

① 按管网布置将供气区域分成小区。

② 求出每环内的最大小时用气量（将面积、人口密度和每人的单位用气量相乘）。

③ 计算供气环周边的总长。

④ 求单位长度的途泄流量。

上述计算可列于表 6-2。

表 6-2　各环的单位长度途泄流量

环号	面积/hm^2	居民数/人	每人用气量/[m^3/(人·h)]	本环供气量/(m^3/h)	环周边长/m	沿环周边的单位长度途泄流量/[m^3/(m·h)]
I	15	9000		450	1800	0.25
II	20	12000	0.05	600	2000	0.30
III	24	14400		720	2300	0.313
				1770		

（2）根据计算简图，求出管网中每一管段的计算流量，其步骤如下：

① 将管网的各管段依次编号，在距供气点（调压站）最远处，假定零点的位置（3、5和8），同时决定气流方向。

② 计算各管段的途泄流量。

③ 计算转输流量，计算由零点开始，与气流相反方向推算到供气点。如节点的集中负荷由两侧管段供气，则转输流量以各分担一半左右为宜。这些转输流量的分配，可在计算表的附注中加以说明。

④ 求各管段的计算流量，计算结果见表6-3。

表 6-3 各管段的计算流量

环号	管段号	管段长度 /m	单位长度途泄流量 $q/[\text{m}^3/(\text{m}\cdot\text{h})]$	流量(m^3/h)				附注
				途泄流量 Q_1	$0.55Q_1$	转输流量 Q_2	计算流量 Q	
I	1-2	300	0.250+0.313=0.563	169	93	466	559	集中负荷预定
	2-3	600	0.250	150	83	50	133	由2-3及3-4管段
	1-4	600	0.250+0.300=0.550	330	182	245	427	各供50m^3/h
	4-3	300	0.250	75	45	50	91	
II	1-4	600	0.550	330	182	245	427	
	4-5	400	0.300	120	66	0	66	
	1-6	400	0.300+0.313=0.613	245	135	415	550	
	6-5	600	0.300	180	99	0	99	
III	1-6	400	0.613	245	135	415	550	
	6-7	450	0.313	141	78	94	172	
	7-8	300	0.313	94	52	0	52	
	1-2	300	0.563	169	93	466	559	
	2-9	450	0.313	141	78	125	203	
	9-8	400	0.313	125	69	0	69	

校验转输流量总值，调压站由1-2、1-4及1-6管段输出的燃气量得：

$$(169+466)+(330+245)+(245+415)=1870(\text{m}^3/\text{h})$$

由各环的供气量及集中负荷得：

$$1770+100=1870(\text{m}^3/\text{h})$$

两值相符。

（3）根据初步流量分配及单位长度平均压力降选择各管段的管径。局部阻力损失取摩擦阻力损失的10%。由供气点至零点的平均距离为1017m，得：

$$\frac{\Delta p}{L}=\frac{400}{1017\times1.1}=0.358(\text{Pa/m})$$

由于本题所用的燃气 $\rho=0.73\text{kg/m}^3$，故在查图6-5的水力计算图表时，需进行修正，即：

$$\left(\frac{\Delta p}{L}\right)_{\rho=1}=\left(\frac{\Delta p}{L}\right)_{\rho=1}\rho$$

式中 ρ——实际天然气密度，kg/m^3。

选定管径后，查得管段的 $\left(\dfrac{\Delta p}{L}\right)_{\rho=1}$ 值，求出：

$$\left(\frac{\Delta p}{L}\right)_{\rho=1}=\left(\frac{\Delta p}{L}\right)_{\rho=1}\times0.73$$

全部计算列于表6-4。

表 6-4　低压环网水力计算表

环号	管线号	邻环号	长度 L /m	管段流量 Q /(m³/h)	管径 d /mm	单位压力降 $\frac{\Delta p}{L}\times$ 0.73 /Pa	管段压力降 Δp /Pa	$\frac{\Delta p}{Q}$	ΔQ'	ΔQ"	ΔQ= ΔQ'+ΔQ"	管段校正流量 ΔQn	校正后管段流量 Q'	$\frac{\Delta p'}{L}$	管段压力降 Δp'	考虑局部阻力后的压力损失 1.1Δp'/Pa
						初步估算			校正流量计算				校正计算			
Ⅰ	1-2	Ⅲ	300	559	200	0.75	225	0.40				~0	559	0.75	225	248
	2-3	—	600	133	150	0.22	132	1.0				-7	126	0.22	132	145
	1-4	Ⅱ	600	-427	200	0.46	-276	0.65	-8.9	2.38	-6.5	-16	-443	0.5	-300	330
	4-3	—	300	-91	150	0.14	-42	0.46				-6	-97	0.15	-45	50
						+39	Σ2.51 (10%)								+12	+13 3.3%
Ⅱ	1-4	Ⅰ	600	427	200	0.46	276	0.65				16	443	0.47	282	310
	4-5	—	400	66	150	0.06	24	0.36				10	76	0.08	32	35
	1-6	Ⅲ	400	-550	200	0.70	-280	0.51	14.3	-4.4	9.9	17	-533	0.62	-248	-273
	6-5	—	600	-99	150	0.13	-78	0.79				10	-89	0.12	-72	-79
						+58	Σ2.31 (14.5%)								+4	-7 -0.18%
Ⅲ	1-6	Ⅱ	400	550	200	0.70	280	0.51				-17	533	0.62	248	273
	6-7	—	450	172	200	0.09	41	0.24				-7	165	0.08	36	40
	7-8	—	300	52	150	0.04	12	0.23				-7	45	0.04	12	13
	1-2	Ⅰ	300	-559	200	0.75	-22.5	0.40	-8.40	1.82	-6.6	0	-559	0.75	-225	-248
	2-9	—	450	-203	200	0.11	-50	0.25				-7	-210	0.11	-50	-55
	9-8	—	400	-69	150	0.07	-28	0.41				-7	-76	0.07	-28	-31
						+30	Σ2.04 (7.5%)								-8	2%

（4）从表6-4的初步计算可见，两个环的闭合差均大于10%。一个环的闭合差小于10%，应该对全部环网进行校核计算，否则由于邻环校正流量值的影响，反而会使该环的闭合差增大，有超过10%的可能。

先求各环的 $\Delta Q'$：

$$\Delta Q'_{\mathrm{I}} = -\frac{\sum \Delta p}{1.75 \sum \dfrac{\Delta p}{Q}} = -\frac{39}{1.75 \times 2.51} = -8.9$$

$$\Delta Q'_{\mathrm{II}} = -\frac{-58}{1.75 \times 2.31} = 14.3$$

$$\Delta Q'_{\mathrm{III}} = -\frac{30}{1.75 \times 2.04} = -8.4$$

再求各环的校正流量 $\Delta Q''$：

$$\Delta Q''_{\mathrm{I}} = -\frac{\sum \Delta Q''_{\mathrm{nn}}\left(\dfrac{\Delta p}{Q}\right)_{\mathrm{ns}}}{\sum \dfrac{\Delta p}{Q}} = \frac{-8.4 \times 0.40 + 14.3 \times 0.65}{2.49} = 2.38$$

$$\Delta Q''_{\mathrm{II}} = \frac{-8.9 \times 0.65 + (-8.4) \times 0.51}{2.31} = -4.36$$

$$\Delta Q''_{\mathrm{III}} = \frac{-8.9 \times 0.4 + 14.3 \times 0.51}{2.04} = -1.83$$

由此，各环的校正流量为：

$$\Delta Q_{\mathrm{I}} = \Delta Q'_{\mathrm{I}} + \Delta Q''_{\mathrm{I}} = -8.9 + 2.38 = -6.52$$
$$\Delta Q_{\mathrm{II}} = \Delta Q'_{\mathrm{II}} + \Delta Q''_{\mathrm{II}} = 14.3 - 4.36 = 9.94$$
$$\Delta Q_{\mathrm{III}} = \Delta Q'_{\mathrm{III}} + \Delta Q''_{\mathrm{III}} = -8.4 + 1.82 = -6.58$$

共用管段的校正流量为本环的校正流量值减去相邻环的校正流量值。

在例题中经过一次校正计算，各环的误差值均在10%以内，因此计算合格。如一次计算后仍未达到允许误差范围以内，则应用同样方法再次进行校正计算。

（5）经过校正流量的计算，使管网中的燃气流量进行重新分配，因而集中负荷的预分配量有所调整，并使零点的位置有了移动。

点3的工厂集中负荷由4-3管段供气56m³/h，由2-3管段供气44m³/h。管段6-5的计算流量由99m³/h减至89m³/h，因而零点向点6方向移动了 ΔL_6。

$$\Delta L_6 = \frac{99 - 89}{0.55 q_{6-5}} = \frac{10}{0.55 \times 0.3} = 60.6(\mathrm{m})$$

管段7-8的计算流量由52m³/h减至45m³/h，因而零点向点7方向移动了 ΔL_7：

$$\Delta L_7 = \frac{52 - 45}{0.55 q_{7-8}} = \frac{7}{0.55 \times 0.313} = 40.7(\mathrm{m})$$

新的零点位置用记号"×"表示在图6-11上，这些点是环网在计算工况下的压力最低点。

校核从供气点至零点的压力降：

$$\Delta p_{1\text{-}2\text{-}3} = 248 + 145 = 393(\mathrm{Pa})$$

$$\Delta p_{1\text{-}6\text{-}5}=273+79=352(\text{Pa})$$

$$\Delta p_{1\text{-}2\text{-}9\text{-}8}=248+55+31=334(\text{Pa})$$

此压力降是否充分利用了计算压力降的数值，在一定程度上说明了计算是否达到了经济合理的效果。计算中应正确处理查图表造成的计算误差，避免产生累积误差。

6.2 室内燃气管道设计计算

在室内燃气管道计算之前，必须先选定和布置用户燃气用具，并画出管道系统图。居民用户室内燃气管道的计算流量，应按同时工作系数法进行计算。自引入管到各燃具之间的压降，其最大值为系统的压力降。现举例说明室内燃气管道设计计算的方法和步骤。

例6-3 试做 5 层住宅楼的室内燃气管道水力计算。燃气管道平面布置见图 6-12，管道系统见图 6-13，每家用户安装燃气双眼灶及燃气热水器各一台，额定用气量为 $2.35\text{m}^3/\text{h}$，其中双眼灶额定用气量为 $0.70\text{m}^3/\text{h}$，热水器额定用气量为 $1.65\text{m}^3/\text{h}$，天然气密度 $\rho=0.75\text{kg/m}^3$，运动黏度为 $\nu=1.5\times10^{-5}\,\text{m}^2/\text{s}$。

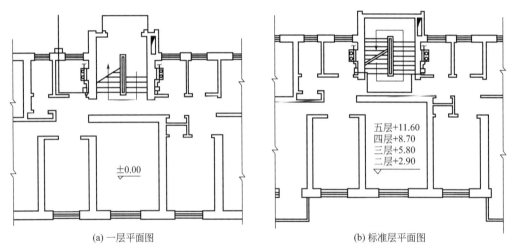

(a) 一层平面图　　　　　　　　　(b) 标准层平面图

图 6-12　室内燃气管道平面图

【解】 计算可按下述步骤进行：

① 将各管段按顺序编号，凡是管径变化或流量变化处均应编号，编号详见图 6-13。

② 求出各管段的额定流量，根据各管段供气的用具数得同时工作系数值（见表 3-7），从而求得各管段的计算流量。各管段的计算流量可根据式（3-10）计算。

以管段 0-1 为例，管段 0-1 所带的用气设备为 1 台燃气双眼灶，额定用气量 $Q_n=0.70\text{m}^3/\text{h}$，由表 3-7 查得 1 台燃气双眼灶的同时工作系数 $K_0=1.0$，则管段 0-1 的计算流量为：

$$Q_{h,0\text{-}1}=K_t\sum K_nQ_nN=1.0\times1.0\times0.70\times1=0.70\ (\text{m}^3/\text{h})$$

③ 由系统图求得各管段的长度，并根据计算流量预选各管段的管径，以管段 0-1 为例，管段长度 $L_1=1.2\text{m}$，预选管径 d 为 DN15。

④ 算出各管段的局部阻力系数，根据式（6-9）求出其当量长度，可得各管段的计算长度。也可根据管段计算流量及已选定的管径，由图 6-1 求得 $\zeta=1$ 时的 l_2，即 $\dfrac{d}{\lambda}$，l_2 与 $\sum\zeta$

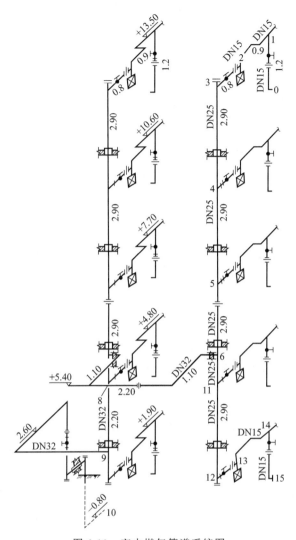

图 6-13　室内燃气管道系统图

的乘积即为该管段总的当量长度 L_2，从而求出燃气管道的计算长度 $L=L_1+L_2$。

以管段 0-1 为例，管段 0-1 中燃气的流速 W：

$$W=\frac{Q_{h,0\text{-}1}}{3600\times\frac{\pi d^2}{4}}=\frac{4\times0.70}{3600\times3.14\times0.015^2}=1.10(\mathrm{m/s})$$

则

$$Re=\frac{dW}{\nu}=\frac{0.015\times1.10}{1.5\times10^{-5}}=1100$$

$Re<2100$，处于层流状态，则根据式（6-2）求得燃气管道的摩擦阻力系数 λ：

$$\lambda=\frac{64}{Re}=0.058$$

则

$$l_2 = \frac{d}{\lambda} = \frac{0.015}{0.058} = 0.259 \text{(m)}$$

各管段局部阻力系数可由表6-1查得。

管段0-1产生局部阻力的管件主要有DN15直角弯头一个，$\zeta = 2.2$；DN15旋塞阀一个，$\zeta = 4.0$；三通分流一个，$\zeta = 1.5$，因此管段0-1的局部阻力系数为：

$$\sum \zeta_{0\text{-}1} = 2.2 + 4.0 + 1.5 = 7.7$$

管段0-1局部阻力的当量长度为：

$$L_2 = l_2 \sum \zeta_{0\text{-}1} = 0.258 \times 7.7 = 1.99 \text{ (m)}$$

管段0-1的实际长度为 $L_1 = 1.2\text{m}$，则管段0-1的计算长度为：

$$L = L_1 + L_2 = 1.2 + 1.99 = 3.19 \text{ (m)}$$

⑤ 燃气管道单位长度压力降可通过公式求出，也可使用水力计算图表（图6-5）查出，但需要进行修正，即

$$\frac{\Delta p}{L} = \left(\frac{\Delta p}{L} \right)_{\rho = 1} \times 0.75$$

由计算法或图表法得到各管段的单位长度压降值后，乘以管段的计算长度，即得该管段的阻力损失。以管段0-1为例，管内燃气温度以15℃计，根据式（6-1）求得其单位长度压降为：

$$\frac{\Delta p_{0\text{-}1}}{L} = 6.26 \times 10^7 \times \lambda \frac{Q_{h,0\text{-}1}^2}{d^5} \rho_0 \frac{T}{T_0}$$

$$= 6.26 \times 10^7 \times 0.058 \times \frac{0.70^2}{15^5} \times 0.75 \times \frac{288.15}{273.15}$$

$$= 1.854 \text{(Pa/m)}$$

管段0-1的压力损失为：

$$\Delta p_{0\text{-}1} = \frac{\Delta p_{0\text{-}1}}{L} \times L = 1.854 \times 3.19 = 5.91 \text{ (Pa)}$$

⑥ 计算各管段的附加压头，燃气的附加压头可按式（6-12）计算。

以管段0-1为例，该管段沿燃气流动方向的终始端标高差 $\Delta H - -1.2\text{m}$，根据式（6-12）求得该管段的附加压头为：

$$\Delta p_{\text{附},0\text{-}1} = g(1.293 - \rho_0) \Delta H$$
$$= 9.81 \times (1.293 - 0.75) \times (-1.2)$$
$$= -6.39 \text{(Pa)}$$

⑦ 求各管段的实际压力损失，为：

$$\Delta p_{\text{实}} = \Delta p - \Delta p_{\text{附}}$$

则管段0-1的实际压力损失为：

$$\Delta p_{\text{实},0\text{-}1} = \Delta p_{0\text{-}1} - \Delta p_{\text{附},0\text{-}1} = 5.92 - (-6.39) = 12.31 \text{(Pa)}$$

⑧ 求室内燃气管道的计算总压力降,对于天然气计算压力降一般不超过 200Pa(不包括燃气表的压力降)。

⑨ 将总压力降与允许的压力降相比较,如不合适,则可改变个别管段的管径。

其他管段的相应计算方法同管段 0-1。全部计算结果列于表 6-5。由计算结果可见,系统最大压力降值是从用户引入管至一层用户灶具 15,最大压力降为 168.55Pa,在压力降允许范围内。通过同样的计算,其他各管段的管径均可予以确定。

表 6-5　室内燃气管道水力计算表

管段编号	额定流量 /(m³/h)	同时工作系数	计算流量 /(m³/h)	管段长度 L_1/m	管径 d/mm	局部阻力系数 $\Sigma\zeta$	l_2/m	当量长度 L_2 m	计算长度 L/m	单位长度压力损失 $\Delta p/L$ /(Pa/m)	Δp/Pa	管段终始端标高差 ΔH/m	附加压头 /Pa	管段实际压力损失 /Pa	管段局部阻力系数计算及其他说明
0-1	0.70	1.00	0.70	1.2	15	7.7	0.259	1.99	3.19	1.854	5.91	−1.2	−6.39	12.31	90°直角弯头 $\zeta=2.2$,三通分流 $\zeta=1.5$,旋塞 $\zeta=4.0$
1-2	2.35	1.00	2.35	0.9	15	6.6	0.343	2.26	3.16	15.765	49.85	0	0.00	49.85	90°直角弯头 $\zeta=2.2\times3$
2-3	2.35	1.00	2.35	0.8	15	8.4	0.343	2.88	3.68	15.765	58.00	0	0.00	58.00	90°直角弯头 $\zeta=2.2\times2$,旋塞 $\zeta=4.0$
3-4	2.35	1.00	2.35	2.9	25	1.0	0.587	0.59	3.49	1.192	4.16	2.9	15.45	−11.29	三通直流 $\zeta=1.0$
4-5	4.70	0.56	2.63	2.9	25	1.0	0.601	0.60	3.50	1.461	5.12	2.9	15.45	−10.33	三通直流 $\zeta=1.0$
5-6	7.05	0.44	3.10	2.3	25	1.5	0.621	0.93	3.23	1.965	6.35	2.3	12.25	−5.90	三通分流 $\zeta=1.5$
6-7	11.75	0.35	4.11	4.4	32	8.7	0.851	7.41	11.81	0.938	11.08	0	0.00	11.08	90°直角弯头 $\zeta=1.8\times4$,三通分流 $\zeta=1.5$
7-8	18.80	0.27	5.08	0.6	32	0.886	0.89	1.49	1.374	2.04	0.6	3.20	−1.15	三通直流 $\zeta=1.0$
8-9	21.15	0.26	5.50	2.2	32	1.5	0.899	1.35	3.55	1.590	5.64	2.2	11.72	−6.08	三通分流 $\zeta=1.5$
9-10	23.50	0.25	5.88	11.0	32	11.0	0.909	10.0	21.00	1.793	37.66	3.4	18.11	19.55	90°直角弯头 $\zeta=1.8\times5$,旋塞 $\zeta=2.0$

管道 0-1-2-3-4-5-6-7-8-9-10 总压力降 $\Delta p_{实}=116.04$Pa

管段编号	额定流量 /(m³/h)	同时工作系数	计算流量 /(m³/h)	管段长度 L_1/m	管径 d/mm	局部阻力系数 $\Sigma\zeta$	l_2/m	当量长度 L_2 m	计算长度 L/m	单位长度压力损失 $\Delta p/L$ /(Pa/m)	Δp/Pa	管段终始端标高差 ΔH/m	附加压头 /Pa	管段实际压力损失 /Pa	管段局部阻力系数计算及其他说明
15-14	0.70	1	0.70	1.2	15	7.7	0.258	1.99	3.19	1.858	5.92	−1.2	−6.39	12.31	同 0-1 管段
14-13	2.35	1	2.35	0.9	15	6.6	0.343	2.26	3.16	15.765	49.85	0	0.00	49.85	同 1-2 管段
13-12	2.35	1	2.35	0.8	15	8.4	0.343	2.88	3.68	15.765	58.00	0	0.00	58.00	同 2-3 管段
12-11	2.35	1	2.35	2.9	25	1.0	0.587	0.59	3.49	1.192	4.16	−2.9	−15.45	19.60	同 3-4 管段
11-6	4.70	0.56	2.63	0.6	25	1.5	0.601	0.90	1.50	1.461	2.19	−0.6	−3.20	5.39	三通分流 $\zeta=1.5$

管道 15-14-13-12-11-6-7-8-9-10 总压力降 $\Delta p_{实}=168.55$Pa

6.3　燃气管网的平差计算

随着计算机的普及，燃气管网中的平差计算已逐渐被计算机代替。它可分别求解每环校正流量为未知数的环方程、每个节点压力为未知数的节点方程、每一管段流量为未知数的管段方程。但无论采取何种解法，都需要满足不稳定流动方程、连续性方程和气体状态方程的条件。

6.3.1　解环方程

用求各环校正流量的方法，来解环方程的过程，已在之前讨论过，此处不再重复。平差计算时，根据解环方程的步骤，编写程序上机计算即得结果。

另外，在实际的管道计算中，为了简化流量、管道长度、管径等的计算，应尽可能采用将摩擦阻力系数包括在内的简化公式，有时也可取定值。

6.3.2　解节点方程

燃气管网平差计算中的"节点法"是计算机计算中最常用的一种方法，它是以线性方程逼近非线性方程迭代求解。

6.3.2.1　基本概念

（1）有向线性图　在管网平差时，常用一个由点、线（管段）和回路构成的计算草图来表示所计算的管网。回路数是由点和线（管段）的数目所决定。它们之间存在着如下关系：

$$b = (n-1) + c \tag{6-28}$$

式中　b——枝（即管段根数）；

　　　n——点（即节点数）；

　　　c——独立回路（环）的个数。

一个有向线性图的结构可以由两个基本矩阵来表达，一个称为连接矩阵，另一个称为回路矩阵。

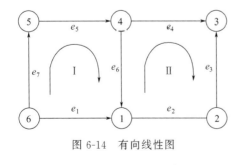

图 6-14　有向线性图

（2）连接矩阵　图 6-14 为一简单的有向线性图。将图中的节点、管段和回路予以编号，并假定所示的管段和回路方向顺时针为正。

有向线性图的全连接矩阵就是以节点编号 i 代表行，枝（管段）的编号 j 代表列，用数值 1、－1 和 0 排列起来的一个 $n \times b$ 阶的全矩阵。它的各个元素 a_{ij} 是按照点和枝间的关系来确定的：

$$a_{ij} = \begin{cases} 0: \text{表示节点 } i \text{ 不在枝线上} \\ 1: \text{表示节点 } i \text{ 在枝线末端} \\ -1: \text{表示节点 } i \text{ 在枝线首端} \end{cases}$$

图 6-14 的全连接矩阵是一个 6×7 阶矩阵，按照上述定义写出各元素为

$$
\begin{array}{c|ccccccc}
 & 1 & 2 & 3 & 4 & 5 & 6 & 7 \\
① & 1 & -1 & 0 & 0 & 0 & 1 & 0 \\
② & 0 & 1 & -1 & 0 & 0 & 0 & 0 \\
③ & 0 & 0 & 1 & 1 & 0 & 0 & 0 \\
④ & 0 & 1 & 0 & -1 & 1 & -1 & 0 \\
⑤ & 0 & 0 & 0 & 0 & -1 & 0 & 1 \\
⑥ & -1 & 0 & 0 & 0 & 0 & 0 & -1 \\
\end{array}
$$

可以看出，全连接矩阵中，列号即是管段号，列中不为零元素对应的行号即是该管段的两端节点。如第 5 列第四、五行的元素分别为 1、-1，代表管段 5 的末端是节点 4，始端是节点 5。有了这个矩阵，就能画出相应的有向线性图。如果从全矩阵图中任意划去一行，根据每个枝必有 2 个端点的状况，仍然可画出同样的图，这说明有一行是多余的。用式(6-28)来解析，就是 n 个节点方程中，其中一个可由其余的 $n-1$ 个方程计算得到，所以只需 $n-1$ 个方程。被划去的一行所代表的节点称为"基准点"，为了适应程序编制的需要，常将"基准点"的节点编号列在最后。

从全连接矩阵划去基准点一行后所得的矩阵称它为连接矩阵，简称 A 矩阵，对应于图 6-14 的 A 矩阵为

$$
A=\begin{bmatrix}
1 & -1 & 0 & 0 & 0 & 1 & 0 \\
0 & 1 & -1 & 0 & 0 & 0 & 0 \\
0 & 0 & 1 & 1 & 0 & 0 & 0 \\
0 & 0 & 0 & -1 & 1 & -1 & 0 \\
0 & 0 & 0 & 0 & -1 & 0 & 1 \\
\end{bmatrix}
$$

（3）回路矩阵　回路矩阵是以行代表有向线性图中的独立回路，列代表枝线的矩阵，如果有 e 个回路、d 条枝线，则为 $e\times d$ 阶矩阵，称为 B 矩阵，它的元素是根据回路和枝按照下列定义确定：

$$
b_{ij}=\begin{cases}
0：表示枝线不在 i 回路上 \\
1：表示枝线在 i 回路上并与回路同向 \\
-1：表示枝线在 i 回路上但与回路方向相反
\end{cases}
$$

对于图 6-14 的 B 矩阵可写为

$$
B=\begin{bmatrix}
-1 & 0 & 0 & 0 & 1 & 1 & 1 \\
0 & -1 & -1 & 1 & 0 & -1 & 0 \\
\end{bmatrix}
$$

B 矩阵与 A 矩阵作用相似，它既反映了枝与回路的关系，又能将枝上的量（管段压降）转化为回路上的量（回路闭合差）。

（4）平差计算基本方程组的矩阵表达式　为了使图 6-14 的有向线性图能表达一般管网平差所用的计算草图，选用气源节点作为压力基准点，例如图 6-14 中的节点 6，并在其他节点上引出指向外方的箭头表示节点流量 q_i，各管段上注有相应的阻抗值 S_i 及管段流量 Q_i，这样便得到如图 6-15 所示的网络计算草图。

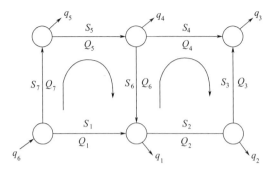

图 6-15　网络计算草图

根据节点流量平衡方程式 $\sum Q_i = 0$，节点流量的符号规定如下：流向节点的流量为正，流离节点的流量为负。从图 6-15 可得出以下节点流量方程组：

$$Q_1 - Q_2 + Q_6 = q_1$$
$$Q_2 - Q_3 = q_2$$
$$Q_3 + Q_4 = q_3$$
$$-Q_4 + Q_5 - Q_6 = q_4$$
$$-Q_5 + Q_7 = q_5$$
$$Q_1 + Q_7 = q_1 + q_2 + q_3 + q_4 + q_5$$

这一方程组称为节点方程组，其中最后一个方程是前五个方程之和，所以是多余的，同时可以看出代表这个方程的节点正是"压力基准点"，因此可以把代表"压力基准点"的方程删除。对留下的 5 个方程，将等号左边的各个系数按行和列的次序进行排列，便得：

$$\begin{bmatrix} 1 & -1 & 0 & 0 & 0 & 1 & 0 \\ 0 & 1 & -1 & 0 & 0 & 0 & 0 \\ 0 & 0 & 1 & 1 & 0 & 0 & 0 \\ 0 & 0 & 0 & -1 & 1 & -1 & 0 \\ 0 & 0 & 0 & 0 & -1 & 0 & 1 \end{bmatrix}$$

这与前述 A 矩阵完全一样，因此根据矩阵的乘法法则，可以将上面的节点方程组写成如下的矩阵代数表达式：

$$AQ = q \qquad (6\text{-}29)$$

式中　A——A 矩阵；

　　　Q——管段列向量；

　　　q——节点流量列向量。

管网平差必须满足的另一个条件是环路中各管段压力降的代数和等于零，即 $\sum \Delta p_i = 0$。因此可以写出下列方程组：

$$-\Delta p_1 + \Delta p_5 + \Delta p_6 + \Delta p_7 = 0$$
$$-\Delta p_2 + \Delta p_3 + \Delta p_4 - \Delta p_6 = 0$$

如果方程组各元素的系数用矩阵表示，便是：

$$\begin{bmatrix} -1 & 0 & 0 & 0 & 1 & 1 & 1 \\ 0 & -1 & -1 & 1 & 0 & -1 & 0 \end{bmatrix}$$

这即是前述的回路矩阵 **B**。按照矩阵乘法规则，写成矩阵表达式

$$
\begin{bmatrix} -1 & 0 & 0 & 0 & 1 & 1 & 1 \\ 0 & -1 & -1 & 1 & 0 & -1 & 0 \end{bmatrix} \begin{bmatrix} \Delta p_1 \\ \Delta p_2 \\ \Delta p_3 \\ \Delta p_4 \\ \Delta p_5 \\ \Delta p_6 \\ \Delta p_7 \end{bmatrix} = \boldsymbol{B} \Delta \boldsymbol{p} = 0 \tag{6-30}
$$

式中 **B**——回路矩阵；

$\Delta \boldsymbol{p}$——管段压降列向量。

平差计算中管段压力降 Δp 可以从该管段的起点和终点压力差得到，这说明节点上的量和管段上的量之间有一定的联系。将连接矩阵 **A** 转置，再乘上节点压差列向量即等于各管段的压力降。

$$
\boldsymbol{A}^{\mathrm{T}} \boldsymbol{p} = \Delta \boldsymbol{p} \tag{6-31}
$$

式中 $\boldsymbol{A}^{\mathrm{T}}$——连接矩阵转置；

$\boldsymbol{p}$——对应于基准点的节点压差（或压力平方差）；

$\Delta \boldsymbol{p}$——管段压降列向量。

将式（6-31）两边均左乘 **B**，可得

$$
\boldsymbol{B} \boldsymbol{A}^{\mathrm{T}} \boldsymbol{p} = \boldsymbol{B} \Delta \boldsymbol{p} = 0
$$

可见，要想满足方程式（6-31），必定满足方程式（6-30），故方程式（6-31）可代替式（6-30）而成为

$$
\begin{cases} \boldsymbol{A} \boldsymbol{Q} = \boldsymbol{q} \\ \boldsymbol{A}^{\mathrm{T}} \boldsymbol{p} = \Delta \boldsymbol{p} \end{cases} \tag{6-32}
$$

根据水力计算公式中的管段流量与压力降的关系式：

$$
\Delta \boldsymbol{p} = \boldsymbol{S} \boldsymbol{Q}^n \tag{6-33}
$$

式中 Δp——管段压力降（低压：$p_1 - p_2$；中、次高、高压：$p_1^2 - p_2^2$）；

S——管段阻抗。

因为 $n \neq 1$，所以燃气管段压力降与流量之间是非线性的，式（6-33）可改写成 $\Delta \boldsymbol{p} = \boldsymbol{S} \boldsymbol{Q} |\boldsymbol{Q}|^{n-1}$，把 $\boldsymbol{S} |\boldsymbol{Q}|^{n-1}$ 用 $\boldsymbol{S}'$ 表示，则：

$$
\Delta \boldsymbol{p} = \boldsymbol{S}' \boldsymbol{Q} \tag{6-34}
$$

$$
\boldsymbol{Q} = \frac{1}{\boldsymbol{S}'} \Delta \boldsymbol{p} = \boldsymbol{G} \Delta \boldsymbol{p} \tag{6-35}
$$

式中 **G**——管网的导纳矩阵。

将式（6-32）代入式（6-35），消去 $\Delta \boldsymbol{p}$、$\boldsymbol{Q}$ 以后，就得到未知量 $\Delta \boldsymbol{p}$ 的线性方程组：

$$
\boldsymbol{A} \boldsymbol{G} \boldsymbol{A}^{\mathrm{T}} \boldsymbol{p} = \boldsymbol{q} \tag{6-36}
$$

若令 $\boldsymbol{Y} = \boldsymbol{A} \boldsymbol{G} \boldsymbol{A}^{\mathrm{T}}$

则

$$
\boldsymbol{Y} \boldsymbol{p} = \boldsymbol{q} \tag{6-37}
$$

式中，q 是常数项，是已知数；Y 称为节点导纳矩阵。式（6-35）是由 n_0 个方程组成的线性方程组，因此能够解出 n_0 个未知量 p。Y 矩阵的各元素可用下式求得：

$$Y_{ij} = \sum_{k=1}^{b} a_{ik} g_k a_{gk} \quad (i,j=1,2,3,\cdots,n_0)$$

Y 矩阵有以下特点：

① Y 矩阵是一个对称矩阵；

② 对角线元素 Y_{ij} 为与节点 i 有关管段导纳之和；

③ 非对角线元素 Y_{ij} 为与节点 i 和节点 j 的管段导纳，其是负值，若节点 i 与节点 j 没有连接管段，则为零。

6.3.2.2 节点线性逼近法平差计算步骤

① 绘出计算草图，对各节点、管段进行编号，编号时要注意，必须把气源点作为"压力基准点"，并将其编在最后；

② 确定"零点"位置，并确定气流方向；

③ 计算节点流量；

④ 计算各管段计算流量；

⑤ 确定环网允许压降、单位长度允许压降；

⑥ 选择管径、计算各管段的阻抗；

⑦ 计算 Y 导纳矩阵各元素；

⑧ 利用式 $Yp=q$ 求出相对于"基准点"的节点压降；

⑨ 利用公式 $A^{\mathrm{T}}p=\Delta p$ 求解管段压降（也可以由管段首尾节点压降相减而得）；

⑩ 利用公式 $Q=G\Delta p$ 求解管段流量；

⑪ 检查精度，如不满足，则利用计算出的管段流量重新计算阻抗，再进行平差计算，直至满足平差计算精度要求为止。

6.3.3 管网节点线性逼近法平差计算框图

管网平差计算的两种方法为环方程法（校正流量法）与节点线性逼近法（节点方程法），其程序框图分别见图 6-16、图 6-17。

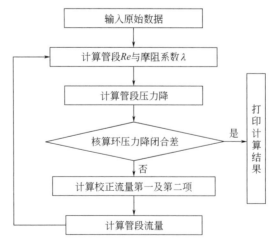

图 6-16　环方程法环网平差程序框图

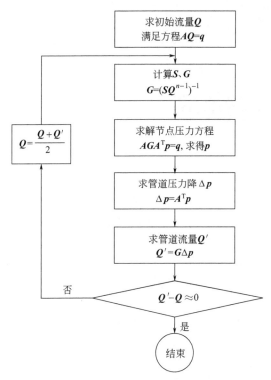

图 6-17 节点线性逼近法环网平差程序框图

6.3.4 编制程序的计算机语言

在编制程序之前必须选择一种程序设计语言，在数值计算领域常用 C 语言编程。如果熟悉其他程序设计语言，也可以优先采用该语言。

第7章

压缩天然气供应

压缩天然气（Compressed Natural Gas，简称 CNG）是指以管输天然气为气源，经加气站净化、脱水、压缩到压力大于等于 10MPa 且小于 25MPa（表压）的气态天然气。

压缩天然气在 25MPa 压力下体积约为标准状态下同质量天然气体积的 1/250，这使天然气的储存和运输量大大提高。压缩天然气被广泛应用于汽车替代原料、城镇燃气和工业生产等领域。压缩天然气的利用，有以下特点：

① 供应规模弹性很大。可适用日供应量从数十立方米到数万立方米的供气规模。

② "点对点" 供应，使供应范围增大。压缩天然气作为中小城镇的气源，克服了管道输送的局限性，不仅使供应半径大大增加，也可以使不适宜用管道输送的风景名胜区、海岛、大型湖泊阻隔的区域等能够利用天然气。

③ 应用领域增大。如中小城镇调峰储存，天然气汽车、天然气火车和压缩天然气轮船等运输领域，以及工业燃料气体供应领域等。

④ 容易获得备用气源。只要有两个以上的压缩天然气供应点，就有条件获得多气源供应，从而可以保障气源的连续供应。

⑤ 运输方式多样，运输量可灵活调节。可以采用多种多样的车、船等运输。可以根据用气发展过程的变化，组织相应的运输量，与管道输送相比，可以有效地减少建设初期和发展过程的输送成本。

压缩天然气的生产和供应，应符合《天然气》（GB 17820—2018）、《城镇燃气设计规范》（2020 年版）（GB 50028—2006）和《车用压缩天然气》（GB 18047—2017）的要求。《车用压缩天然气》（GB 18047—2017）适用于压力不大于 25MPa，作为车用燃料的压缩天然气。此标准要求：在操作压力和温度下，压缩天然气中不应存在液态烃；压缩天然气中的固体颗粒直径应小于 $5\mu m$；压缩天然气无臭味或臭味不足时应加臭，加臭剂的最小量应满足当泄漏到空气中，达到爆炸下限的 20% 时，应能察觉。

城镇压缩天然气供应系统是指以符合国家标准的二类天然气作为气源，在环境温度为 −40~50℃时，经加压站净化、脱水、压缩至不大于 25MPa 的条件下，充装入长管拖车的高压储气瓶组，再由长管拖车送至城镇 CNG 汽车加气站，供汽车发动机作为燃料，或送至 CNG 供应站，供应居民、商业、工业企业生活和生产的燃料系统。

城镇压缩天然气供应系统包括天然气加气站、CNG 供气站、汽车加气子站、气瓶转运车、CNG 汽车及天然气管网等。压缩天然气的生产、运输供应系统流程如图 7-1 所示。

建设城镇压缩天然气供应系统的意义在于：

① 在天然气长输管道尚未敷设的区域，以压缩天然气作气源较易实现城镇气化，并可节省大量建设投资。

② 以天然气替代车用汽油，解决城镇交通拥挤引起的汽车尾气排放总量超标，以减轻

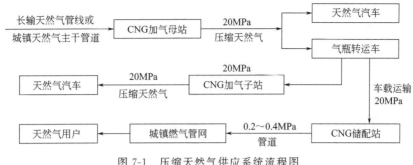

图 7-1　压缩天然气供应系统流程图

城区大气环境污染。

③ 在天然气蕴藏丰富及其价格相对便宜的情况下，天然气可缓解车用汽油、柴油供应问题，节省公共交通运营成本。

7.1　压缩天然气储运

7.1.1　压缩天然气的储存

为平衡 CNG 供需的不同步和不均匀性，保证压缩机等设备的正常运转，压缩天然气场站内需要设置一定容量的 CNG 储气装置。压缩天然气储存主要是指将压缩天然气按照一定的储气工艺储存至 CNG 站内的储气设备中。在工作压力和工作温度下，储气设备的内容积称为储气容积，用公称容积（m³）表示。储气容积是目前《汽车加油加气站设计与施工规范》（2014 年版）（GB 50156—2012）划分 CNG 站级别的唯一参数，CNG 加气母站设置储气设施时，也应参照执行。

储气设备可分为储气瓶、井管和球罐。

（1）储气瓶　CNG 站的储气瓶，是指符合《站用压缩天然气钢瓶》（GB 19158—2003）规定的公称压力为 25MPa（表压），公称容积为 50～200L，设计温度≤60℃的专用储气钢瓶，也简称钢瓶。工程上，习惯将常用的公称容积小于等于 80L 的钢瓶称为小瓶，小气瓶组布置简图如图 7-2 所示；将 500～1750L 储气柱称为大瓶，管束式大气瓶组如图 7-3 所示。

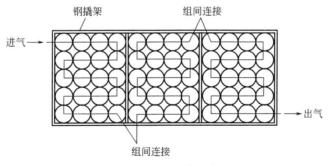

图 7-2　小气瓶组布置简图

小瓶密封件、阀件、接气口多，但价格相对便宜。大瓶密封件、阀件、接气口少很多，维护容易，但长度较长，可达 9m。CNG 站中，将数只到数十只储气瓶连接成一组，组成较

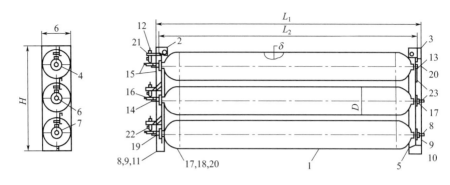

图 7-3　管束式大气瓶组结构示意图

1—无缝气瓶；2，3—固定板；4—锁箍；5—垫片；6—螺母；7—加厚螺母；
8—"O"形环；9—支撑环片；10，11—出口旋塞；12—安全阀；
13，14—DN15（NDP）阀；15—螺纹接头；16—弯管接头；
17—DN15六角螺纹接头；18—DN15弯管接头；19—DN15角阀；
20—塑料旋塞；21—支撑架；22—DN25塑料旋塞；23—铭牌

大储气容积的设备称为钢瓶组。每组用钢架固定，撬装设置，配置进气管和出气接管。

瓶组储气设备适合于所有CNG站，特别适合于加气子站和小规模的加气站。

（2）井管　CNG储气用井管是竖井式高压气储气管的简称。井管应符合《高压气地下储气井》（SY/T 6535—2002）的规定，其公称压力为25MPa（表压），公称容积为1～10m³。井管占地面积与井斜角度有关。实际工程中，当井管长（深）度小于100m，同时井斜控制很好的情况下，每井只需占地1m²，井管适用于无地下建（构）筑物、安全距离受限的CNG站。不应建于地表滑坡等地质灾害地带和地下有空洞的地带。其结构形式如图7-4所示。

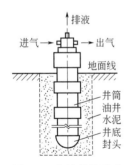

图 7-4　井管结构形式

（3）球罐　在相同容积下，球罐比储气瓶耗钢量低，占地面积小，但球罐制造较为复杂，制造安装费用较高。CNG站用球罐应符合相关规范的规定，公称压力为25MPa，公称容积为2～10m³。

7.1.2　压缩天然气的运输

压缩天然气可以使用汽车载运气瓶组或气瓶车运输，条件允许时，也可以用船载气瓶水路运输。

压缩天然气主要采用公路运输方式，将压缩天然气用装载有大容积无缝钢瓶的气瓶转运车运输到汽车加气子站或城镇小型CNG储配站。气瓶转运车也称CNG槽车，储气方式有管束式和气瓶式两种。气瓶转运车由框架管束储气瓶组、运输半挂拖车底盘和牵引车三部分组成，实际上它本身就是CNG子站的气源。

管束气瓶半挂车的构造如图7-5所示。

CNG运输车对加气时间没有要求，CNG运输车加气一般采用直充（慢充）工艺，即直接由压缩机加压供应。这种运输方式灵活性强，投资少，风险小，适用于短途压缩天然气的转运。

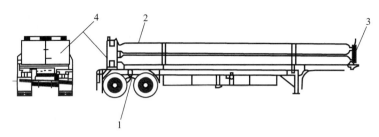

图 7-5　管束气瓶半挂车构造简图

1—车底盘；2—框架管束气瓶组；3—前端（安全仓）；4—后端（操作仓）

压缩天然气的水路运输为采用专门的 CNG 运输船，进而实现水上短途的 CNG 转运。

7.2　压缩天然气加气母站

CNG 加压站以天然气压缩为主要目的，也称为 CNG 压缩站。此类站向 CNG 运输车（船）提供高压力（如 20～25MPa）的天然气，或向超高压调峰储气设施加压，也可附带对 CNG 汽车加气。

习惯上，当 CNG 加压站专为 CNG 汽车加气子站的 CNG 运输车充气时，称为 CNG 加气母站。进入加气母站的天然气一般来自天然气长输管线和城镇燃气主干管道，因此母站多选择建设在长输管线城镇燃气干线附近或与城镇门站合建。加气母站一般从天然气中压以上管线直接取气，并由过滤、计量、调压、脱硫、脱水、压缩、储存、CNG 运输和 CNG 汽车加气等主要生产工艺系统以及自控、供电、供气、供水、润滑油回收和冷凝液处理等辅助生产工艺系统所组成。

7.2.1　工艺流程

CNG 加气母站工艺流程包括天然气进站调压计量、净化与处理、压缩、CNG 储存和充气（加气）以及回收与排放等。

（1）进站调压计量　对于气源来自城镇燃气主干管道的加气母站，其进口压力取决于天然气进气压力，由于城镇燃气主干管道在运行中压力是波动的，为保证压缩机进口处天然气的压力稳定，需要在压缩机前设置调压装置，调压装置出口压力根据压缩机要求确定。

天然气进站调压计量工艺流程如图 7-6 所示。

进站天然气经站区入口管处的紧急切断阀后，由进站管道连接至进站调压计量工艺区，经阀门、过滤装置后，由计量装置计量，再经调压器调压至后续处理装置工作压力后，进入压缩前净化处理工序。

当某一连续时段来气压力低于要求的进站压力时，开启旁通管路并关闭调压管路，直接进入前净化处理工序。当进站压力不高于要求的进站压力时，不设调压装置。但今后的来气压力可能明显提高时，可预留调压装置安装位置。当进站压力超高时，开启安全阀，超压天然气经集中放散管排至放散口排放。当天然气的进站压力克服压缩机前设备及管路的压损后，仍高于压缩机进口压力要求时，应设置调压装置（包括调压器、前后阀门和旁通管路等）。

进站设备在拆卸检修和更换时，需关闭进站工艺区前后阀门，打开放散阀泄压至大

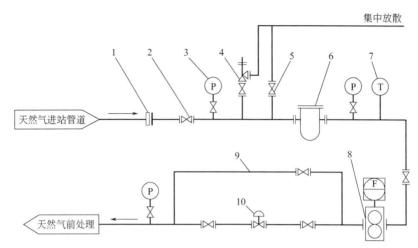

图 7-6　天然气进站调压计量工艺流程

1—绝缘法兰；2—阀门；3—压力表；4—安全阀；5—放散阀；
6—过滤装置；7—温度计；8—计量装置；9—旁通管；10—调压器

气压。

CNG 站进站多采用体积流量计量装置，计量装置应能就地显示和（或）远传至控制室。当计量装置压损不大时，计量装置设置于调压器前、后均可，反之，宜设置在前。

为保证调压及计量装置的正常运行，应在其前面设置过滤装置，过滤器应能方便拆卸和清洗。进站管路上应安装压力表和温度计，压力表应分别安装于进站总管、过滤器前后、计量装置前、调压器前后。相同节点位置的压力表可合用。

进站调压计量设备一般选用撬装形式的组合调压柜，也可以布置成管路组的形式。

（2）净化与处理　CNG 加气母站天然气净化的目的是脱除不符合 CNG 质量标准的酸性气体和水等杂质，同时也是为了满足站内各工艺设备运行技术条件，达到保持良好运行状态的目的。

① 脱酸。脱除酸性气体简称脱酸，是为了控制酸性气体及其与水形成的酸溶液对金属管道和设备的腐蚀。CNG 站内的高压设备和管道采用的高强度钢，对硫化氢特别敏感，当硫化氢含量较高时，容易发生"氢脆"，导致钢材失效，为了控制酸性气体及其与水形成的酸液对金属管道和设备的腐蚀，需对天然气进行脱酸处理。CNG 站需要脱除的酸性气体主要是硫化氢和二氧化碳。按照车用压缩天然气的质量要求，硫化氢含量必须控制在 $15mg/m^3$ 以下。

② 脱水。主要是防止水与酸性气体形成酸性溶液进而腐蚀金属，以及防止压缩天然气在减压膨胀过程中结冰进而造成冰堵。

③ 除尘。进入压缩机的天然气含尘量不应大于 $5mg/m^3$，微尘直径应小于 $10\mu m$。

（3）天然气压缩　天然气压缩是将经处理后的天然气加压至工艺规定的压力状态的过程。压缩机是 CNG 加压站内最重要的设备，其种类按工作原理可分为容积型压缩机和速度型压缩机，用在生产压缩天然气的加气母站和汽车加气站中的压缩机主要是容积型活塞式压缩机。应根据设计规模、气源进气条件、供应负荷特点、生产制度及储气调节能力、扩建计划等情况，综合分析比较后，确定压缩机的型号和数量。

天然气压缩工艺流程如图 7-7 所示。

来自压缩前处理过的天然气，通过阀门进入缓冲罐。压缩机开启后，天然气由缓冲罐进入压缩机进气总管，并分配至各台工作压缩机进气口，进气口上设进口截断阀。经压缩机多

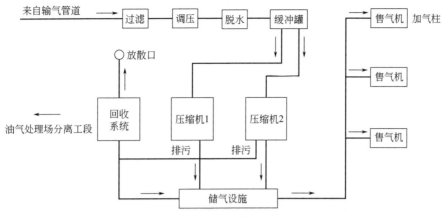

图 7-7 天然气压缩工艺流程

级压缩、级间冷却、气液（油）分离后，压送至压缩机出气口，经止回阀、出口截断阀，汇入压缩机排气总管，进入后续处理工序。

缓冲罐应满足压缩机开机与停机时压力和流量的缓冲需要。根据工艺和设备配备的不同，缓冲罐还应接收压缩机卸载排气、压缩中或压缩后脱水装置干燥剂再生后的湿天然气、加气机泄压气等。接至缓冲罐的天然气回收或回流管路上应设置流向缓冲罐的止回阀。按规定，缓冲罐上应设置安全阀、放散阀、压力表，必要时可装温度计。

CNG 站内均通过压缩机进口总管并联连接各台压缩机，进口总管上应设置压力表，出口总管上应设置压力表和温度计。每台压缩机出口应顺序设置安全阀、止回阀和截断阀。压缩机自带启动回流（盘车）调节阀，可不设专用旁通管路，当需要现场安装回流（盘车）配管时，应按具体要求或按压缩机进出口旁通回路设置。

天然气压缩机有水冷却、风冷却和混合冷却等冷却方式。采用循环水冷却方式时，应根据压缩机冷却参数等要求，配套设置冷却水系统。当脱水采用压缩中脱水工艺时，压缩机应按要求连接脱水装置。

（4）CNG 储存 储气是指根据储气调度制度，经一定程序，将待储气气体按规定制度送入各储存设备的操作过程。储气调度制度包括压力分级方式、储气优先顺序及其控制等内容。CNG 站的储气调度制度与其功能及工艺路线有关。站内对应于 CNG 运输车加气，一般为单级压力储气和直接储气的调度制度。当采用 CNG 运输车加气和 CNG 汽车加气储存一体化工艺路线时，多采用单级压力储气和直接储气的调度制度，或多级压力储气制度和低压级优先储气的调度制度。

（5）CNG 加气站加气 CNG 加气站加气工艺流程主要指加气柱加气工艺流程，如图 7-8 所示。

加气柱应具有计量和加气功能。根据 CNG 加压站工艺流程，可选用单管或多管（带取气控制盘，也称顺序控制盘），单枪或双枪。简单的加气柱，也可配置为手动形式，而无需 PLC 和控制阀门。泄压管路可通过软管连接至加气嘴，此时，加气嘴处设有泄压阀。

（6）回收与排放 回收包括压缩机卸载排气，脱水装置干燥剂再生后的湿天然气，加气机加气软管泄压气，其他如油气分离器中的天然气等。

对于无法回收的天然气，当符合排放标准时，应按照安全规定，采用集中至放空口放空的有组织放散。开启压力不同的安全阀后的放散管，应按规定执行，一般不得用统一集中放散管。泄压保护装置应采取防塞和防冻措施。

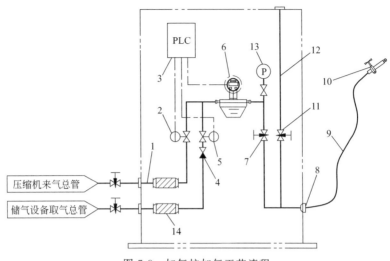

图 7-8　加气柱加气工艺流程

1—直充接管；2—直充控制阀；3—PLC；4—止回阀；5—储气取气控制阀；
6—计量装置；7—加气总阀；8—拉断阀；9—加气软管；10—加气嘴；11—泄压阀；
12—泄压管；13—压力表；14—过滤器

CNG 站的其他排放包括：净化装置更换净化用料时的天然气排放，废液和凝析水的排放，投运前的置换排放，过滤粉尘等固体废弃物的排放。

7.2.2　加气母站布置

（1）总平面布置

① 加压站应按照《汽车加油加气站设计与施工规范》（2014 年版）（GB 50156—2012）的规定设置围墙。站内工艺设施与站外建（构）筑物的防火距离，应符合《建筑设计防火规范》（2018 年版）（GB 50016—2014）和《汽车加油加气站设计与施工规范》（2014 年版）（GB 50156—2012）的有关规定。

② 加压站内应分区布置。一般可分为站前区、生产区、加气区和辅助区。各区应符合生产流程、车流、人流等通畅并尽量相互分离的原则。

③ 站前区与站外的连接应顺畅，车辆进、出口应分开设置，并尽量减少对站外交通的影响。站内道路布置应符合《汽车加油加气站设计与施工规范》（2014 年版）（GB 50156—2012）的规定，并满足 CNG 运输车等加长车的通行需要。根据需要，设置 CNG 运输车固定停放区。工艺设施区，应有汽车防撞设施。

④ 站内相同危险等级区域应集中布置。

⑤ 必须有符合要求的绿化面积。

（2）压缩机房布置

① 压缩机房固定侧应靠控制室。若有预留机位，预留机位应布置于扩展侧。根据压缩机大小等因素，扩展侧应有可以检修压缩机和运出压缩机的空间或通道。当有缓冲罐时，缓冲罐应布置于室外。

② 压缩机宜单排布置。当压缩机房还布置有其他设备（如脱水装置）时，除应保持与压缩机有 2m 及以上的距离外，还要有切实的防振动措施。

③ 压缩机房内的通道以及压缩机间的净距，应大于 1.5～2.0m，压缩机与墙之间的净距，应大于 1.2～1.5m。

④ 压缩机房的高度，应保证设备的起吊和移动。一般吊钩下部至压缩机顶部（包括配管）的净高可设计为 1 倍压缩机高度加 1m。

（3）储气设备布置

① 储气设备若按多级压力制度配置，则应按高、中、低压组别依序分别布置。

② 小容积储气钢瓶应固定在独立支架上，且宜卧式布置。

③ 卧式瓶组限宽为 1 个储气钢瓶的长度，限高 1.6m，限长 5.5m。同一组储气钢瓶之间净距不应小于 30mm，组与组之间的间距不应小于 1.5m。

④ 储气设备应尽量在接口面设置挡墙。

⑤ 地上（含半地上）储气设施区域应设遮阳避雨设施。

7.3　压缩天然气储配站

压缩天然气储配站的功能是接收压缩天然气气瓶转运车从加气母站运输来的压缩天然气，经卸车、降压、储存、计量、加臭后，进入中、低压管网系统给城镇燃气用户供气。

7.3.1　CNG 储配站的工艺流程

采用压缩天然气供气的城镇，一般用气规模较小，城镇燃气输配管网多采用中低压二级系统。因此，压缩天然气气瓶转运车进入 CNG 储配站后，需要将高压天然气经过三级调压，压力降至 0.2～0.4MPa，使之直接进入城镇管网。由于进站的天然气从高压 20MPa 降压至城镇燃气管网压力，压力下降较大，在气体减压膨胀过程中会伴随温度降低。温度过低则有可能对燃气管道、调压器皮膜及储罐等设备造成破坏，从而引发事故，因此对于减压幅度较大的天然气，站内分别在两级调压器前设置换热器对气体进行加热升温。

压缩天然气储配站多为管道天然气来气之前的过渡气源，因此一般采用气瓶转运车储气瓶组作为储气设施进行直供。

CNG 储配站一般包括卸气、调压、计量、加臭等工艺，如图 7-9 所示。

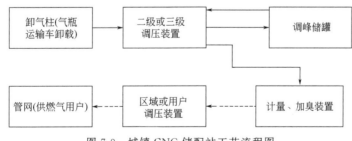

图 7-9　城镇 CNG 储配站工艺流程图

7.3.2　CNG 储配站的平面布置

（1）站址选择　CNG 供应站的站址选择应符合城镇总体规划的要求，应具有适宜的地形、工程地质、交通、供电和给水排水等条件，少占农田、节约用地，并注意与城镇景观的协调。

（2）总平面布置　压缩天然气储配站总平面布置应与工艺流程相适应，做到功能区分合理、紧凑统一，便于生产管理和日常维护，确保储配站与站内外建（构）筑物的安全间距以及站内设备布置的安全间距满足设计规范要求。

压缩天然气储配站与常规天然气储配站的功能基本相同，不同之处在于增设了压缩天然气气瓶转运车的固定车位、卸气柱以及卸气柱至压缩天然气调压计量站的超高压管路。气瓶运输车泊位及卸气柱与站外建（构）筑物，站内天然气次高压、中压储气设施及调压计量装置与站外建（构）筑物的防火间距应参照现行国家标准。

为保证安全，压缩天然气储配站宜由生产区和辅助区组成。生产区主要包括卸气柱、压缩天然气气瓶转运车位、调压、计量装置等。辅助区主要包括综合楼、热水炉间、仪表间等。站区宜设两个对外出入口。

卸气柱应设置在站内的前沿，且便于 CNG 气瓶运输车出入的地方。卸气柱的设置数量应根据供应站的规模、气瓶转运车的数量和运输距离等因素确定，但不应少于两个卸气柱及相应的 CNG 运输车泊位。卸气柱应露天设置，通风良好，上部应设置非燃烧材料的罩棚，罩棚的净高不应小于 5.0m，罩棚上应安装防爆照明灯。相邻卸气柱的间隔应不小于 2.0m；卸气柱由高压软管、高压无缝钢管、球阀、止回阀、放散阀和拉断阀等组成，并配置与气瓶转运车充卸接口相应的快装卡套加气嘴接头。

站内每个压缩天然气气瓶转运车固定车位宽度不应小于 4.5m，长度宜为气瓶转运车长度，并在车位前留有足够的回车场地。气柱宜设置在固定车位附近，距固定车位 2~3m。气瓶转运车固定车位、卸气柱与站内外建（构）筑物之间的安全距离应符合《城镇燃气设计规范》（2020 年版）（GB 50028—2006）和《建筑设计防火规范》（2018 年版）（GB 50016—2014）的相关规定。

7.4　压缩天然气汽车加气站

压缩天然气汽车加气站根据气源来气方式等因素一般可分为 CNG 汽车加气常规站和 CNG 汽车加气子站。加气子站由 CNG 的接收、储存、加气等系统组成。加气常规站内的天然气需经脱水、脱硫、计量、压缩等工艺后为 CNG 汽车充装压缩天然气。

我国车用压缩天然气各项技术指标见表 7-1。

表 7-1　车用压缩天然气技术指标

项目	技术指标
高位发热量/（MJ/m³）	＞31.4
总硫（以硫计）/（mg/m³）	≤200
硫化氢/（mg/m³）	≤15
二氧化碳/%	≤3.0
氧气/%	≤0.5
水露点/℃	在汽车驾驶的特定地理区域内，在最高操作压力下，水露点不应高于-13℃；当最低气温低于-8℃，水露点应比最低气温低 5℃。

注：本表中气体体积的标准条件是 0.1MPa，20℃。

7.4.1　CNG 汽车加气站工艺流程

CNG 汽车加气站的作业流程如图 7-10 所示。加气子站与加气母站不同之处在于其气源压力很高（气瓶转运车额定压力为 20MPa），也不需要对天然气再进行预处理。

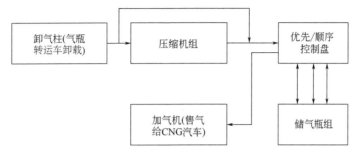

图 7-10 CNG 汽车加气站的作业流程图

为避免压缩机频繁启动对设备使用寿命产生影响，同时为用户提供有保障的气源，CNG 加气站储气设施通常采用高压、中压、低压储气井（或储气瓶组）分级储存，由优先/顺序控制盘对其充气和取气过程进行自动控制。

经优先/顺序控制盘选择启动顺序控制阀，在压缩机、储气装置和加气机之间形成四种运行方式：

① 气瓶转运车→加气机（计量）→充车载气瓶；
② 储气装置→加气机（计量）→充车载气瓶；
③ 气瓶转运车→压缩机→加气机（计量）→充车载气瓶；
④ 气瓶转运车→压缩机→储气装置。

低、中、高压瓶组顺序取气优先级和压缩机补气为最后优先级的系统流程，可以提高气瓶利用率。

7.4.2 CNG 汽车加气站主要设备

CNG 汽车加气站一般需要设置调压计量装置、天然气净化装置、天然气压缩装置、储气系统、加气机、调节控制装置以及辅助设施等。设备选择与 CNG 加气母站设备选择基本相同，这里主要介绍储气设备、加气设备、调节控制装置。

（1）储气设备　CNG 汽车加气站常用的储气设备有地上储气瓶和地下储气井。地上储气瓶详见第 7.1.1 节。地下储气井是利用石油钻井技术将套管打入地下，并采用固井工艺将套管固定，管口、管底采用特殊结构形式封闭而形成的一种地下储气设施。储气井深度通常为 $100\sim260m$，最大储存容积为 $10m^3$ 水容积，具有占地面积小、运行费用低、安全性能高、操作维护简便和事故影响范围小等优点，是 CNG 加气站较为常用的储气方式。

（2）加气设备　压缩天然气加气设备分为快充式加气机和加气柱，分别为天然气汽车和气瓶转运车加气。

加气机又称售气机。加气机由计量仪表、加气控制阀组、拉断安全阀、加气枪、微机显示屏、压力保护装置和远传装置等构成，具有计量、加气功能。加气机前接取气管，内设计量装置，后接加气软管及加气枪（或加气嘴）。加气机的计量装置多为质量流量计，可显示温度、压力校正后的体积流量。加气机的微机控制器自动控制加气过程，并对流量计在计量过程中输出的流量信号和压力变送器输出的电信号进行监控、处理和显示。加气机气路系统负责对售气过程的顺序进行控制并在售气结束后自动关闭电磁阀。加气机应自备或配备拉断阀与加气软管连接，加气软管在工作压力为 20MPa 时，拉断阀的分离拉力宜为 $400\sim600N$。

汽车加气站内加气机设置数量应根据加气站规模、高峰期加气汽车数量等因素确定。加气机的性能参数基本相同，见表 7-2。

表 7-2　加气机通用参数

项目	参数
适用介质	压缩天然气
流量范围/(m^3/min)	2~40(各厂不同)
额定工作压力/MPa	输入 25，输出 20
介质温度/℃	−40~60
环境温度/℃	−35~55
环境相对湿度/%	≤90(各厂不同)
质量流量计的相对密度设置范围	0.50~0.90(有的精度更高)
单次计量范围	0~9999.99m^3(或 kg)
计量准确度	±0.5%~±1.0%(各厂不同)
取气接管/根	1~3(各厂不同)
整机尺寸(宽×厚×高)/(mm×mm×mm)	(单枪~800，双枪~1100)×(460~600)×(1900~2200)
整机质量/kg	150~210(单枪)，~250(双枪)
电源	AC　220V(±0.5%~±30%)　50Hz
防爆形式	隔爆与本安混合型

（3）调节控制装置　顺序控制盘是加气站内的主要控制调节装置，其作用包括：控制站内设备的正常运转；对有关参数进行监控，并在设备发生故障时自动报警或停机。

充气控制盘控制压缩机按起充压力的高、中、低压为储气井（或储气瓶组）充气过程的顺序；加气控制盘控制为从储气设施向汽车加气过程的顺序。目前，国外进口压缩机常将加气控制盘和充气控制盘合二为一，采用 PLC 实现设备的全自动化操作。

7.4.3　CNG 汽车加气站平面布置

加气站总平面布置和工艺区布置等要求与加气母站所述基本相同。

城镇建成区内不宜建一级合建站；宜靠近城市道路，但不宜建在交叉路口附近；对重要公共建筑和涉及国计民生的其他重要建筑物周围 100m 范围内不得建加气站或合建站。加气子站应在 CNG 车载储气设备的卸气端设置钢筋混凝土实体围墙，其高度不应低于车载储气设备的放置高度，宽度为其车宽的 2 倍。

第8章

液化天然气供应

8.1　液化天然气储运

8.1.1　概述

液化天然气（Liquified Natural Gas，简称 LNG）是以甲烷为主要组分的烃类混合物，通常还包含少量的乙烷、丙烷、氮等其他组分。气化后天然气的爆炸极限体积浓度约为 5%～15%。一般情况下，LNG 中甲烷的含量应高于 75%，氮的含量应低于 5%。

LNG 的密度取决于其组分，通常在 430～470kg/m³ 之间，但某些情况下可高达 520kg/m³。密度还是液体温度的函数，其变化梯度约为 1.35kg/（m³·℃）。LNG 的沸腾温度取决于其组分，在大气压力下通常在 −166～−157℃ 之间。沸腾温度随蒸气压力的变化梯度约为 1.25×10⁻⁴℃/Pa。

液化天然气（LNG）从生产到供给终端用户是一个完整的系统——LNG 产业链。在产业链中主要包括天然气液化、运输、LNG 终端站以及 LNG 气化站等环节，如图 8-1 所示。

8.1.2　液化天然气储存

8.1.2.1　储存特性

（1）LNG 蒸发气（BOG）　蒸发气的物理性质：LNG 作为一种易沸腾液体大量存放在绝热储罐中，任何传导至储罐中的热量均将导致蒸发气的产生。当 LNG 蒸发时，氮和甲烷首先从液体中气化出来，这些气体不论是温度低于 −113℃ 的纯甲烷，还是温度低于 −85℃ 含 20% 氮的甲烷，它们都比周围的空气重。当纯甲烷气体温度上升至 −107℃ 时，其密度与空气的密度相当。在标准条件下，其密度约是空气密度的 0.6 倍。单位体积的 LNG 液体生产的气体体积（即气液比）约为 600 倍，具体的数据取决于 LNG 的组分。

闪蒸：当 LNG 已有的压力降至其沸点压力以下时，将有部分液体产生蒸发，液体温度将降到此时压力下的新沸点，这一过程称为闪蒸。LNG 闪蒸气体的组分和剩余液体的组分不一样。

（2）翻滚现象　LNG 是一种液态烃类混合物，因不同组分和温度造成 LNG 密度不同。在储存 LNG 的储罐中可能存在两个稳定的分层，这是由新注入的 LNG 与储罐底部储存的 LNG 混合不充分造成的。在每个分层内部液体密度是均匀的，但是底部液体的密度大于上层液体的密度。由于热量输入到储罐中而产生层间的传热、传质及液体表面的蒸发，层间的密度将达到均衡并且最终混为一体，这种自发的混合称之为翻滚，而且与经常出现的情况一样，将引起储罐超压。

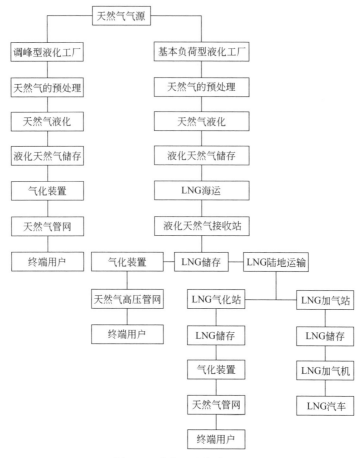

图 8-1　液化天然气产业链

为防止翻滚现象的发生，应根据 LNG 来源地密度不同，决定储罐进液方式，长期储存时应定期进行倒罐循环作业。

（3）快速相变现象　两种温差极大的液体接触时，若热液体温度（单位为 K）比冷液体沸点温度高 1.1 倍，则冷液体温度上升极快，表面层温度超过自发成核温度（当液体中出现气泡时），在某些情况下，过热液体将通过复杂的链式反应机制在短时间内蒸发，而且以爆炸的速率产生蒸气，出现快速相变现象。

当 LNG 与水接触时，这种称为快速相变的现象就会发生。尽管不出现燃烧，但是这种现象具有所有爆炸的其他特征，所以要尽量避免 LNG 与水接触。

8.1.2.2　LNG 储罐类型

在液化天然气终端站、液化天然气气化站以及 LNG 的运输中，根据工艺要求均需要设置一定数量的储罐，用于储存液化天然气。常见的 LNG 储罐主要有：立式 LNG 储罐（图 8-2）和卧式 LNG 储罐（图 8-3）。

立式 LNG 子母储罐是指由多个子罐并联组成的内罐，以满足大容量储液的要求，多只子罐并列组装在一个大型外罐（即母罐）之中。绝热方式为粉末（珠光砂）堆积绝热。子罐的数量通常为 3～7 个，一般最多不超过 12 个。子罐通常为立式圆筒形，主体材质为 0Cr18Ni9 不锈钢。外罐为立式平底拱盖圆筒形，材质为 16MnR。由于外罐形状尺寸过大等原因不耐外压而无法抽真空，外罐为常压罐。夹层应充干氮气保护，外罐设置呼吸阀和防爆装置。子罐可以设计成压力容器，其压力一般为 0.2～0.8MPa，视用户使用压力要求而定。

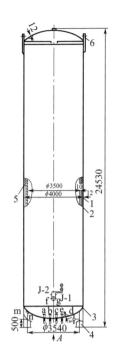

管口表			
符号	公称规格	用途或名称	管子尺寸/(mm×mm)
a	DN65	底部进液口	$\phi76\times4.0$
b	DN65	顶部进液口	$\phi76\times4.0$
c	DN65	出液口	$\phi76\times4.0$
d	DN50	气相口	$\phi57\times3.5$
e	DN15	溢流口	$\phi18\times2$
f	DN10	液位计气相口	$\phi14\times2$
g	DN10	液位计液相口	$\phi14\times2$
k	$\phi127$	防爆口	—
m	DN50	抽真空口	—
n	1/8″NPT	测真空口	—

图 8-2　200m³ 立式 LNG 储罐结构示意图

1—外壳；2—内容器；3—封头；4—支腿；5—珠光砂；6—吊耳

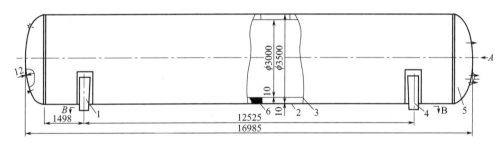

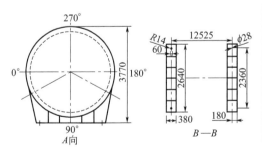

管口表			
公称规格	用途或名称	管子尺寸/(mm×mm)	伸出长度mm
DN50	顶部充装口	$\phi57\times3.5$	200
DN50	底部充装口	$\phi57\times3.5$	200
DN50	排液口	$\phi57\times3.5$	200
DN10	液位计液相口	$\phi14\times2$	—
DN65	气体口	$\phi72\times3$	200
DN10	液位计气相口	$\phi14\times2$	—
DN15	溢流口	$\phi18\times2$	200
DN20	排液口	$\phi25\times2.5$	200
$\phi60$	抽真空口	$\phi60$	—
1/8″NPT	热电偶	1/8″NPT	—
$\phi127$	防爆口	$\phi127$	—

图 8-3　100m³ 卧式 LNG 储罐结构示意图

1—活动鞍座；2—内容器；3—外壳；4—固定鞍座；5—封头；6—珠光砂

由于储罐设计压力越高制作成本越大，因此子罐的工作压力一般不会太高，当用户对 LNG 压力有较高要求时，通常采用低温输送泵增压来解决。由于运输尺寸限制以及吊装等方面的原因，单只子罐的容积不宜过大，其几何容积通常在 $100\sim150m^3$ 之间，最大到 $250m^3$。立式 LNG 子母储罐如图 8-4 所示。

LNG 常压储罐通常指的是立式平底拱盖双金属圆筒结构的内外罐。其内罐采用常压来储存 LNG，材质为奥氏体耐低温不锈钢；外罐则为常压容器，材质为优质低合金钢；顶盖采用径向带肋拱顶结构。整个设备坐落在水泥支承平台上，平台底部应通风、隔潮。设备四周及顶部夹层空间填充隔热性能良好的珠光砂绝热，同时加以充装干燥氮气保护。设备底部绝热层采用高强度、绝热性能优良的泡沫玻璃砖进行隔热，同时铺设高强度、耐低温的负荷分配板，将整个内筒的重力均匀分配到基础平台上。LNG 常压储罐如图 8-5 所示。

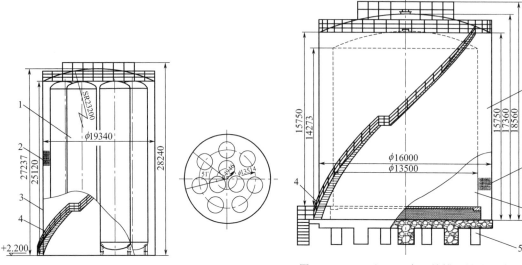

图 8-4　2000m³ 立式 LNG 子母储罐的结构示意图
1—内罐；2—珠光砂；3—外壳；4—盘梯

图 8-5　2000m³ LNG 常压储罐的结构示意图
1—内罐；2—珠光砂；3—外壳；4—盘梯；5—支撑

　　液化天然气储罐一般按储罐的单罐容积、储罐形状、储罐储存压力、储罐的围护结构及安装位置等方式进行分类。

　　（1）按单罐容积分类

　　① 小型储罐：单罐容积一般在 5～45m³。常用于 LNG 加气站、小型 LNG 气化站或撬装气化装置、LNG 运输槽车中。

　　② 中型储罐：单罐容积一般在 50～150m³，用于常规 LNG 气化站中。

　　③ 大型储罐：单罐容积一般在 200～5000m³，常用于较大的工业用户、城市燃气或电厂 LNG 气化站中，也常用于小型 LNG 液化工厂。

　　④ 特大型储罐：单罐容积一般在 10000～40000m³，常用于基荷型或调峰型 LNG 液化装置中。

　　⑤ 超大型储罐：单罐容积一般在 40000m³ 以上，常用于 LNG 终端站中。

　　（2）按储罐形状分类

　　① 球形罐：一般用于中小容积的储罐。

　　② 圆柱形罐：应用非常广泛。

　　（3）按储罐储存压力分类

　　① 压力储罐：储存压力在 0.4MPa 以上，常见的有圆柱形储罐、子母储罐、球形储罐以及 LNG 钢瓶等。

　　② 常压储罐：一般储存相对压力在 $n \times$（10～100）Pa 不等。

　　（4）按储罐的围护结构及安装位置分类

　　① 地上式储罐：包括单容积式储罐、双容积式储罐和全容式储罐。

　　② 地下式储罐：通常采用圆柱结构设计，其大部分位于地下，是一种安全的结构。

8.1.2.3　LNG 储罐绝热结构和绝热材料

目前 LNG 储罐常用的绝热结构和材料见表 8-1。最常用的珠光砂和玻璃纤维制品的规格和性能见表 8-2 和表 8-3。

表 8-1 LNG 储罐常用的绝热结构和材料

常选用的绝热结构	常用材料
高真空多层结构	玻璃纤维(布)＋铝箔,绝热纸＋铝箔(或喷铝薄膜)
真空粉末(或纤维)	珠光砂或玻璃纤维
包装绝热	珠光砂、泡沫玻璃、泡沫水泥

表 8-2 珠光砂在大气压下的基本性能

珠光砂类别	密度/(kg/m³)	有效导热系数/[W/(m·K)]	比热容/[kJ/(kg·K)]	适用温度/℃
特级膨胀珠光砂	＜80	0.0185～0.029	0.67	−200～410
轻级膨胀珠光砂	80～120	0.029～0.046	0.67	−256～800
普通膨胀珠光砂	120～300	0.034～0.062	0.67	
膨胀珠光砂水泥制品	250～450	0.052～0.087		650 以下
膨胀珠光砂水玻璃制品	200～400	0.058～0.093		650 以下

表 8-3 玻璃纤维及其制品的技术参数

材料名称	密度/(kg/m³)	有效导热系数/[W/(m·K)]	纤维直径/μm	吸湿率/%	适用温度/℃	长×宽×高/(mm×mm×mm)
玻璃纤维		0.0384			−250～300	5000×900×(20～50)
沥青玻璃棉毡	＜80	0.0349～0.0465	＜13	＜0.5	−20～250	5000×900×(20～50)
沥青玻璃棉缝毡	＜85	0.0407	＜13	＜0.5	＜250	5000×900×(20～50)
沥青玻璃棉毡、布缝毡	≤90	0.0407	＜13	＜0.5	＜250	5000×900×(20～50)
酚醛玻璃棉毡、布缝毡	50～90	0.0407	＜13	0.1	−120～300	1000×500 1000×(30～100)

8.1.2.4 LNG 储罐基础

基础的设计应满足设计载荷的要求。基础的施工及验收必须满足《立式圆筒形钢制焊接储罐施工规范》(GB 50128—2014) 标准规定。

储罐基础应能经受得起与 LNG 直接接触的低温。在意外情况下如果 LNG 发生泄漏或溢出,LNG 与地基直接接触时,地基应不因低温而损坏。常用的 LNG 储罐基础有两种形式:桩柱基础和夯土基础。

储罐下部的土壤温度过低、土壤结冻、土壤中形成冰层(主要对于黏土类土壤)以及土壤中这些冰层的增大都会引起巨大的膨胀力,这些膨胀力产生的举升力会危害储罐或其部件(如储罐底部的连接)。为防止此类现象的发生,储罐基础以及带土堤的立式储罐的外墙需要设置加热系统。加热系统应有 100% 的冗余。加热系统可以采用循环热水加热或采用电加热方式。要确保基础最冷处的温度处于 5～10℃之间,并设置一套监测控制系统。

8.1.3 液化天然气运输

液化天然气的运输方式主要有远洋槽船运输和汽车槽车运输两种。液化天然气管道运输只在 LNG 接收港口附近有一些应用,这是因为液化天然气温度极低,对管道的材质和保温等有很高的要求,不适合较长距离使用管道输送。

(1) 槽船运输 由于液化后的天然气能量密度高,利用船运方式已成为世界液化天然气贸易中主要的运输方式，运输起始端与接收端需分别设置装卸基地（码头），完成液化天然气装船和接收的任务。

在一个大气压下，天然气液化的临界温度约为－162℃。在这样低的温度下，一般船用碳素钢均呈脆性，为此液化天然气船的液货舱只能用镍合金钢或铝合金制造。液货舱内的低温靠液化气本身蒸发带走热量来维持。液货舱和船体构件之间有优良的绝热层，既可防止船体构件过冷，又可使液货的蒸发量维持在最低值。液货舱和船体外壳还应保持一定的距离，以防在船舶碰撞、搁浅等情况下受到破坏。液化天然气船按液货舱的结构有独立贮罐式和膜式两种船型。

早期的液化天然气船为独立贮罐式，其是将柱形、筒形、球形等形状的贮罐置于船内。贮罐本身有一定的强度和刚度，船体构件对贮罐仅起支撑和固定作用。

20世纪60年代后期，出现了膜式液化天然气船。这种船采用双壳结构：船体内壳就是液货舱的承载壳体，在液货舱里衬有一种由镍合金钢薄板制成的膜。它和低温液货直接接触，但仅起阻止液货泄漏的屏障作用，液货施于膜上的载荷均通过膜与船体内壳之间的绝热层直接传到主船体。与独立贮罐式相比，膜式船的优点是容积利用率高，结构质量小，因此目前新建液化天然气船，尤其是大型运输槽船，多采用膜式结构；这种结构对材料和工艺的要求高。此外，还有一种构造介于两者之间的半膜式船。

液化天然气运输过程中产生的蒸发气，可以利用槽船上设置的气体再液化装置再次冷却、液化，重新回到贮罐中；也可以作为槽船的动力燃料使用。液化天然气槽船设备复杂，技术要求高，与体积和载重吨位相同的油船相比，体积较大，造价也高得多。

（2）槽车运输　液化天然气槽车运输主要用于以下情况：气源地（液化天然气厂）距离接收站小于100km的陆上运输；在液化天然气接收码头将LNG接收后，通过汽车槽车将LNG转运到城镇气化站；构成"接收站＋LNG运输槽车＋LNG气化站（卫星站）"的模式。汽车槽车运输主要有两种方式：直运式和驿站式。

直运式即槽车从液化天然气厂站直接将LNG运输到目的地，中间不经过槽车换装。直运式的优点是LNG运输线初始投资低，运营管理成本低；缺点是槽车司机长途运输容易出现疲劳驾驶，而且长途运行，一旦遇到气候异常、道路情况不良、槽车故障等情况易使运输环节断链，造成供气中断。

驿站式运输是运输车辆只在从出发站至下一个驿站区段内行驶，并在下一个驿站完成重、空罐的换装后再回到出发驿站。驿站式与直运式相比具有明显的安全性和经济性：首先，驿站运输方式变长距离运输为短距离运输，便于驾驶员熟悉固定的路线、路况，有效降低驾驶员的疲劳程度，也有助于运输车辆的维护和保养；其次，驿站式运输能节省车辆通行费用，同时还能降低车辆油耗、轮胎磨损和维修费用。不过驿站式运输需要配备更多车辆及设备，初始投资明显高于直运式，而且运营管理相对复杂。部分大型城市，还可以考虑采用液化天然气接收母站和子站的分装、运输方式，以满足用户或加气站设置的需要。

8.2　液化天然气接收站

8.2.1　概述

液化天然气接收站（LNG Terminal，又称终端站）是对船运LNG进行接收、储存、气化和外输等作业的场站，接收站内可建适合公路、铁路、驳船或小型LNG运输车的装车设施。

液化天然气的接收站内建有专用码头,用于运输船的靠泊和卸船作业;储罐用于容纳从 LNG 船上卸下来的液化天然气;气化装置则是将液化天然气加热使其变成气体后,经管道输送到最终用户。

8.2.2 接收站工艺流程

根据对储罐蒸发气(BOG)处理方式的不同,LNG 接收站的工艺分为再冷凝工艺和增压直接输送工艺。

(1)再冷凝工艺 LNG 运输船抵达接收站码头后,LNG 通过运输船上的输送泵,经卸船臂将 LNG 泵送到储罐储存。LNG 进入储罐后置换出来的蒸发气,经过气相返回臂,送回运输船的 LNG 储舱中,以维持系统的压力平衡。

由储罐中的潜液泵经高压泵将 LNG 送到气化器中气化,气化后的天然气经计量站后送入天然气外输总管。

LNG 在储罐的储存过程中或在卸船期间均将产生大量的蒸发气体(BOG)。BOG 再冷凝工艺是将蒸发气压缩到较高的压力与由 LNG 储罐送出的 LNG 在再冷凝器中混合。由于 LNG 加压后处于过冷状态,可以使蒸发气再冷凝,冷凝后的 LNG 经 LNG 高压输送泵加压后外输,这样可以有效利用 LNG 的冷量,并减少蒸发气(BOG)压缩功的消耗,节省能量。再冷凝工艺流程如图 8-6 所示。

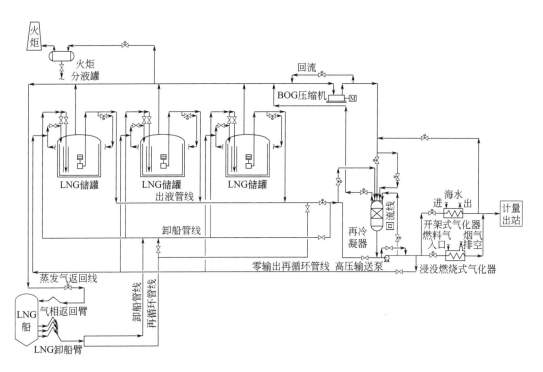

图 8-6 再冷凝工艺流程简图

(2)增压直接输送工艺 增压直接输送工艺是将蒸发气压缩到外输压力后直接送至输气管网。增压直接输送工艺流程如图 8-7 所示。增压直接输送工艺流程在 LNG 卸船、气化等方面与再冷凝工艺基本相同,其是将 BOG 直接通过压缩机加压到用户所需的压力后,直接进入天然气外输总管。

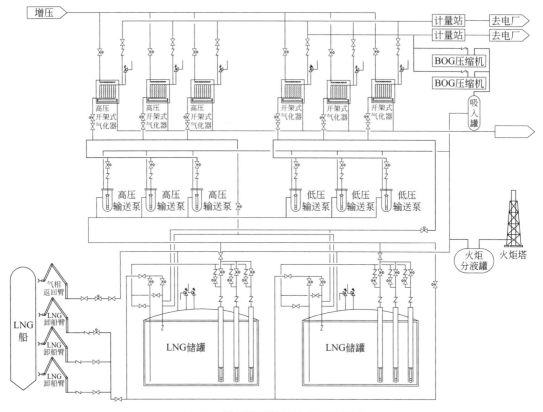

图 8-7　增压直接输送工艺流程简图

8.2.3　主要工艺设备选择

（1）卸载设备　其由液化天然气码头、液化天然气卸料臂、卸船管线、蒸发气回流臂、LNG 取样器、蒸发气回流管线及 LNG 循环保冷管线组成。每个液体卸料臂应具备在 12h 内卸完船的能力。

根据国际 LNG 远洋运输的经验，LNG 运输船的停靠时间为 27h，LNG 的卸船要求在 12h 内完成，进港时间 2h，停靠时间 1h，卸船准备一般为 4h，离港准备至离港为 8h。

（2）LNG 储罐　选择罐型时应综合考虑技术、经济、安全性能、占地面积、场址条件、建设周期及环境等因素。各种 LNG 储罐比较见表 8-4。

表 8-4　LNG 储罐比较

项目	单容罐	双容罐 （混凝土外壁）	全容罐 （混凝土顶）	膜式	
				地上罐	地下罐
安全性	中	中	高	中	高
技术可靠性	高	高	高	中	中
结构完整性	低	中	高	中	中
投资（罐及相关设备）	80%～85%	95%～100%	100%	95%	150%～180%
配备回气风机	需要	需要	不需要	需要	需要
占地面积	多	中	少	少	少
操作费用	中	中	低	低	低
施工周期/月	28～32	30～34	32～36	30～34	42～52
施工难易程度	低	中	中	高	高

接收站的最小罐容应该等于卸船期间的净进库量加上两个船次间的最大外输量。在此基础上，还要考虑季节调峰、船站维修对卸气量的影响。气体需求季节波动的存储量，是通过计算液化天然气供气量与调峰季节液化天然气卸下量的差别得到的。这时候，液化天然气供气量要大于卸下液化天然气量。

为确定罐容应综合考虑船速、液化天然气在运输途中蒸发损耗、液化天然气船返程时为保持冷冻需留下的液化天然气量、液化天然气船的装载有效系数、液化天然气船装卸时间、液化天然气船因气候停泊时间（风浪超出作业要求）、液化天然气船维修时间和地点以及液化天然气来源等条件后，初步确定罐容。原则上，储存设备越大，单位体积造价越低，蒸发损耗越小，因此，在材料和施工条件许可的前提下，应尽可能选大的。

一般来说，接收站内至少配置 2 个等容积的储存设备。

（3）泵送设备　泵送设备将液化天然气从储罐内抽出，达到气化器所需的压力，然后输送到气化器。

在选择泵时，应根据气化器需要的压力和工艺流程合理选择其泵型、流量和扬程。LNG 储罐内宜设置潜液泵。

泵的维修应不影响终端站的正常外输操作，设置备用泵的原则为 $n+1$（n 台运行，1 台备用）。

（4）气化器　气化器的功能是把 LNG 气化，以便在高于烃露点以及不低于 0℃ 的温度下把天然气送入输气管网。接收站内常用的气化器有下列几种形式：开架式气化器（ORV，图 8-8）、浸没燃烧式气化器（SCV，图 8-9）、中间流体式气化器（IFV，图 8-10）。

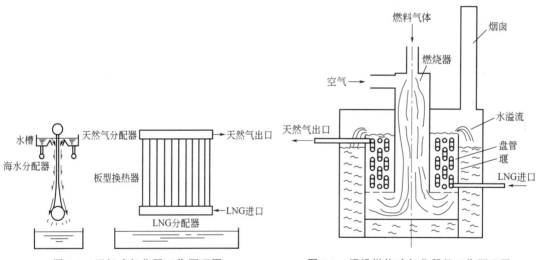

图 8-8　开架式气化器工作原理图　　　　图 8-9　浸没燃烧式气化器的工作原理图

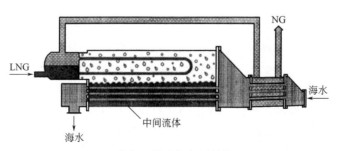

图 8-10　中间流体式气化器结构原理图

（5）蒸发气体回收设备　蒸发气体回收设备设计是基于经济性方面的考虑。蒸发气体产生的主要原因是来自周围环境的热量以及泵运转和管道运行中产生的热量进入，使储罐或管道系统内的液化天然气蒸发。蒸发气体最大产生率是在液化天然气卸载中，因此，蒸发气体回收设备处理能力应按照大于或等于蒸发气体的最大产生率选型。

① 蒸发气体压缩机。压缩机的处理能力应按照卸船操作时蒸发气体的最大量考虑。一般以往复式压缩机为主，离心式压缩机作为备用，根据负荷选择运行。只在蒸发气体量较大时，才启动离心式压缩机。

压缩机的能力可以通过逐级调节来实现流量控制，其压缩能力（0、25%、50%、75%、100%）一般通过储罐的绝压控制系统信号来调节。蒸发气体压缩机的控制可以根据要求设置为自动或手动。当压缩机控制设置成自动模式时，LNG 储罐压力将通过一个总的绝压控制器来控制，该绝压控制器可自动选择蒸发气压缩机的运行负荷等级。

② 蒸发气再冷凝器。其主要功能是将经压缩后的蒸发气与送出的低温 LNG 在其内部混合，从而将蒸发气冷凝为液体。在蒸发气再冷凝器的进出口的两端应设置旁路，并宜设置流量比例控制系统。再冷凝器应设置压力保护和高、低液位报警系统。

（6）低温设备和管道的保冷　通常将低于或等于−20℃的管道称为低温管道。当使用温度低于−20℃时，低碳钢管就由延性状态逐渐变为以脆性状态为主，所以要求合理选用低温冲击韧性较高的钢材。

在 LNG 工程中，设备和管道保冷的目的主要是减少外部热量的侵入，防止气化，增加存储时间，防止低温冻伤，保证管道的液相输送。

① 保冷结构。

a. 保冷结构由内至外为：防锈层、绝热层、防潮层、外防护层。采用聚异三聚氰酸酯（PIR）作为 LNG 管道绝热材料的绝热结构，如图 8-11 所示。

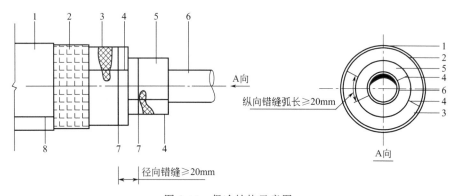

图 8-11　保冷结构示意图

1—外保护层；2—沥青铝箔或玛蹄脂防潮层；3—保冷管壳外层；4—纵向接缝；
5—保冷管内层；6—保冷管道；7—径向接缝；8—外防护层搭接缝

b. 冷桥的处理。在低温设备、管道绝热保冷工程中，支撑部位是绝热保冷中的薄弱环节。为了防止支撑部位产生冷桥，导致支撑周围绝热保冷失效，常用硬木垫块、聚异三聚氰酸酯（PIR）绝热管托以及高密度聚氨酯绝热管托支撑。

② 保冷绝热材料主要技术性能。保冷绝热材料是用于常温以下的隔热或 0℃ 以上常温以下的防露，其主要技术性能与保温材料相同。由于绝热的热流方向与保温的热流方向相反，绝热层外侧蒸汽压大于内侧，蒸汽易渗入绝热层，致使绝热层内部产生凝结水或结冰。

绝热材料或制品中的含水，不仅无法除掉还会结冰，致使材料的导热系数增大，甚至结构被破坏，因此绝热材料应选用闭孔型材料及其制品，不宜选用纤维材料或其制品，且绝热材料应吸水率低、吸湿率低、含水率低、透气率（蒸气渗透系数、透气系数）低，并应有良好的抗冻性，在低温下物性稳定，可长期使用。

材料密度是绝热材料的主要技术性能指标之一，与其绝热性能有着密切的关系。通常密度越小的材料其导热系数就越小。另外，材料密度小不仅可以减轻管架荷载，而且可以增加管道支架的跨距，减少冷桥的数量和冷量损失。

a. 主要技术指标。

（a）27℃时导热系数 $\lambda \leqslant 0.064 W/(m \cdot ℃)$；

（b）密度 $\leqslant 200 kg/m^3$；

（c）含水率 $\leqslant 1.0\%$（指水的质量与材料的质量之比）；

（d）材料应为非燃烧性或阻燃性，阻燃性绝热材料及其制品的氧指数应不小于 30；

（e）硬质绝热制品的抗压强度不应小于 0.15MPa；

（f）用于奥氏体不锈钢设备和管道上的绝热材料及其制品中氯离子含量，应符合《工业设备及管道绝热工程施工规范》（GB 50126—2008）中的有关规定。

b. 绝热材料的选择。国际上把低温工况分为低温工况（普冷）和深冷工况，一般情况下，$-60 \sim 0℃$ 之间的范围属于普通低温工况，譬如氟利昂、液氨、液态 CO_2 等介质都是工作于这个温度区间的。$-60℃$ 以下就属于深冷工况的范围，如液态乙烯、液化天然气、液氧、液氮、液氩、液氢、液氦等介质都属于深冷介质。

目前，普通低温工况常用的绝热材料主要有硬质聚氨酯泡沫塑料、高分子架桥发泡聚乙烯以及聚苯乙烯泡沫塑料。但深冷工况下主要使用聚异三聚氰酸酯（PIR）材料和泡沫玻璃，其中聚异三聚氰酸酯（PIR）是一种新型的专业深冷绝热材料，目前已广泛应用于 LNG 终端站以及气化站、液态乙烯（$-104℃$）等深冷介质的绝热。

8.2.4　站址选择和总平面布置

（1）站址选择

① 进港航道及港池自然水深或疏浚后应满足 LNG 运输船安全通航、靠泊和调头；

② 站址选择应与港口总体布局相协调，使 LNG 运输船与其他船舶的相互干扰较小；

③ 站址选择应邻近用户市场和负荷中心，如电厂、城市燃气用户等，以减少输气管线的投资和操作费用；

④ 站址的陆域地质条件应满足 LNG 储罐对场地的要求，以减少地基处理的费用；

⑤ 选址应远离人口密集区域，以减少安全隐患。

（2）总平面布置　终端站应根据不同的功能进行分区布置，如图 8-12 所示。一般可分为：码头区、LNG 储罐区、工艺装置区、LNG 槽车装车区、火炬放空区、辅助生产区、行政办公区等。码头区、储罐区、工艺装置区、火炬放空区和装车区属甲类危险区，应集中布置。LNG 罐区布置在靠近码头的一侧，辅助生产区和行政办公区应远离罐区布置。

① 码头区。该区包括卸船码头以及码头到陆地的栈桥。在卸船码头布置 LNG 卸船臂，在码头上布置码头控制室和码头配电室。

② LNG 储罐区。储罐区宜布置在站场常年主导风向的下风向，其布置应留有将来发展扩建的可能。储罐区应设有环行通道，以便施工及检修车辆通行。LNG 储罐尽量靠近码头布置，减短卸船管道，节约投资。

③ 工艺装置区。工艺装置区一般布置气化器、LNG 高压输送泵、BOG 压缩机和再冷凝器、海水泵、海水泵棚以及气体计量、管道清管器收发装置等，并预留出发展空间。工艺

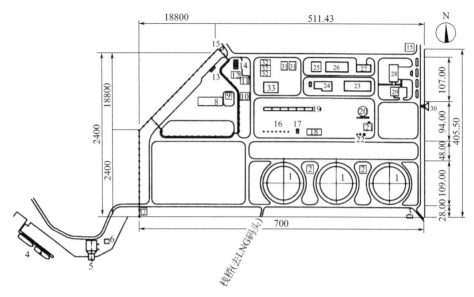

图 8-12 某终端站总平面布置（图中尺寸单位为 m）

1—LNG 储罐；2—集液池；3—火炬分液罐；4—LNG 船；5—海水取水口；

6—变电所；7—门卫室；8—装车棚；9—装车控制室；10—含油池；11—化学品库；12—废品库；13—地衡；

14—柴油罐；15—门卫室；16—高压泵；17—再冷凝器；18—BOG 压缩机房；19—开架式气化器；

20—淡水系统；21—空压站；22—氮气系统；23—控制楼；24—总变电所；25—开关所；26—维修车间及仓库；

27—消防站、医疗中心；28—行政楼；29—食堂；30—海水排放口；31—高压泵；32—加热器；33—计量装置

区四周应设环形消防车道。

④ LNG 槽车装车区。LNG 槽车区宜靠近站外主要道路出入口，装车区布置应使槽车回转流畅。在出入口应设置槽车称重装置，并设装车控制室。

⑤ 火炬放空区。码头液体管线上热膨胀安全阀放空排到码头收集罐，收集罐上安全阀就地放空；LNG 储罐上压力安全阀放空可直接排到大气中，排放点应位于安全处；气化器安全阀可采用就地放空，在火炬上游低点位置应设置火炬分液罐，在火炬分液罐外应设电加热器，火炬放空区宜设置在终端站所在地区常年主导风向的下风侧。

8.3 液化天然气气化站

8.3.1 概述

液化天然气（LNG）气化站指具有接收液化天然气、储存及气化供气功能的场站，其主要任务是将槽车或槽船运输的液化天然气进行卸气、储存、气化、调压、计量和加臭，并通过管道将天然气输送到燃气输配管道。LNG 气化站主要作为输气管线达不到或采用长输管线不经济的中小型城镇的气源，另外也可作为城镇的调峰应急气源或过渡气源。

LNG 气化站距接收站或天然气液化工厂的经济运输距离宜在 1000km 以内，可采用公路运输或铁路运输。与天然气管道长距离输送、高压储罐储存等相比，LNG 气化站采用槽车运输、LNG 储罐储存，具有运输灵活、储存效率高、建设投资小、建设周期短、见效快等优点。

液化天然气组分是气化站工艺计算和设备选型的重要参数，准确掌握其物性参数和性质是保障生产安全的重要依据。

在进行气化站设计时，应收集可以利用的天然气液化工厂的组分，当缺乏这方面的资料时，可参照表 8-5 中的液化天然气组分和物性参数进行初步计算。

表 8-5 部分液化天然气组分和物性参数

组分	中原油田	新疆广汇	福建 LNG	广东 LNG
C_1 摩尔分数/%	95.857	82.3	96.299	91.46
C_2 摩尔分数/%	2.936	11.2	2.585	4.74
C_3 摩尔分数/%	0.733	4.6	0.489	2.59
$i\text{-}C_4$ 摩尔分数/%	0.201	—	0.100	0.57
$n\text{-}C_4$ 摩尔分数/%	0.105	—	0.118	0.54
$i\text{-}C_5$ 摩尔分数/%	0.037	—	0.003	0.01
$n\text{-}C_5$ 摩尔分数/%	0.031	—	0.003	—
其他烃类化合物摩尔分数/%	0.015	1.1	0.003	—
N_2 摩尔分数/%	0.085	0.8	0.400	0.09
华白指数/(MJ/m³)	54.43	56.7	51.06	55.71
低热值/(MJ/m³)	37.48	42.4	34.96	39.67
摩尔质量/(kg/kmol)	16.85	19.44	16.69	17.92
气化温度/℃	−162.3	−162.0	−160.2	−160.4
液相密度/(kg/m³)	460.0	486.3	440.1	456.5
气相密度/(kg/m³)	0.754	0.872	0.706	0.802

8.3.2 气化站的工艺流程

LNG 气化站的气化方式分为等压强制气化和加压强制气化。

(1) 等压强制气化工艺流程 目前，我国中小城市的液化天然气气化站一般采用等压强制气化方式，气化站作为城市的主要气源站。其典型工艺流程如图 8-13 所示。

液化天然气汽车槽车进气化站后，用卸车软管将槽车和卸车台上的气、液两相管道分别连接，依靠站内或槽车自带的卸车增压器（或通过站内设置的卸车增压气化器对罐式集装箱槽车进行升压），使槽车与 LNG 储罐之间形成一定的压差，将液化天然气通过进液管道卸入储罐（V-101~V-104）。

槽车卸完后，切换气液相阀门，将槽车罐内残留的气相天然气通过卸车台气相管道进行回收。卸车时，为防止 LNG 储罐内压力升高而影响卸车速度，当槽车中的 LNG 温度低于储罐中 LNG 的温度时，采用上进液方式。槽车中的低温 LNG 通过储罐上进液管喷嘴以喷淋状态进入储罐，将部分气体冷凝为液体而降低罐内压力，使卸车得以顺利进行。若槽车中的 LNG 温度高于储罐中 LNG 的温度时，采用下进液方式，高温 LNG 由下进液口进入储罐，与罐内低温 LNG 混合而降温，避免高温 LNG 由上进液口进入罐内蒸发而升高罐内压力导致卸车困难。实际操作中，由于目前 LNG 气源地距用气城市较远，长途运输到达用气城市时，槽车内的 LNG 温度通常高于气化站储罐中 LNG 的温度，只能采用下进液方式。所以除首次充装 LNG 时采用上进液方式外，正常卸槽车时基本都采用下进液方式。

为防止卸车时急冷产生较大的温度应力损坏管道或影响卸车速度，每次卸车前都应当用

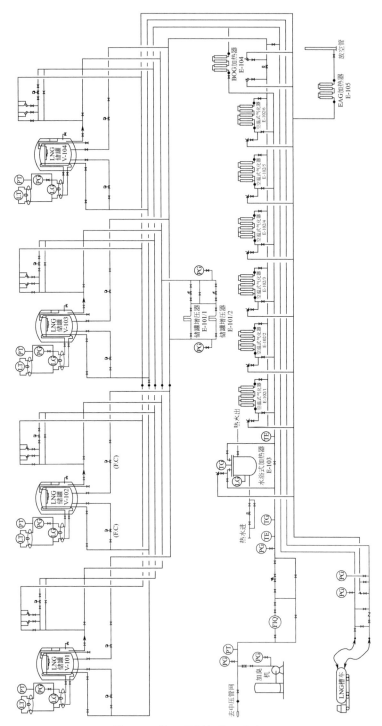

图 8-13 等压强制气化工艺流程

储罐中的 LNG 对卸车管道进行预冷。同时应防止快速开启或关闭阀门使 LNG 的流速突然改变而产生液击损坏管道。

通过储罐增压器（E-101/1～E-101/2）增压将储罐内的 LNG 送到 LNG 空温式气化器（E-102/1～E-102/6）中去气化，再经过调压、计量和加臭进入出站天然气总管道，供中低压用户使用。储罐自动增压与 LNG 气化靠压力推动。随着储罐内 LNG 的流出，罐内压力不断降低，LNG 出罐速度逐渐变慢直至停止。因此，正常供气操作中必须不断向储罐补充气体，将罐内压力维持在一定范围内，才能使 LNG 气化过程持续下去。储罐的增压是利用自动增压调节阀和自增压空浴式气化器实现的。当储罐内压力低于自动增压阀的设定开启值时，自动增压阀打开。储罐内 LNG 靠液位差流入自增压空温式气化器（自增压空温式气化器的安装高度应低于储罐的最低液位），在自增压空温式气化器中 LNG 经过与空气换热气化成气态天然气，然后气态天然气流入储罐内，将储罐内压力升至所需的工作压力。利用该压力将储罐内 LNG 送至空温式气化器气化。然后对气化后的天然气进行调压（通常调至 0.4MPa）、计量、加臭后，送入城市中压输配管网为用户供气。

在夏季空温式气化器天然气出口温度可达 15℃，可直接进管网使用。在冬季或雨季，气化器气化效率大大降低，尤其是在寒冷的北方，冬季时气化器出口天然气的温度（比环境温度低约 10℃）远低于 0℃ 而成为低温天然气。为防止低温天然气直接进入城市中压管网导致管道阀门等设施产生低温冷脆，也为防止因低温天然气密度大而产生过大的供销差，气化后的天然气需再经水浴式天然气加热器（E-103）将其温度升到 5~10℃，然后再送入城市输配管网。

通常设置两组以上空温式气化器组，相互切换使用。当一组使用时间过长，气化器结霜严重，导致气化器气化效率降低，出口温度达不到要求时，人工（或自动或定时）切换到另一组使用，本组进行自然化霜备用。

在自增压过程中随着气态天然气的不断流入，储罐的压力不断升高，当压力升高到自动增压调节阀的关闭压力（比设定的开启压力高约 10%）时自动增压阀关闭，增压过程结束。随着气化过程的持续进行，当储罐内压力又低于增压阀设定的开启压力时，自动增压阀打开，开始新一轮增压。

LNG 在储罐储存过程中，尤其在卸车初期会产生蒸发气体（BOG），系统中设置了 BOG 加热器（E-104），加热后的 BOG 直接进入管网回收利用。

在系统中必要的地方设置了安全阀，从安全阀排出的天然气以及非正常情况从储罐排出的天然气将进入 EAG 加热器（E-105）加热，再汇集到放散管集中放散。此工艺流程一般用于中小型气化站，管网压力等级为中低压。

（2）加压强制气化工艺流程 加压强制气化的工艺流程与等压强制气化流程基本相似，如图 8-14 所示，只是在系统中设置了低温输送泵，储罐中的 LNG 通过输送泵送到气化器中去气化。

加压强制气化的工艺流程与等压气化流程基本相似，只是在系统中设置了低温输送泵，储罐中的 LNG 通过输送泵送到气化器中去气化。此工艺流程适合于中高压系统，且天然气的处理量相对较大；LNG 储罐可以为带压储罐，也可以为常压储罐。

8.3.3 主要工艺设备选择

（1）储罐 当气化站内的储存规模不超过 1000m³ 时，宜采用 50~150m³ LNG 压力储罐，可根据现场地质和用地情况选择卧式罐和立式罐。当气化站内的储存规模在 1000~3500m³ 时，宜采用子母罐形式；当气化站内的储存规模在 3500m³ 以上时，宜采用常压储罐形式。为方便管理和运行的安全，一般不推荐采用联合储罐形式。

（2）增压器 增压器的原理是将储罐（或槽车）内的低温液体排出，经气化返回至储罐（或槽车）的气相空间。由于气体的体积比液体体积大得多，从而利用气体的充分挤压达到储罐（或槽车）的增压。液化天然气气化站内的增压器包括卸车增压器和储罐增压器。增压

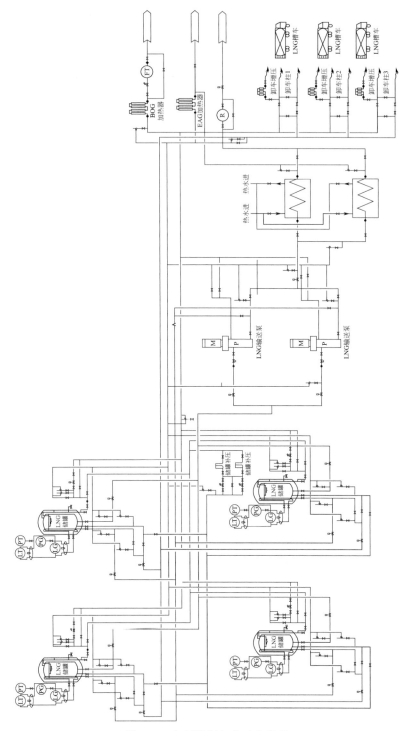

图 8-14　加压强制气化工艺流程

器宜采用卧式。

增压器的传热面积按式（8-1）计算：

$$A = \frac{\omega Q_0}{k\,\Delta t}$$

$$Q_0 = h_2 - h_1 \tag{8-1}$$

式中 A——增压器的换热面积，m^2；

      ω——增压器的气化能力，kg/s；

      Q_0——气化单位质量液化天然气所需的热量，kJ/kg；

      h_2——进入增压器时液化天然气的比焓，kJ/kg；

      h_1——离开增压器时气态天然气的比焓，kJ/kg；

      k——增压器的传热系数，$kW/(m^2 \cdot K)$；

      Δt——加热介质与液化天然气的平均温差，K。

① 卸车增压器。卸车增压器的增压能力应根据日卸车量和卸车速度确定。卸车台单柱卸车速度一般按照 $1 \sim 1.5h/$车计算。当单柱日卸车时间不超过 $5h$，增压器可不设置备用。每个卸车柱宜单独设置卸车增压器。卸车增压器宜选择空温式结构，如图 8-15 所示。

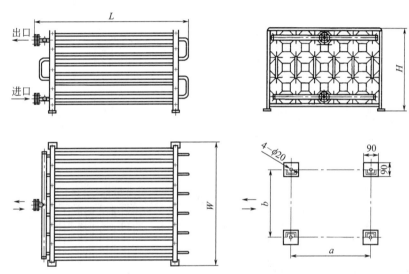

图 8-15 空温式卸车增压器外形尺寸图

② 储罐增压器。储罐增压器的增压能力应根据气化站小时最大供气能力确定。储罐增压器宜联合设置，分组布置，一组工作，一组化霜备用。储罐增压器宜采用卧式，如图 8-16 所示。

（3）气化器 气化器一般选用空温式，如图 8-17 所示，空温式气化器的总气化能力应按用气城市高峰小时流量的 1.5 倍确定。当空温式气化器作为工业用户主气化器连续使用时，其总气化能力应按工业用户高峰小时流量的 2 倍考虑。气化器的台数不应少于两台，其中应有一台备用。

（4）加热器 液化天然气气化站内的加热器一般包括蒸发气（BOG）加热器、放空气体（EAG）加热器和空温式气化器后置加热器（即 NG 加热器）。

BOG 加热器和 EAG 加热器宜采用空温、立式结构，也可根据周围热源情况选用电加热式或热水循环式。

8.3.4 站址选择和总平面布置

（1）站址选择 液化天然气气化站的站址选择应符合下列要求：

① 站址应符合城镇总体规划、环境保护和防火安全的要求；

② 站址应避开地震带、地基沉陷、废弃矿井等不良地段；

③ 站址周边交通应便利，并具有良好的公用设施条件。

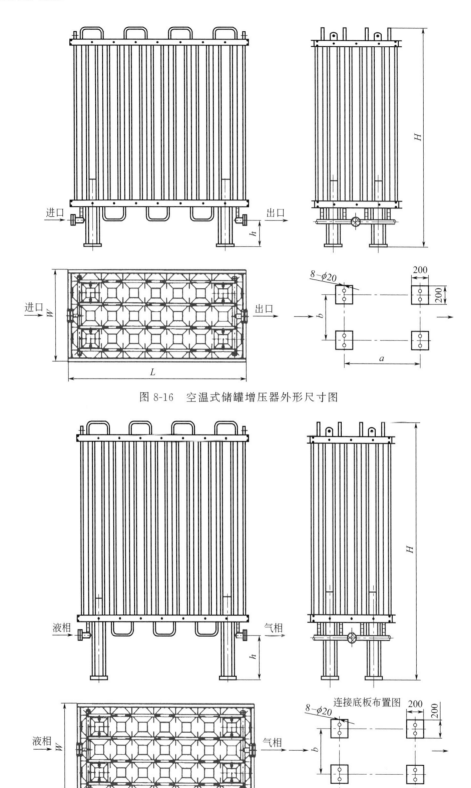

图 8-16 空温式储罐增压器外形尺寸图

图 8-17 空温式气化器外形尺寸图

（2）总平面布置　如图 8-18 所示。

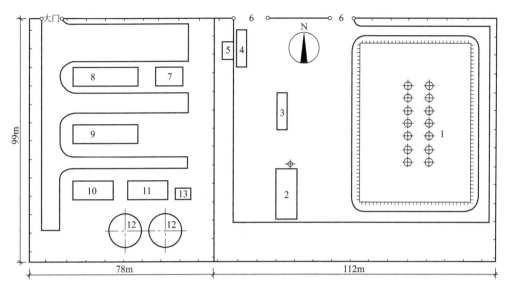

图 8-18　某气化站总平面布置图

1—LNG 储罐区；2—气化器区；3—卸车台；4—地衡；5—地衡控制室；6—大门；

7—控制室；8—办公室；9—热水间；10—配电室；11—消防泵房；

12—消防水罐；13—空压机室

① 生产区。液化天然气气化站生产区内一般又分为储罐区、气化区、调压计量加臭区、卸车区等。储罐区、气化区宜呈"一"字顺序排列，这样既能满足功能需要，又符合规范规定的防火间距的要求，节省用地。

a. 储罐区。储罐区一般包括液化天然气储罐（组）、空温式储罐增压器和液化天然气低温泵等。

（a）储罐宜选择立式储罐，以减少占地面积；当地质条件不良或当地规划部门有特殊求时应选择卧式储罐。

（b）储罐（组）四周须设置周边封闭的不燃烧体实体防护墙。防护墙的设计应保证接触液化天然气时不应被破坏，高度一般为 1m。防护墙内的有效容积（V）指的是防护墙内的容积减去积雪、墙内储罐和设备等占有的容积加上一部分余量。

（c）储罐之间的净距不应小于相邻储罐直径之和的 1/4，且不应小于 1.5m。当储罐组的储罐不多于 6 台时宜根据站场面积布置成单排，超过 6 台，储罐宜分排布置，但储罐组内的储罐不应超过两排。地上卧式储罐之间的净距不应小于相邻较大罐的直径，且不宜小于 3m。防护墙内不应设置其他可燃液体储罐。

（d）防护墙内储罐超过 2 台时，至少应设置 2 个过梯，且应分开布置。过梯应设置成斜梯，角度不宜大于 45°。过梯可以采用钢结构，也可以采用砖砌或混凝土结构。宽度一般为 0.7m，并应设置扶手和护栏。

（e）储罐增压器宜选用空温式，空温式增压器宜布置在罐区内，且应尽量使入口管线最短。

（f）为确保安全和便于排水，储罐区防护墙内宜铺砌不发火花的混凝土地面。

（g）液化天然气低温泵宜露天放置在罐区内，应使泵吸入管段长度最短，管道附件最少，以增加泵前有效汽蚀余量。

（h）储罐区内宜设置集液池和导流槽。集液池四周应设置必要的护栏，在储罐区防护墙外应设置固定式抽水泵或潜水泵，以便及时抽取雨水。如果采取自流排水，应采取有效措施防止 LNG 通过排水系统外流。集液池最小容积应等于任一事故泄漏源在 10min 内可能排放到该池的最大液体体积。

b. 气化区。空温式气化器或温水循环式气化器宜与储罐区相邻，以减少液相管道的长度和阻损。

气化器的布置应满足操作和配管方便等方面的要求，空温式气化器是利用空气加热 LNG 的设备，因此，其换热效果的好坏与风向有一定的关系，在可能的情况下，应考虑风向的影响，尤其是冬季的风向。空温式气化器宜单排布置。空温式气化器之间的间距应尽量放大，一般要求净距为 1.5m 以上，空温式气化器宜东西向布置，并尽量将气化器的气化段朝阳，以增加光照面积和光照时间。

空温式气化器还应考虑区域温度下降对周围环境的影响因素，强制通风式气化器还应考虑噪声对周围设施或人员等的危害。

各类气化器与建、构筑物之间的距离应符合《液化天然气（LNG）生产、储存和装运》（GB/T 20368—2012）中的要求。

c. 调压计量加臭区。调压计量加臭区宜与气化区临近，并应根据天然气管道出站的方位确定，力求管道较短，出站气流顺畅。装置宜露天放置或放置在简易罩棚中。

d. 卸车区。卸车区宜设置在靠近生产区 LNG 槽车主要出入口处，相邻两个卸车位之间的距离不宜小于 4.5m。槽车与卸车台之间应设置有明显标志的车挡，并应设置可靠的静电接地装置。

卸车区布置应结合站内 LNG 称重地衡的位置，充分考虑车辆的回转。

② 生产辅助区。生产辅助区包括生产、生活管理及生产辅助建（构）筑物。

在布置辅助区时，带明火的建筑应布置在离甲类生产区较远处。凡可以合并的建筑应尽量合建，以节约用地。

a. 生产管理和生活用房。应布置在靠近辅助区对外的出入口处。一般由站长室、值班室、控制室、休息室、备品备件库、盥洗室、食堂、门卫室等组成。

b. 生产辅助用房。生产辅助用房主要包括变配电室、柴油发电机室、空压机室、热水间、消防泵房等。

用电负荷较大的设施用房宜尽量靠近配电室，噪声或振动较大的设施用房应远离配电室、生产管理或生活用房。消防泵房可根据需要设置成地下或半地下式结构。

8.4 液化天然气汽车加气站

液化天然气（LNG）汽车加气站是为 LNG 汽车充装 LNG 液体的加气站。可根据使用要求和地区的燃气汽车的分类进行建设，可分为两大类型：LNG 汽车加气站、LNG/CNG 汽车加气站。

8.4.1 LNG 汽车加气站

LNG 汽车加气站主要服务对象是以 LNG 作为单一燃料和混合燃料的汽车。

LNG 作为车用燃料，与燃油相比，具有辛烷值高、抗爆性好、燃烧完全、排气污少、发动机寿命长、运行成本低等优点；与压缩天然气相比，具有储存效率高、续驶里程长、储瓶压力低、质量小等优点。LNG 汽车一次加气可连续行驶 1000～1300km，可适应长途运输，减少加气次数。

　　LNG 加气站工艺流程如图 8-19 所示。LNG 加气站设备主要包括 LNG 储罐、增压气化器、低温泵、加气机（图 8-20）、加气枪及控制盘。运输槽车上的 LNG 需通过泵或自增压系统升压后卸出，送进加气站内的 LNG 储罐。通常运输槽车内的 LNG 压力低于 0.35MPa。卸车过程通过计算机监控，以确保 LNG 储罐不会过量充装。LNG 储罐容积一般采用 $50 \sim 120 m^3$。

　　槽车运来的 LNG 卸至加气站内储罐后，可通过启动控制盘上的按钮，通过低温泵，使部分 LNG 进入增压气化器，气化后天然气回到罐内升压。升压后罐内压力一般为 $0.55 \sim 0.69MPa$，加气压力为 $0.52 \sim 0.83MPa$（此压力是天然气发动机正常运转所需要的），依靠低温泵给汽车加气。

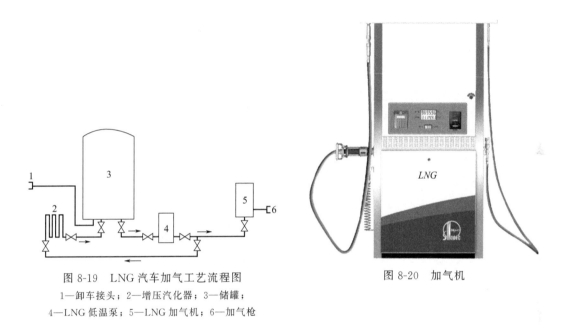

图 8-19　LNG 汽车加气工艺流程图
1—卸车接头；2—增压汽化器；3—储罐；
4—LNG 低温泵；5—LNG 加气机；6—加气枪

图 8-20　加气机

　　加气机在加液过程中不断检测液体流量。当液体流量明显减小时，加注过程会自动停止。

　　加气机上会显示出累积的 LNG 加注量。加注过程通常需要 $3 \sim 5min$ 左右。PLC 控制盘利用变频驱动手段，调节加气站的运行状况，监测流量、压力以及储罐液位等参数。

8.4.2　LNG/CNG 汽车加气站

　　其主要服务对象是以 LNG 作为单一燃料和混合燃料的汽车及以 CNG 为燃料的汽车。该加气站既可以完成 LNG 汽车的加气工作也可以完成 CNG 汽车的加气工作，设计流程是在 LNG 加气站的基础上增加一套 CNG 加气装置。

　　LNG/CNG 加气站设备主要包括储罐、高压低温泵、高压气化器、储气瓶组、加气机、加气枪及控制盘等。LNG/CNG 加气站的工艺流程如图 8-21 所示。

　　LNG/CNG 加气站中的监控系统，除具有 LNG 加气站监控系统的功能外，还具有监测 CNG 储气瓶组压力并自动启停高压低温泵的功能。LNG/CNG 加气站也可配置成同时为 LNG 汽车和 CNG 汽车服务的加气站。只需在 LNG 站的基础上，以较小的投资增加高压低温泵、高压气化器、CNG 储气设施和 CNG 加气机等设备即可。

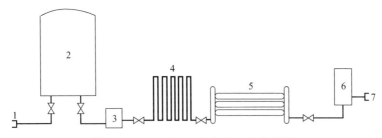

图 8-21　LNG/CNG 加气站工艺流程图

1—卸车接头；2—LNG 储罐；3—高压低温泵；4—高压气化器；

5—CNG 储气瓶组；6—CNG 加气机；7—CNG 加气枪

第**9**章

液化石油气供应

液化石油气的主要成分是丙烷、丙烯、丁烷、丁烯等低烃类化合物。液化石油气主要成分的闪点和爆炸极限见表 9-1。

表 9-1　液化石油气主要成分的闪点和爆炸极限

名称	丙烯	丙烷	1-丁烯	2-丁烯	异丁烷	正丁烷
闪点/℃	−180	−150	−80	−72	−76	−60
爆炸极限(上/下)(常压,20℃)/%	11.7/2.0	9.5/2.1	10.0/1.6		8.5/1.8	8.5/1.5

从上表可以看出,液化石油气的闪点和爆炸下限均满足《建筑设计防火规范》(2018 年版)(GB 50016—2014)甲类生产厂房和储存甲类物品仓库火灾危险性特征指标中的液体闪点低于 28℃,气体爆炸下限小于 10%的规定。因此,液化石油气厂房属甲类生产厂房,液化石油气仓库属甲类物品仓库,液化石油气站属甲类危险性企业。

此外,液化石油气尚有下列火灾爆炸危险性:

① 在全压力式储罐中液化石油气饱和蒸气压随环境温度而变化。实测表明,液化石油气最高工作温度下的饱和蒸气压略高于最高环境温度下的饱和蒸气压,其时间滞后 1~2h。

② 在常温下液态液化石油气的密度为 500~600kg/m³,约比水轻 1/2。因此,用水不能扑灭液化石油气火灾,而只能对储罐和容器等进行喷水冷却。在标准状态下气态液化石油气的密度为 2.20~2.50kg/m³,约比空气重 0.7~0.9 倍。当发生泄漏时,易积存在低洼地带而酿成事故隐患。

③ 当液化石油气泄漏到空气中,其浓度接近或达到燃烧反应浓度时,所需着火能最小仅为 10^{-4}J 级。诸如静电火花、手电筒、BP 机、手机、电话等产生的火花都可能火灾爆炸事故。

④ 液态液化石油气在 0.6%范围内的平均体膨胀系数为 0.0022~0.0035,是水在相同温度范围内体积膨胀系数的 10 倍以上。为防止储罐或容器内液化石油气因液温升高引起体积膨胀,使其发生破裂而造成恶性事故,各国规范都严格规定了储罐和容器的允许体积充装率或单体体积充装质量。

⑤ 液化石油气主要成分是丙烷、丙烯、丁烷、丁烯,属于常压下沸点为 −42.7~0.5℃的那一部分烃类。因此,在常温常压下呈气态,而当压力升高或温度降低时,很容易变成液态。

液化石油气一般为液态储存和运输,气态使用。在使用过程中,有一部分液态液化石油气不能在大气温度下蒸发,形成残液,其主要成分为戊烷。

9.1 液化石油气的输送

将液态液化石油气自产地运输到供应基地（储存站、储配站、灌瓶站）、气化站、混气站和汽车加气站可采用管道、铁路槽车、汽车槽车和槽船等方式。运输方式的选择主要根据接收站的规模、所处地理位置等因素，并经技术经济比较后确定。

9.1.1 管道运输

管道运输一次投资较大、金属耗量多，但运行安全、管理简单、运行费用低。适用于运输量较大或运输量不大但运距较小的情况。液态液化石油气在运输过程中，要求管道中任何一点的压力都必须高于管道中液化石油气所处温度下的饱和蒸气压，否则液化石油气在管道中气化形成"气塞"，将大大地降低管道的通过能力。

管道运输系统由起点储气罐、起点泵站、计量站、中间泵站、管道及终点储气罐组成。如输送距离较近，可不设中间泵站。按其工作压力可分为：Ⅰ级管道，$p>4.0MPa$；Ⅱ级管道，$1.6MPa<p\leqslant4.0MPa$；Ⅲ级管道，$p\leqslant1.6MPa$。

（1）输送液态液化石油气管道的选线应符合下列规定

① 应符合沿线城镇规划、公共安全和管道保护的要求，并应综合考虑地质、气象等条件。

② 应选择地形起伏小，便于运输和施工管理的区域。

③ 不得穿过居住区和公共建筑群等人员集聚的地区及仓库区、危险物品场区等；不得穿越与其无关的建筑物。

④ 不得穿过水源保护区、工厂、大型公共场所和矿产资源区等。

⑤ 应避开地质灾害多发区。

⑥ 应避免或减少跨越河流、铁路、公路、地铁等障碍和设施。

（2）工艺设计

① 基本设计参数的确定。

a. 管道设计压力。管道设计压力应高于管道系统起点的最高工作压力。管道系统起点的最高工作压力为管道所需泵的扬程与始端储罐最高工作温度下的液化石油气饱和蒸气压之和。

b. 管道设计流量。管道设计流量根据接收站的计算月平均日供应量和管道每日工作小时数，按式（9-1）计算。

$$Q_s=\frac{G_d}{3.6\times10^3\tau\rho_y}\qquad(9-1)$$

式中　Q_s——管道设计流量，m^3/s；

G_d——计算月平均日供应量，kg/d；

τ——日工作小时数，h/d；

ρ_y——液态液化石油气在平均输送温度下的密度，kg/m^3，平均输送温度可取管道中心埋深处最冷月的平均地温。

② 管径的确定。已知管道设计流量和给定管道平均流速后即可确定管径。管道平均流速应经济比较后确定，一般可取 $0.8\sim1.4m/s$，为保证液态液化石油气在输送过程中产生的静电有足够时间导出，其最大允许流速不应超过 $3.0m/s$。

③ 输送烃泵的选择。所需输送烃泵的扬程应略大于下式的计算值

$$H_j = \Delta p_z + p_y + \Delta H \tag{9-2}$$

式中　H_j——泵的计算扬程，MPa；

　　Δp_z——管道总阻力损失，可取 $1.05 \sim 1.1$ 倍的管道摩擦阻力损失，MPa；

　　p_y——管道终点进罐余压，可取 $0.2 \sim 0.3$MPa；

　　ΔH——管道起、终点高程差引起的附加压力，MPa。

根据式（9-2）计算得出泵的计算扬程后圆整即为所需泵的扬程，并根据管道设计流量选择所需输送烃泵。输送烃泵通常选用多级离心泵。

（3）管材、阀门及附件

① 管材：液态液化石油气管道材料选择应符合《输送流体用无缝钢管》（GB/T 8163—2018）和其他有关标准的规定。

② 阀门和管道附件：阀门和管道附件的公称压力（等级）应高于管道设计压力，阀门尽量采用液化石油气专用产品。液态液化石油气管道阀门的设置应符合下列规定：

a. 应采用专用阀门，其性能应符合国家现行标准；

b. 阀门应考虑管段长度、管段所处位置的重要性和检修的需要，并应考虑发生事故时能将事故管段及时切断等因素；

c. 管道的起点、终点和分支点应设置阀门；

d. 穿越铁路、公路、高速公路、城市快速路、大型河流和地上敷设的液态液化石油气管道两侧应设置阀门；管道沿线每隔 5000m 处应设置分段阀门，阀门宜具有远程控制功能；

e. 使用清管器或电子检管器管段的阀门应选用全通径阀门。

（4）管道敷设

① 液态液化石油气管道应采用埋地敷设；当受到条件限制时，可采用地上敷设并应考虑温度补偿。

② 液态液化石油气管道不得在城市道路、公路和高速公路路面下敷设（交叉穿越管道除外）。管道埋设深度应根据管道所经地段的冻土深度、地面载荷、地形和地质条件、地下水深度、管道稳定性要求及管线穿过地区的等级综合确定。管道埋设的最小覆土深度应符合下列规定：

a. 应埋设在土壤冰冻线以下；

b. 当埋设在机动车经过的地段时，不得小于 1.2m；

c. 当埋设在机动车不可能到达的地段时，不得小于 0.8m；

d. 当不能满足上述规定时，应采取有效的安全防护措施。

③ 埋地管道沿途应设置里程桩、转角桩、交叉桩和警示牌等永久性标志，并应符合国家现行标准的有关规定。

④ 埋地管道穿越铁路、公路时，除应符合国家现行标准的有关规定外，尚应符合下列规定：

a. 管道宜垂直穿越铁路、公路。

b. 穿越铁路、高速公路和Ⅰ、Ⅱ级公路的管道应敷设在套管或涵洞内。当采用定向钻穿越时，应进行技术论证，在保证铁路和公路安全运行的前提下，可不加套管。

c. 当穿越电车轨道或城镇主要干道时，管道宜敷设在套管或管沟内，且管沟内应填满中性砂。

d. 当穿越Ⅲ级及Ⅲ级以下公路时，管道可采用明挖埋设。

⑤ 套管的敷设应符合下列规定：

a. 宜采用钢管或钢筋混凝土管。

b. 套管内径应大于液态液化石油气管道外径 100mm。

c. 套管两端与液态液化石油气管道的间隙应采用柔性的防腐、防水、绝缘材料密封。套管或管沟一端应装设检漏管，检漏管应引出地面，且管口距地面高度不应小于 2.5m。当套管内充满细土、细砂时，可不设检漏管及两端的严密封堵。

d. 套管端部距铁路线路路堤坡角的距离不应小于 2.0m；距高速公路、公路边缘不应小于 1.0m。

⑥ 埋地液态液化石油气管道的法兰、阀门与污水、雨水、电缆等井室的净距不应小于 5.0m。

⑦ 液化石油气管道与重力流管道、沟、涵、暗渠等交叉时，交叉处应加套管，或采取其他有效的防护措施。

9.1.2 铁路运输

液化石油气利用铁路运输时，一般以铁路槽车（也称列车槽车）为运输工具。铁路槽车通常是将圆筒形卧式储气罐安装在列车底盘上，罐体上设有人孔、安全阀、液相管、气相管、液位计和压力表等附件，车上还设有操作平台、罐内外直梯、防冻蒸气夹套等，如图 9-1。大型铁路槽车的罐容为 25~55t，小型铁路槽车的罐容为 15~25t。

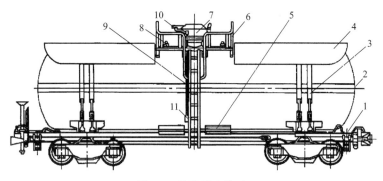

图 9-1　铁路槽车构造

1—底架；2—圆筒形储罐；3—拉紧带；4—遮阳罩；5—中间托板；6—操作台；
7—阀门箱；8—安全阀；9—外梯；10—拉阀；11—拉阀手柄

铁路槽车与汽车槽车相比，运输量较大，运费较低。与管道输送相比较为灵活，但其调度、管理和检修等较复杂。同时接收站要具有较好的铁路接轨和专用线建设条件，且其槽车检修频繁，检修周期较长、费用较高。因此，其选用受到一定限制。

9.1.3 公路运输

液化石油气公路运输以汽车槽车为运输工具，见图 9-2。用于液化石油气运输的汽车槽车称运输槽车。大型运输槽车的罐容为 7.5~27.5t，小型运输槽车的罐容为 2~5t。槽车的罐体上设有人孔、安全阀、液位计、梯子和平台，罐体内部装有防波隔板，阀门箱内设有压力表、温度计、流量计、液相和气相阀门。液相管和气相管的出口安装过流阀和紧急切断阀。车架后部装有缓冲装置，以防碰撞。槽车储气罐底部装有防静电用的接地链，槽车上配有干粉灭火器并标有严禁烟火的标志。

公路运输包括汽车槽车运输、活动储罐的汽车运输和钢瓶的汽车运输。与火车槽车运输

图 9-2　汽车槽车

相比，汽车槽车运输能力较小，运费较高，但灵活性较大。它适用于运输量较小，运距较小的情况。同时汽车槽车也可作为以管道或铁路运输方式为主的液化石油气储配站的辅助运输工具。

9.1.4　水路运输

液化石油气水路运输以专用的海洋运输船和内河近海驳船为运输工具，船上安装一组或几组圆筒形或球形储气罐，以及装卸用的泵和压缩机。大型海洋运输船（图 9-3）采用双层壁结构的低温储气槽，以船体作为储气槽外壁，低温薄钢板作为内壁，中间为绝热层。海洋运输船装载量一般为 1.5～6.5 万吨，还有更大些的，多用于国际间远洋运输；内河近海驳船装载量通常为 500～1000t，多用于国内水路运输。它是一种运量大、成本低的液化石油气运输方式。水上运输分为海运与河运。海运被广泛用于国际液化石油气贸易中。

图 9-3　LPG 海洋运输船

液化石油气槽船有全冷冻式和全压力式槽船之分。前者容量较大，多在万吨级以上，通常用于国际间远程运输。后者容量较小，多在千吨级以下，适用于近海或内河运输。槽船运输一次投资大，但运行成本低。

9.2　液化石油气供应基地

液化石油气供应基地的主要任务是接收、储存和灌装液化石油气，并将其销售给各类用户。液化石油气供应基地包括：

① 储存站：接收和储存液化石油气，进行灌装槽车作业，并将其送至各类用户。

② 灌瓶站：以灌瓶为主，将气瓶送至各类用户。

③ 储配站：兼有储存站和灌配站两种功能。

液化石油气储存站、灌装站和储配站站址的选择应符合城镇总体规划和城镇燃气专项规划的要求。液化石油气储存站、灌装站和储配站站址的选择应符合下列规定：

① 三级及以上的液化石油气储存站、灌装站和储配站应设置在城镇的边缘或相对独立的安全地带，并应远离居住区、学校、影剧院、体育馆等人员集聚的场所；

② 在城市中心城区和人员稠密区建设的液化石油气储存站、储配站和灌装站应符合《液化石油气供应工程设计规范》（GB 51142—2015）的规定；

③ 应选择地势平坦、开阔、不易积存液化石油气的地段，且应避开地质灾害多发区；

④ 应具备交通、供电、给水排水和通信等条件；

⑤ 宜选择所在地区全年最小频率风向的上风侧。

9.2.1　储配站

液化石油气储配站一般可以完成接收、储存、罐装及残液回收等任务。同时，还应具有储罐间的倒灌、储罐的升压、排污、投产置换、残液处理及钢瓶检验、维修等功能。

9.2.1.1　功能

（1）接收　接收是指将运输来的液化石油气送入（或卸入）储罐的工艺过程。当采用管道运输方式时，一般是利用管道末端的剩余压力，经过滤、计量后，将液化石油气送入储罐。当采用槽车或槽船运输时，应根据具体情况采用不同的方法将液化石油气卸入储罐。

（2）储存　储存是储配站的主要功能之一。应根据气源供应及用户用气情况，综合考虑选择储存方式、储罐类型及数量等。液化石油气供应基地的储罐个数一般不应少于 2 个，以备检修或发生故障时，保障供气。

（3）灌装　灌装是指将液化石油气按规定的质量灌装到钢瓶、汽车槽车或铁路槽车中的工艺过程。一般城镇液化石油气储配站主要灌装钢瓶和汽车槽车。根据灌装量的大小可选择不同的灌装工艺及设备。

（4）残液回收　残液回收也是储配站的一项重要任务。为安全起见，液化石油气用户不得自行处理残液。储配站回收的残液可在站内使用或集中外运。

9.2.1.2　工艺流程

液化石油气自气源厂用铁路槽车（或管道）运至站内，铁路槽车与装卸栈桥对位后，将其液、气相管分别与铁路槽车装卸栈桥上的液、气相管接通，再利用压缩机将其卸入站内储罐。储配站宜采用机械化、自动化的灌瓶装置和运输设备，同时配备必要的自动化仪表，其工艺流程见图 9-4。

9.2.1.3　汽车槽车装卸台（柱）

向汽车槽车中灌装液化石油气，或从汽车槽车向固定储罐卸液化石油气，都是在专门的汽车槽车装卸台上进行的。通常储配站的汽车槽车装卸台及回车场地靠近储配站的出入口。汽车槽车装卸台的管路系统如图 9-5 所示。埋地的气、液相管道分别与压缩机间的气相管和罐区的液相总管相连，在液相及气相管上装设压力表及阀门，仪表及阀门设在铁皮制的保护罩内，装卸台上面应设罩棚。

灌装时将铠装橡胶软管上的快速接头分别与汽车槽车上的气、液相管相连，用烃泵或压缩机进行灌装和卸车。

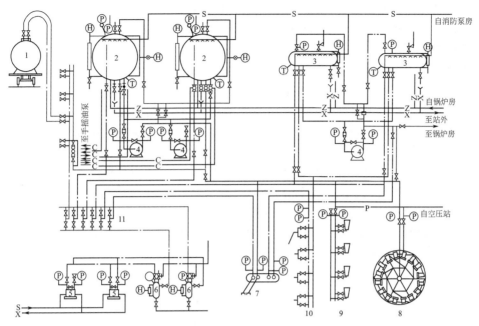

图 9-4　大型储配站工艺流程

1—铁路槽车；2—储罐；3—残液罐；4—泵；5—压缩机；6—分离器；7—汽车装卸台；
8—回转式灌瓶机；9—灌瓶秤；10—残液倒空嘴；11—气相阀门组

汽车槽车装卸台通常设置罩棚，其净高度比汽车槽车高度高 0.5m，每座装卸台一般设置 2 组装卸柱，装卸柱之间距离可取 4.0~6.0m。汽车装卸柱配置数量根据日装卸槽车数量确定。

为节约土地和便于运行，装卸台可附设在汽车和槽车车库山墙一侧。小型液化石油气灌站设置装卸柱即可，可将其设置在压缩机室山墙一侧。汽车槽车装卸柱由气、液相装卸管组成。装卸管有两种：一种是汽车槽车用装卸胶管总成，另一种是汽车槽车用装卸臂。

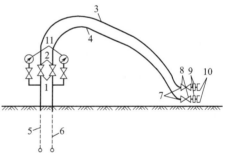

图 9-5　简易汽车槽车装卸台管路系统

1，8—截止阀；2—高压胶管法兰接头；
3，4—高压胶管；5—气相管；
6—液相管；7—高压胶管螺纹接头；
9—六角内接头；10—快装接头承口；
11—压力表

9.2.1.4　液化石油气压缩机室

液化石油气压缩机担负着装卸槽车、倒罐和残液倒空等任务。它是铁路槽车装卸栈桥、储罐区、灌瓶间和汽车槽车装卸台等气相管道的联系枢纽。为了便于操作，一般将上述各装置气相管道的操作阀门集中布置在压缩机室内组合成阀门组。

（1）压缩机的选择　液化石油气压缩机排气量根据装卸槽车所需的气态液化石油气体积量确定。根据各地运行经验可取一次卸车体积量的 2~4 倍，冬天取较大值，夏天取较小值。根据卸车所需压缩机的排气量即可选择压缩机，其台数一般不少于 2 台。

（2）压缩机室的布置　压缩机室的布置主要考虑便于操作、安装和检修。

9.2.1.5　站区管道

（1）管材、阀门和附件　液化石油气管道应采用无缝钢管，并应符合现行国家标准《输送流体用无缝钢管》（GB/T 8163—2018）的有关规定，或采用符合不低于上述标准相关技术要求的国家现行标准的有关规定的无缝钢管；钢管和管道附件材料应满足设计压力、设计温度、介质特性、使用寿命、环境条件的要求，并应符合压力管道有关安全技术要求及国家现行标准的有关规定。

管道材料的选择应考虑低温下的脆性断裂和运行温度下的塑性断裂。当施工环境温度低于或等于－20℃时，应对钢管和管道附件材料提出韧性要求，不得采用电阻焊钢管、螺旋焊缝钢管制作管件。当管道附件与管道采用焊接连接时，两者材质应相同或相近。

液态液化石油气管道和站内液化石油气储罐、其他容器、设备、管道配置的阀门及附件的公称压力（等级）应高于输送系统的设计压力。液化石油气储罐、其他容器、设备和管道不得采用灰口铸铁阀门及附件，严寒和寒冷地区应采用钢制阀门及附件。

（2）管道布置和敷设　站区工艺管道布置应走向简捷。尽量采用地上单排低支架敷设，其管底与地面的净距可取 0.3m 左右。跨越道路采用高支架时，其管底与地面的净距不应小于 4.5m。管道局部埋地敷设时，其管顶距地面不应小于 0.9m，且应在冰冻线以下。

9.2.1.6　总平面布置

液化石油气供应基地的总平面布置原则如下：

① 基地的总平面必须按功能分区布置，即分为生产区（包括储罐区和灌装区）和辅助区。生产区宜布置在站区全年最小频率风向的上风侧或上侧风侧。

② 储罐区、灌装区和辅助区宜呈"一"字顺序排列。这样的排列既满足功能需要，又符合《城镇燃气设计规范》（2020 年版）（GB 50028—2006）和《建筑设计防火规范》（2018 年版）（GB 50016—2014）规定的防火间距的要求，可节省用地，便于运行管理，又有发展余地。

液化石油气储存站、储配站和小型瓶站的总平面布置示例分别见图 9-6～图 9-8。

液化石油气储存站、储配站和灌装站边界应设置围墙。生产区应设置高度不低于 2m 的不燃烧体实体围墙，辅助区可设置不燃烧体非实体围墙。生产区应设置环形消防车道；当储罐总容积小于 500m³ 时，可设置尽头式消防车道和回车场，且回车场的面积不应小于 12m×12m。消防车道宽度不应小于 4m。

液化石油气储存站、储配站和灌装站应设置专用卸车或充装场地，并应配置车辆固定装置。灌瓶间的钢瓶装卸平台前应设置汽车回车场。

液化石油气储存站、储配站和灌装站的生产区和辅助区应各至少设置 1 个对外出入口；当液化石油气储罐总容积大于 1000m³ 时，生产区应至少设置 2 个对外出入口，且其间距不应小于 50m。对外出入口的设置应便于通行和紧急事故时人员的疏散，宽度均不应小于 4m。生产区内严禁设置地下和半地下建筑，但下列情况除外：

① 储罐区的地下排水管沟，且采取了防止液化石油气聚集措施；

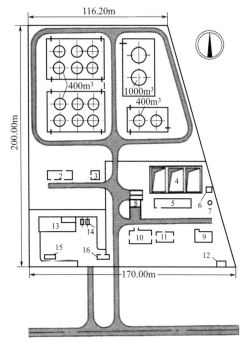

图 9-6　储存站总平面布置示例

1—罐区；2—压缩机室；3—仪表间；4—消防水池；

5—变配电、水泵房；6—深井泵房；

7—水塔；8—机修间；9—锅炉房；

10—办公楼；11—食堂；12—污水泵房；

13—灌瓶车间；14—中间罐；

15—汽车装卸台；16—传达、营业室

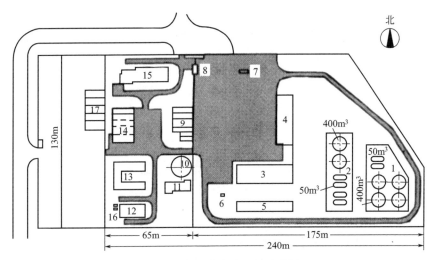

图 9-7 储配站总平面布置示例

1—半冷冻式储罐区；2—全压力式储罐区；3—灌瓶车间；4—瓶库；
5—压缩机、仪表室；6—残液罐；7—汽车装卸台；8—传达室；9—油槽车库；
10—消防水池；11—变电、水泵、空压机室；12—锅炉房；13—机修；14—汽车库；
15—办公楼、食堂；16—中间罐；17—新建汽车库

② 严寒和寒冷地区的地下消火栓。

9.2.2 液化石油气的装卸

储配站接收液化石油气或罐装槽车时可以采用不同的装卸方式，应根据需要和各种装卸方式的特点来选择。大型储配站还可以采用两种以上的装卸方式联合工作。当采用管道输送时，可利用管道末端的压力将液化石油气直接送入储罐。采用槽车运输时，通常采用压缩机、烃泵、升压器进行装卸，个别场合也可以用静压差或不溶于液化石油气的压缩气体进行装卸。

（1）利用压缩机加压装卸　利用压缩机装卸液化石油气的工艺流程如图 9-9 所示。操作时应先将槽车与储罐气液相管连接。在卸车时，打开阀门 2 和 3，开启压缩机，储罐中的气态液化石油气经压缩机加压，经气相管进入槽车中；槽车中的液态液化石油气在气相空间的压力下，经液相管流入储罐。当槽车内液化石油气卸完后，应关闭阀门 2 和 3，打开阀门 1 和 4，启动压缩机，将槽车中的气态液化石油气抽出，压入储罐，槽车储罐中的最终压力不能过低，一般应保持在

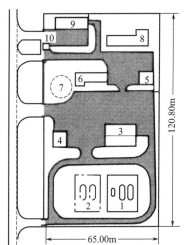

图 9-8 小型瓶站总平面布置示例

1—罐区；2—预留罐区；3—灌瓶车间；
4—汽车槽车库；5—汽车库；
6—水泵、变配电室；7—消防水池；
8—办公室；9—营业室及瓶库；10—门卫

0.1～0.2MPa 左右，通过这个过程可以回收 3%～4%的液化石油气。装车时，关闭阀门 2 和 3，打开阀门 1 和 4，在压缩机的作用下，液化石油气由储罐进入槽车。

利用压缩机装卸液化石油气是比较常用的方式。这种方式流程简单，能同时装卸几辆槽

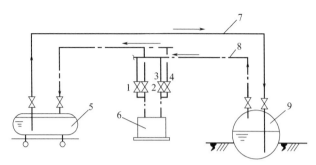

图 9-9 用压缩机装卸工艺流程

1~4—阀门；5—槽车；6—压缩机；7—液相管；8—气相管；9—储罐

车，并可将槽车完全倒空；但装卸车时耗电量比较大，操作、管理比较复杂。

（2）利用升压器卸车 利用升压器装卸的工艺流程如图 9-10 所示。中间储罐 1 和升压器 2 联合工作，通过热媒对升压器 2 中的液态液化石油气加热，部分液态液化石油气气化，进入槽车 3 中，其中部分液化石油气蒸气凝结于槽车中的液相表面，使液相表面温度升高，气相空间的压力也随之增大，槽车中的液态液化石油气在压力作用下进入储罐 4。其工作原理与利用压缩机卸车基本相同，这种方式比压缩机工作更平稳可靠，因此得到了广泛的应用。

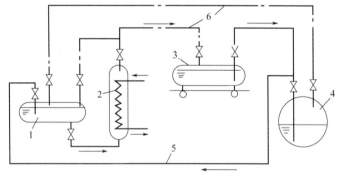

图 9-10 用升压器装卸的工艺流程

1—中间储罐；2—升压器；3—槽车；4—储罐；5—液相管；6—气相管

（3）利用烃泵装卸 利用烃泵装卸液化石油气的工艺流程如图 9-11 所示。操作时，首先将槽车与储罐气液相管连接。在卸车时，打开阀门 2 和 3，开启泵，槽车中的液态液化石油气在泵的作用下，经液相管进入储罐中；装车时，关闭阀门 2 和 3，打开阀门 1 和 4，在泵的作用下储罐中的液化石油气由储罐进入槽车。在装车或卸车过程中，气相管的阀门始终打开，以使两容器的气相空间压力平衡，加快装卸车的速度。利用烃泵装卸液化石油气是一种比较简便的方式，它不受地形影响，装卸车速度比较快，采用这种方式时，应注意保证液相管道中任何一点的压力都不得低于相同温度下的液化石油气的饱和蒸气压，以防止吸入管内的液化石油气气化而形成"气塞"，使泵空转。

此外，还有利用压缩气体或利用加热液化石油气进行装卸的，这些装卸方式过程复杂，需要使用惰性气体或热水、蒸汽等，在实际工程中很少采用。

9.2.3 储存区

液化石油气的储存是液化石油气供应系统的一个重要环节。储存方式与储存量的大小一

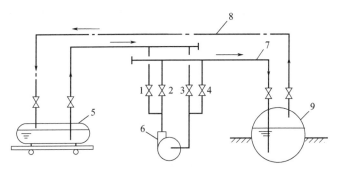

图 9-11　用烃泵装卸的工艺流程

1～4—阀门；5—槽车；6—泵；7—液相管；8—气相管；9—储罐

般根据气源供应、用户数量和用气情况等多方面的因素综合考虑确定。

（1）储存方法

① 根据液化石油气储存形态可以分为：

a. 常温压力液态储存（全压力储存）。其利用液化石油气的特性，在常温下对气态液化石油气加压使其液化并储存。储气设施不需要保温。通常采用常温加压条件保持液化石油气的液体状态，所以用于运输、储存液化石油气的容器必须为压力容器。

b. 低温常压液态储存（全冷冻式储存）。其利用液化石油气的特性，在常压下对气态液化石油气进行冷却使其液化并储存。储气设施为常压，但为了维持液化石油气液体状态，储气设施需要保温。一般运输液化石油气的槽船上常采用这种技术。

c. 较低压力、较低温度储存（半冷冻式储存）。其综合全压力式储存和全冷冻式储存两种方法的特点，在较低压力下将液化石油气降温、液化，采用较低压力、带保温的储存设施（半冷冻式储罐）进行储存和运输。

d. 固态储存。其将液化石油气制成固态块状储存在专门的设施中。固态液化石油气的携带和使用方便，适于登山、野营等。但这种技术难度大、费用高，一般只在特殊需要时采用。

② 按空间相对位置可分为：

a. 地层岩穴储存。地层岩穴储存是将液化石油气储存在天然或人工的地层结构中。这种储存方式具有储存量大、金属耗量及投资少等优势。寻找合适的储存地层是这一技术的关键。

b. 地下金属罐储存。地下金属罐储存分为全压力式储存和全冷冻式储存两种形式，一般在受地面情况限制不适合设置地面储罐时采用。全压力式储存是将金属罐设置在钢筋混凝土槽中，储罐周围应填充干砂，为保证安全，需在液化石油气储罐周围的干砂中设置燃气泄漏报警装置。

c. 地上金属罐储存。一般采用固定或活动金属罐储存液化石油气。这种储存方式具有结构简单、施工方便、储罐种类多、便于选择等优点。但地上储罐受气温影响较大，在气温较高的地区，夏季需要采取降温措施。

在城镇液化石油气供应系统中，目前使用最多的是将液化石油气以常温压力的液态形式储存在地上的固定金属罐中。近年来，一些企业也引进了低温常压液态储存的装置。

（2）储罐总容积、形式和台数

① 储罐总容积。储罐设计总容积应根据设计规模、液化石油气来源和市场情况等因素确定其储存天数后，按式（9-3）计算。储存天数主要取决于气源情况和气源厂到供应基地

的运输方式等因素，如气源厂的个数、距离远近、运输时间长短、设备检修周期等。

$$V_z = \frac{G_d \tau}{\rho_y \phi} \tag{9-3}$$

式中 V_z——储罐设计总容积，m^3；

     G_d——计算月平均日供气量，t/d；

     τ——储存天数，d；

     ϕ——最高工作温度下储罐充装系数，最高工作温度为40℃时，取0.9；

     ρ_y——最高工作温度下液化石油气密度，t/m^3。

液化石油气的容积膨胀系数较大，随着温度的升高，液态液化石油气的容积会膨胀。在任一温度下，储罐或钢瓶允许的最大罐装容积是指液化石油气的温度达到最高工作温度时，其液相体积的膨胀恰好充满整个储罐或钢瓶。如果过量罐装，液化石油气体积膨胀产生的压力可能破坏容器，因此，过量罐装非常危险。在任一温度下，罐装储罐或钢瓶时，最大罐装容积 V 与储罐或钢瓶的几何容积 V_0 的比值称为该温度下储罐或钢瓶的容积充满度。

容积充满度与以下几个因素有关：

a. 液化石油气的组分。由于液化石油气的组分不同，其比容也不同，在相同的充装温度和最高工作温度条件下，液化石油气的组分将影响容积充满度。

b. 液化石油气的最高工作温度。液化石油气的最高工作温度越高，其比容也随之增大。若储罐的充装温度不变，容积充满度随最高工作温度升高而降低。季节的不同也将影响最高工作温度，为合理利用储罐的储存容积，冬季与夏季应取不同的容积充满度。

c. 液化石油气的充装温度。当液化石油气的最高工作温度不变时，容积充满度将随充装温度的升高而增大，随充装温度的降低而减小。

② 储罐形式和台数。全压式地上液化石油气储罐有两种形式，即球形和卧式圆筒形。球形储罐单罐容积较大，有 $50m^3$，$120m^3$，$200m^3$，$400m^3$，$650m^3$，$1000m^3$，$2000m^3$，等。卧式圆筒形储罐单罐容积较小，有 $5m^3$，$10m^3$，$20m^3$，$30m^3$，$50m^3$，$65m^3$，$100m^3$，等。

全冷冻式液化石油气储罐有两种形式：间接冷冻式和直接冷冻式。一般做成拱顶双层壁的圆筒形储罐，也可做成单壁外加保温层的圆筒形储罐。单罐储存容积较大，一般为$(3\sim8)\times10^4 m^3$。储罐形式和台数根据其设计总容积确定。为保证安全运行，节省投资和便于管理，台数不宜过多，但不应小于2台。

（3）储罐区工艺布置   示例见图9-12和图9-13。

9.2.4   灌瓶区

我国在很长一段时期液化石油气的分配与供应方式主要是气瓶供应。供给居民用户采用15kg气瓶，供给商业用户和小型工业用户采用50kg气瓶。

将液化石油气按规定的重量灌装到钢瓶中的工艺过程称为灌装。钢瓶的灌装工艺一般包括空实瓶搬运、空瓶分拣处理、灌装及实瓶分拣处理等环节。根据灌装规模和机械化程度不同，各环节的内容和繁简程度也不相同。

灌装过程可以按照原理和机械化程度分类。按灌装原理可以分为重量灌装和容积灌装。重量灌装是指靠控制灌装重量来控制储罐及钢瓶的容积充满度的灌装方法。容积灌装是指靠控制灌装容积来控制储罐及钢瓶的容积充满度的灌装方法。按机械化、自动化程度可以分为手工灌装、半机械化半自动化灌装、机械化自动化灌装。

（1）手工灌装   手工灌装方式一般适用于日灌装量较小、异型瓶较多时。手工灌装过程

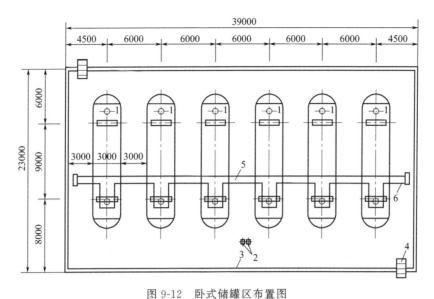

图 9-12 卧式储罐区布置图

1—100m³ 卧式储罐；2—烃泵；3—防护墙；4—过梯；5—钢梯平台；6—斜梯

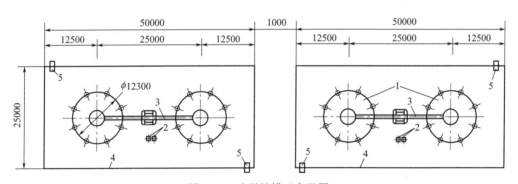

图 9-13 球形储罐区布置图

1—1000m³ 球形储罐；2—烃泵；3—联合钢梯平台；4—防护墙；5—过梯

中，全部手动操作，工人劳动强度大，灌装精度差，液化石油气泄漏损失比较大，有时作为灌瓶站的备用灌装方式。手工灌装工艺流程图如图 9-14 所示，手工灌瓶系统如图 9-15 所示。

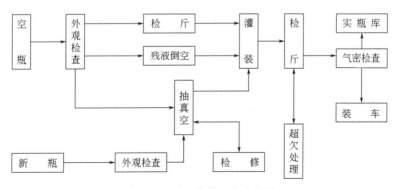

图 9-14 手工灌装工艺流程图

（2）半机械化半自动化灌装 半机械化半自动化灌装是指在手工灌装方式中加入了自动停止灌装装置。这种方法与手工灌装相比，可以比较精准地控制灌装量，提高了灌装精度，

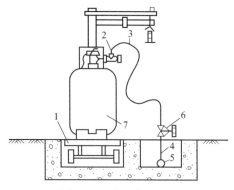

图 9-15　手工灌瓶系统

1—普通台秤；2—手工灌装嘴；3—软管；4—液相支管；5—液相干管；6—截止阀；7—钢瓶

减少了过量灌装的可能和液化石油气的泄漏，相关工艺流程见图 9-16。

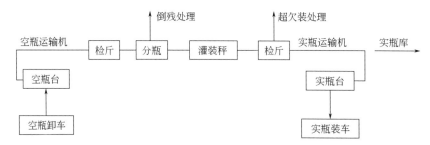

图 9-16　半机械化灌瓶车间生产工艺流程示意图

（3）机械化自动化灌装　机械化自动化灌装是指灌装及钢瓶运送、停止灌装等均自动完成的灌装方法。运到灌瓶站的空瓶，从卸车开始，直到对灌装后的实瓶装车运出的全过程，均采用机械化和自动化。

当日灌装量较大时，一般采用机械化、自动化灌装方式，使用机械化灌装转盘进行操作。机械化自动化灌装工艺流程图如图 9-17 所示。

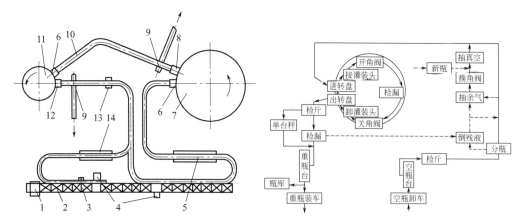

图 9-17　机械化灌瓶车间的生产工艺流程示意图

1—托盘运输机；2—托盘；3—停止器；4—推瓶器；5—清洗烘干设备；6—上瓶器；
7—倒空转盘；8—卸瓶器；9—分瓶器；10—机动辊道；11—灌装转盘；
12—检斤装置；13—水检机组；14—烘干设备

回站钢瓶用叉车放在托盘运输机上的托盘中，推瓶器将空瓶推上传送带运进灌瓶间。经过清洗、烘干后，由上瓶器将钢瓶推上倒空转盘。倒出钢瓶中的残液后，空瓶沿机动辊道去灌装转盘。灌装完的实瓶经检斤装置对钢瓶的灌装量进行复检，并进行瓶阀的气密性检验。经检查合格的实瓶，在烘干设备中烘干后沿传送带送去装车外运。

机械化灌装转盘机组包括下列部件：装有自动灌装秤的转盘、转盘主轴、上瓶器、卸瓶器、检斤秤和传送带。

汽车槽车的灌装是在专门的汽车槽车装卸台（或灌装柱）上进行的。汽车槽车的装卸台应设置罩棚，罩棚的高度应比汽车槽车高度高 0.5m；罩棚通常采用钢筋混凝土结构，每个装卸台一般设置两组装卸柱，当装卸量较大时，可设置两个汽车槽车装卸台。

灌装钢瓶是储配站的主要生产活动。目前常用的是用烃泵灌装、用压缩机灌装、烃泵-压缩机联合灌装三种方式。

液化石油气的灌装工艺成熟，技术设备国产化程度高，规格全，便于选择使用。

（4）灌装计算

① 日灌瓶量的确定。灌瓶间的日灌瓶量可按式（9-4）计算

$$N_d = \frac{K_m m q_m}{30q} \tag{9-4}$$

式中　N_d——计算月平均日灌量，瓶/d；

K_m——月用气高峰系数，可取 1.2～1.3；

m——供气户数，户；

q_m——居民用气量指标，kg/(月·户)；

q——单瓶灌装质量，取 15kg/瓶。

② 灌瓶设备及其选择。

a. 主要灌瓶设备

（a）灌瓶秤：灌瓶秤按灌瓶质量区分有 50kg、15kg、5kg 和 2kg 四种。15kg 灌瓶秤灌瓶能力 30～40 瓶/h，50kg 灌瓶秤灌瓶能力 15～20 瓶/h。

（b）运瓶机：运瓶机由机头、弯道、岔道、直线段、接力段、连接段、机尾以及相配套的气动元件和管路等组成。运瓶机线速度为 9m/min。机头是运瓶机各运瓶段的驱动部分，电动机功率为 4.0kW。机头驱动的运瓶段为直线段时，其长度不应超过 30m，非直线和局部双线时不应超过 20m。运瓶机的组合示意图见图 9-18。

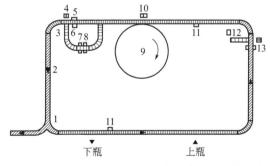

图 9-18　运瓶机组合示意图

1—人字形岔道；2—直线段；3—弯道；4—推瓶器；5—检斤秤；6—辊道；
7—超处理秤；8—欠处理秤；9—回转式灌瓶机；10—上瓶器（挡瓶器）；
11—接力段；12—倒残机；13—挡瓶器

(c) 残液倒空装置：分为气动翻转式倒空装置和手动翻转式倒空架两种。气动翻转式倒空装置组合成 4~8 位时，可与机械化灌瓶装置配套作业。

b. 主要灌瓶设备的选择。灌瓶秤的台数根据计算月平均日灌瓶量、班数、每班工作时间和单台秤的灌瓶能力，按式（9-5）计算确定

$$N_c = \frac{N_d}{n\tau n_p} \tag{9-5}$$

式中　N_c——所需灌瓶秤的台数，台；

　　　N_d——计算月平均日灌瓶量，瓶/d；

　　　n——每天工作班数，班/d；

　　　τ——每班工作小时数，h/班；

　　　n_p——单台秤的灌瓶能力，瓶/h。

当所需灌瓶秤台数超过 6 台时，应考虑采用半机化灌瓶作业。超过 12 台时，考虑采用机械化灌瓶作业。

（5）残液回收　残液是指液化石油气中 C_5 以上碳氢化合物，它们在使用过程中一般不能自然气化。

从用户运回的钢瓶中，会有一定量的残液，待检修和报废的钢瓶中也会有液化石油气或残液，这些液化石油气或残液需要从钢瓶中倒出来。因此，液化石油气储配站应设置残液倒空回收系统。根据要倒空和回收的残液量多少，可以选择人工或机械倒空方式。

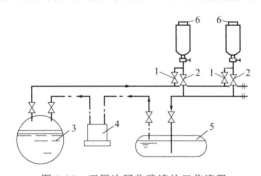

图 9-19　正压法回收残液的工艺流程
1，2—阀门；3—储罐；4—压缩机；5—残液罐；6—钢瓶

图 9-19 为正压法残液人工倒空回收系统工艺流程图。气瓶中残液的压力一般都比残液罐内的压力小，用压缩机向钢瓶内压入气态液化石油气来提高瓶中的压力，使残液流入残液罐。倒残液时，打开阀门 1，气态液化石油气通过压缩机增压后压入钢瓶。当钢瓶内压力比残液罐压力大 0.1~0.2MPa 时，关闭阀门 1，翻转钢瓶，打开阀门 2，使残液流入残液罐。

残液倒空装置位数根据每天需进行残液倒空的气瓶数量和每位倒空架的残液倒空能力，按式（9-6）计算

$$N_j = \frac{N_{CP}}{n\tau n_C} \tag{9-6}$$

式中　N_j——残液倒空装置的位数，台；

　　　N_{CP}——日残液倒空瓶数，可根据运行经验确定，按季节不同，可取气瓶每周转 3~5 次倒空 1 次，瓶/d；

　　　n——生产班制，班/d；

　　　τ——每班工作小时数，h/班；

　　　n_C——每位倒空架倒空能力，一般取 20~30 瓶/(h·台)。

（6）灌瓶间的工艺布置　灌瓶间的工艺应根据灌瓶设备配置情况、存瓶数量，并考虑便于灌瓶、运瓶作业等因素进行布置。气瓶应按实瓶和空瓶分区、分组码放。根据运行经验可单层或双层码放。

总存瓶量可取计算月平均日供应量的 1~2d 的瓶数。当存瓶量超过 3000 瓶时，应考虑

另设置瓶库。日灌瓶量 2000 瓶/d 的灌瓶车间布置示例见图 9-20。

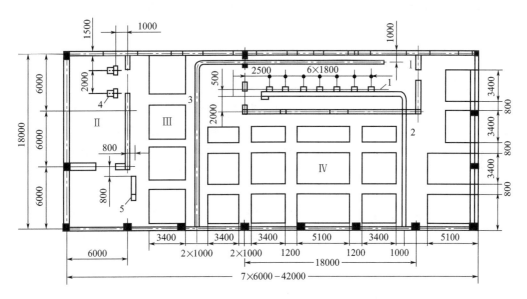

图 9-20 2000 瓶/d 灌瓶车间布置示例

Ⅰ—民用灌瓶间；Ⅱ—其他用户灌瓶间；Ⅲ—空瓶间；Ⅳ—实瓶区；

1,4—灌瓶秤；2—实瓶运输机；3—空瓶运输机；5—残液倒空架

9.3 液化石油气的用户供应

液化石油气的供应方式主要有瓶装供应和将液化石油气气化后管道供应两类。

瓶装供应资金投入少，建设过程短，简便灵活，适宜于临时用户或边远散户的用气。但瓶装供应方式有较大的局限性，如在供应的过程中存在灌装、换气、装卸和运输等多个环节，对气瓶和附件需进行定期的检修和校验，难以满足商业用户及工业用户的大量用气需求等。

液化石油气管道供应作为城镇燃气或小区气源，除了向家庭用户正常供应生活用气外，还可满足冬季采暖的需要。液化石油气管道供应还可作为城镇燃气的调峰气源及备用气源。

在远离燃气输配管网或天然气干线的地区，液化石油气还可以与空气混合作为中小城镇气源，也可以作为天然气到来之前的过渡气源。

根据供气规模的大小、输气距离的远近、环境温度的高低，可确定液化石油气管道供应的气化站是采用自然气化还是强制气化，是低压输送还是中压输送。

9.3.1 液化石油气气化

LPG 从气源厂到储配站再到罐瓶，以液相为主进行输送，这样需要的管径小，容积小；而使用时是 LPG 的气相，易和空气混合，燃烧效率较高。烧锅炉用的残液也是气化后再燃烧。液态 LPG 转化为气态的过程叫气化过程。

液化石油气的气化方式有两种：自然气化和强制气化。

（1）自然气化 液态 LPG 吸收本身的显热，或通过器壁吸收周围介质的热量而进行的

气化，叫自然气化，如图 9-21，其是在贮存容器中自然进行的。这种气化方式产气量较少，供应户数和供应范围也较小，主要应用在家庭和小型的公共事业单位中。

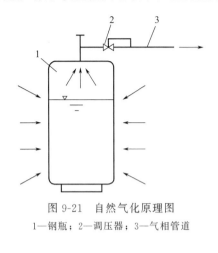

图 9-21 自然气化原理图
1—钢瓶；2—调压器；3—气相管道

自然气化的特点：

① 气化能力的适应性。容器或储罐内的液态液化石油气利用显热的气化量及原有容器内气体因降低压力向外导出的气体量与依靠传热的气化量性质不同，前两部分气体量取决于容器内的液体量、内容积、液温变化及压力变化等条件，而与时间无关。因此可以在短时间内获得较大的气化量，当减少气化量或停止气化，液温可以回升，那么还可以再利用由此积蓄起来的显热在短时间内以较大的速度气化。这种气化方式的气化能力，根据实际条件具有一定的缓冲性，这种性质称为气化能力的适应性，这是自然气化的一个重要特性。

② 气化过程的不稳定性。随着容器中气相液化石油气被不断引出，液态液化石油气不断气化，从而逐渐减少，因此气化能力也会随之降低。当液化石油气是非单一成分时，气化过程引出的气相和仍存留在容器内的气相和液相的组成都要发生改变，轻组分会减少，重组分会增加，因此容器中的饱和蒸气压会逐渐降低。

③ 再液化问题。自然气化时，如果液温与环境温度相同，气化后的气体压力就相当于此时环境温度下的饱和蒸气压。若从容器的出口至调压器入口的高压管道也在同样的环境温度下，气态液化石油气就不会在这段管段内出现再液化现象，如图 9-22(a) 所示。

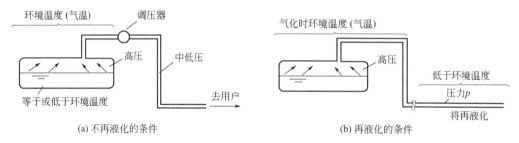

(a) 不再液化的条件　　　　　(b) 再液化的条件

图 9-22 自然气化的再液化条件

在实际使用液化石油气时，主要是依靠传热从环境获得气化所需热量，液温一般都低于环境温度。在这个液温下气化的饱和蒸气，由容器排出后，处在比气化时温度高的环境温度下，即液化石油气蒸气在管道内处于过热状态，因此也不会发生再液化现象。但是如果长时间停留在输气管道内（例如夜间不用气的情况下），而周围环境的温度在逐渐下降，当温度低于该压力下的蒸气露点时，一部分气体就要再液化而滞留于管道低处。不过像一般的瓶装供应，这部分管道较短，凝结量也极少，而且当再次使用液化石油气时会立即气化，实际上无任何影响。

根据上述情况，自然气化方式一般不必特别考虑再液化问题。但是如图 9-22(b) 所示，在容器内气化了的液化石油气，如以很高的压力长距离输送，而且高压管道部分的环境温度比气化容器的环境温度低，那么这部分气体就会出现再液化现象。缩短气化容器与调压器之间的距离，或采用降压输送可以避免再液化现象的发生。

（2）强制气化 强制气化即采用专门的气化装置利用外来热媒加热将液态液化石油气气化转换成气态液化石油气。这种气化方式适用于用气量较大，热值稳定且用自然气化不经济的场所。

① 强制气化的特点

a. 对于多组分的液化石油气，如采用液相导出强制气化，气化后的气体组分始终与原料液化石油气的组分相同，因而可以向用气单位供应组分、热值稳定的液化石油气。

b. 强制气化通常在不大的气化装置中可气化大量气体，不同于自然气化受条件限制，由于气化器的出力需满足大量用气的需要，气化量不受容器个数、湿表面积大小和外部气候条件等限制，不需要从保证安全可靠供气的角度确定容器的个数及总容积。

c. 液化石油气气化后，如仍保持气化时的压力进行输送，则可能出现再液化问题。所以应尽快降到适当压力，或加热提高温度，处于过热后再输送。

② 强制气化的工艺流程。在强制气化系统中，液化石油气从管道中进入气化器的方式有下列三种：依靠容器自身的压力（等压强制气化）；利用烃泵使液态液化石油气加压到高于容器内的蒸气压后送入气化器，使其在加压后的压力下气化（加压强制气化）；液态液化石油气依靠自身压力从容器进入气化器前先进行减压（减压强制气化）。强制气化方式产气量较大，供应户数和供应范围较大。

a. 等压强制气化。如图 9-23 所示，容器内的液态液化石油气，依靠自身压力进入气化器，进入气化器的液体从热媒获得气化所需热量，气化后压力为 p 的气体经调压器调节到管道要求的压力输送给用户，低峰负荷时，采用自然气化供气。在该系统中储罐与气化器的相对位置，应保证当储罐内达到最低液位时，气化器内的液位高度满足其可以进行正常工作的要求。

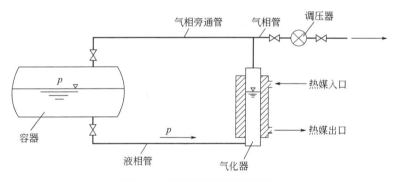

图 9-23 等压强制气化原理图

b. 加压强制气化。如图 9-24 所示，容器内的液态液化石油气由烃泵加压到 p' 送入气化器，在气化器内，在 p' 的压力下气化，然后由调压器调节到管道要求的压力，再输送给用户。气化器具有负荷自适应特性：当用气量减少时，气化器内液化石油气气相压力升高，在达到甚至超过液相进入压力时，将阻止液相继续进入并将液相推回进液管，回流阀自动开启，液相液化石油气回流到容器中，从而使气化器中液相传热面积减少，气化量减少。当用气量增大时，则发生相反的过程。该特性是气化器对于负荷变动相应自动调整产气量的一种适应特性。

c. 减压强制气化。如图 9-25 所示，液体在进入气化器前先通过减压阀减压，再在气化器内气化。在这种气化方式中，当导出气体减少或停止时，气化器内压力升高，则通过回流阀将液体导回容器，通过减少传热面积而降低气化速度。

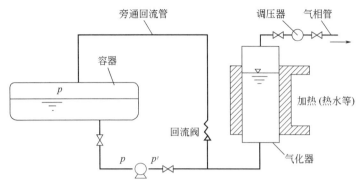

图 9-24 加压强制气化原理图

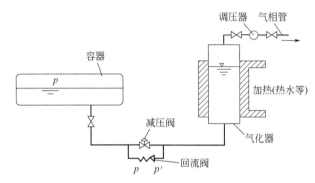

图 9-25 减压强制气化原理图

9.3.2 液化石油气的管道供应

液化石油气的管道供应适用于居民住宅区、商业用户、小型工业企业用户。一般由气化站或混气站供气。气化站的主要任务是将液态液化石油气在进行自然气化或强制气化后，用管道将气态液化石油气送至用户使用，用户使用的燃具为液化石油气燃具。混气站是将气态液化石油气与空气按一定的比例混合成性质及热值接近天然气的混合气体后，经管道输送到用户，用户使用的燃具为天然气燃具。

气化站与混气站中，液化石油气的储存容量一般按计算月平均日的 2～3d 用气量确定。气化站与混气站一般设置在居民区用气负荷中心，站址选择及站内布置、与其他建(构)筑物间的距离等必须符合规范要求。

(1) 液化石油气的自然气化管道供应 自然气化管道供应适用于用气量不大的系统，这种系统投资少、运行费用低。一般采用 50kg 钢瓶的瓶组或小型储罐供气。当输气距离较短、管道阻力较小时，气化站通常采用高低压调压器，管道供气压力为低压。当输气距离较长（超过 200m 时），采用低压供气不经济时，气化站可设置高中压调压器或自动切换调压器，中压供气，在用户处二次调压。瓶组供应的气化站适用于居民住宅楼（30～80 户为宜）、商业用户及小型工业用户。气化站通常设置两组钢瓶瓶组，用于自动切换调压器控制瓶组的工作和备用。当工作的瓶组中钢瓶内液化石油气量减少、压力降低到最低供气压力时，调压器自动切换至备用瓶组。

瓶组供应系统的钢瓶配置数量，应根据用户高峰用气时间内平均小时用气量、高峰用气持续时间和钢瓶单瓶的自然气化能力计算确定。备用瓶组的钢瓶数量应与使用瓶组的钢瓶数量相同。瓶组供应系统的钢瓶总容量不超过 1m³（相当于 8 个 50kg 钢瓶）时，可以将瓶组设置在建筑物附属的瓶组间或专用房间内，房间室温不应低于 0℃。当钢瓶总容量超过 1m³ 时，应将瓶组设置在独立的瓶组间内。

（2）液化石油气的强制气化管道　供应液化石油气的强制气化管道供应方式的特点是供气量与供应半径较大。但要注意气态液化石油气的输送温度不得低于其露点温度，以避免气态液化石油气在管道中的再液化。液化石油气的强制气化站可以采用金属储罐或 50kg 钢瓶的瓶组。在强制气化系统中，储罐或钢瓶瓶组只起储存作用，液态液化石油气要在专门的气化器中进行气化。

强制气化的供气系统根据输送距离的远近可以选择中压供气或低压供气两种方式。与自然气化管道供应方式一样，当采用中压供气时，在用户处需要进行二次调压。

储罐的设计总容量可按计算月平均 3d 的用气量确定；当采用瓶组供应系统时，钢瓶的配置数量应按 1~2d 的计算月最大日用气量确定；其他要求与自然气化管道供应方式相同。对于城镇居民小区及商业用户，由于其用气量较大，所需储气总容积一般大于 4.0m³。此时，多采用储罐供应系统，储罐可以设置在地上，也可以设置在地下。地上储罐操作管理方便，但当受到场地及安全距离的限制时，可以将储罐置于地下。储罐强制气化的供气规模可达几千户。

（3）液化石油气混空气管道供应　液化石油气混空气作为中小城镇的气源，与人工煤气相比，具有投资少、运行成本低、建设周期短、供气规模弹性大等优点；与液化石油气自然气化和强制气化管道供应相比，由于混合气的露点比液化石油气低，即使在寒冷地区也可以保证常年供气。同时，这种系统还适于作为城镇天然气到来之前的过渡气源，在天然气到来之后，混气站仍可作为调峰或备用气源留用。如果混气站是作为过渡气源建设时，还应该考虑与规划气源的互换性，以保证在改用天然气后，燃气分配管道及附属设备、用户燃具等可以不需要更换而继续使用。

液化石油气混气站由液化石油气储罐、蒸发器、混合器、计量仪表与管道组成。

液化石油气与空气的混合比例应保证安全并满足燃气互换性的要求，混合气体中液化石油气的体积分数必须高于其爆炸上限的 2 倍，即当液化石油气的爆炸上限为 10% 时，混合气中液化石油气的含量不得低于 20%。

根据供气规模的大小，混气站可选择不同的混气方式和设备。国内液化石油气混空气供应站的供气规模已达 2~10 万户，液化石油气与空气混合时，其混气方式有两种，一种是引射式，另一种是比例流量式。

引射式混气系统主要由气化装置、引射器、空气过滤器和监测控制装置等组成。这种混气方式工艺流程简单，投资少，不耗电，运行费用低，但其出口压力较低，供应范围较小。

比例流量式混气系统主要由气化装置、空压机组、比例流量式混合器和监测控制装置等组成。这种混气方式工艺流程较复杂，投资较大，运行费用较高，但其自动化程度较高，供气压力较高，供气范围较大。

① 引射式混气系统的工艺流程。引射式混气系统工艺流程见图 9-26。

利用烃泵将储罐内的液态液化石油气送入气化器并将其加热气化生成气态液化石油气，经调压后以一定压力进入引射器并从喷嘴喷出，将过滤后的空气带入混合管进行混合，从而获得一定混合比和一定压力的混合气。再经调压、计量后送至管网向用户供气。

为适应用气负荷的变化，每台混合器设有大、小生产率的引射器各 1 支。当用气量为零时，混气装置不工作，阀 12 关闭。当开始用气时，集气管 14 中的压力降低，经脉冲管传至

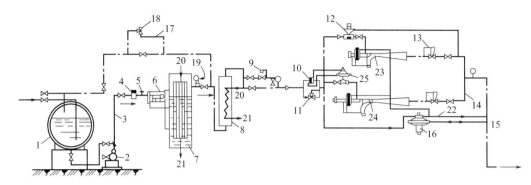

图 9-26　引射式混气系统工艺流程

1—储罐；2—泵；3—液相管；4—过滤器；5—调节阀；6—浮球式液位调节器；7—气化器；

8—过热器；9—调压器；10—孔板流量计；11—辅助调压器；12—薄膜控制阀；

13—低压调压器；14—集气管；15—混合气分配管；16—指挥器；17—气相管；

18—泄流阀；19—安全阀；20—热媒入口；21—热媒出口；22—调节阀；

23—小生产率引射器；24—大生产率引射器；25—薄膜控制阀

阀 12 的薄膜上，使阀门 12 开启，小生产率引射器先开始运行。当用气量继续增大时，指挥器 16 开始工作，该脉冲传至小生产率引射器的针形阀，其薄膜传动机构使针形阀移动，从而增加引射器的喷嘴流通面积，提高生产率。当小生产率引射器的生产率达到最大负荷时，孔板流量计 10 产生的压差增大，使阀 25 打开，大生产率引射器开始投入运行。当流量继续增大时，大生产率引射器的针形阀开启程度增大，生产率提高。当用气量降低时，集气管 14 的压力升高，大小生产率引射器依次停止运行。

在工程中通常设置多台引射式混合器，每台混合器由 3 支或更多支的引射器组成。监控系统根据负荷变化启闭引射器的支数和混合器的台数，以满足供气需要。这种混气方式的混合器出口压力一般不超过 30kPa。

② 比例流量式混气系统工艺流程。比例流量式混气系统有三通阀式和平行管式两种。对混合器而言，当混合气体流经节流元件时，其通过量可用式（9-7）表示：

$$Q = KS\sqrt{p_1 \Delta p / T_1} \tag{9-7}$$

式中　Q——标准状态下气体体积流量，m^3/h；

　　　K——与节流元件孔口形状和气体雷诺数有关的常数；

　　　S——节流孔的面积，m^2；

　　　p_1——节流孔前气体绝对压力，MPa；

　　　T_1——节流孔前气体温度，K；

　　　Δp——节流孔前后压差，MPa。

从上式可以看出，当混合器的出口压力确定后，T_1 变化较小时，可忽略不计，则影响混合器通过流量的主要是 2 个参数，即混合器进口压力 p_1 和流经孔口面积 S。因此，混合器在运行时，随用气负荷的变化调整前述 2 个参数即可改变其供气量。

三通阀比例流量式混气系统工艺流程见图 9-27。

经净化、干燥后的压缩空气和经一次调压后的气态液化石油气，通过主动调压的空气调压装置将空气和液化石油气调整成相同的设定压力进入混气阀。混气阀内设有可以上下移动和左右旋转的空心活塞筒。活塞筒内左、右分别设有空气和液化石油气进口孔，后部设有混合气出口孔。混气阀的活塞筒底部皮膜分上、下两部分，上部包括活塞筒和出口孔，并与其出口管相通，下部与空气调压装置后进口管相连。当管网压力低于其设计压力时，皮膜上腔

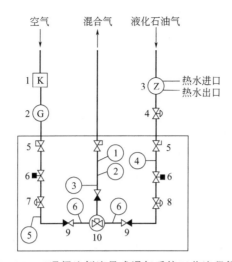

图 9-27　三通阀比例流量式混气系统工艺流程简图

1—空压机；2—空气净化干燥装置；3—液化石油气气化器；4—液化石油气调压器；
5—手动蝶阀；6—紧急切断阀；7—空气调压器；8—液化石油气调压器；
9—止回阀；10—混气阀；①—燃烧放散取样口；②—热值仪取样口；③—氧气分析仪取样口；
④—液化气压力报警取样点；⑤—空气压力报警取样点；⑥—压差报警取样点

压力降低，此时借助空气压力向上推动皮膜并带动活塞筒向上移动，使活塞筒后的出口孔与出口管部分重叠接通，开始向管网供气。用气量增加时，皮膜上腔压力继续下降，两开孔重叠面积增大，供气量增加。两孔口完全重叠时，供气量最大。

当混合气出口燃气热值发生变化时，将其信号送至中央控制柜后，发出指令，则混气阀上的伺服电动机驱动混气阀上的活塞筒转动，改变空气和液化石油气进口面积大小，调整进气比例，使其恢复至设计燃气热值。同时也可手动旋转比例调节器，调整燃气热值。

为了保证系统安全运行，该系统设有混气阀进口液化石油气和空气之间的压差超限报警；空气和液化石油气调压器后设压力高、低限报警等。同时，在空气和液化石油气的进口管上设有紧急切断装置，当其中一种气体中断时，自动停机。

平行管比例流量式混气系统工艺流程示意图见图 9-28。

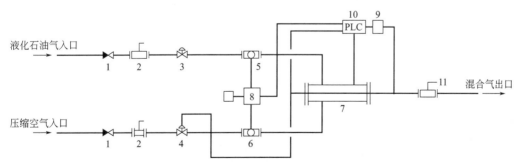

图 9-28　平行管比例流量式混气系统工艺流程示意图

1—止回阀；2—蝶阀；3—液化石油气调压器；4—空气压差调节阀；
5—液化石油气流量控制阀；6—空气流量控制阀；7—混气室；8—气动执行机构；
9—热值仪；10—PLC 控制柜；11—混合气出口蝶阀

该混气系统由压缩空气管路、气态液化石油气管路、混气装置和监测控制装置等组成。开始运行时，根据混合器出口压力，设定 AIR 压差调节阀和 LPG 调压器出口压力，即可按设定的液化石油气和空气混气比向管网供气。当用气负荷发生变化时，混合器出口压力发生变化，此时经出口总管上的压力传感器将信号送至 PLC 控制柜。控制柜发出指令，气动执行机构启动 AIR 和 LPG，流量控制阀阀口同步开大或关小。恢复正常出口压力的情况下，改变混合器出口流量可满足用气负荷变化的需要。

当混合气热值发生变化时，热值取样口将信号送至热值仪，经控制柜发出指令使 AIR 压差控制阀改变其压差，使空气流量改变，液化石油气流量保持不变，从而调节液化石油气和空气的混合比，使混合气热值恢复至设定值。

液化石油气混空气供应系统在我国中小城镇发展很快，供气规模及混气方式选择余地较大，设备国产化程度逐步提高，下一步应降低混气系统的投资，促进这种技术的应用。

9.3.3 液化石油气瓶装供应

（1）液化石油气瓶装供应站 液化石油气瓶装供应站是城镇中专门用于向居民及商业用户供应液化石油气钢瓶的站点。按照供应站中液化石油气气瓶总容积应分为三类，如表 9-2 所示。

表 9-2 液化石油气瓶装供应站分类

名称	钢瓶总容积/m³
Ⅰ类站	$6 < V \leqslant 20$
Ⅱ类站	$1 < V \leqslant 6$
Ⅲ类站	$V \leqslant 1$

注：钢瓶总容积按钢瓶个数和单瓶几何容积的乘积计算。

其中，Ⅰ、Ⅱ级站宜采用敞开或半敞开式建筑，应设置实体围墙与其他建（构）筑物隔开，并保持规范所规定的防火间距；Ⅲ级站可以设在建筑物外墙毗邻的单层专用房间，并符合安全要求。

供应站应邻近公路，以便于运瓶车辆出入方便；瓶装供应站一般设置在供应区域的中心，供应半径不宜超过 0.5～1.0km；服务用户以 5000～7000 户为宜，一般不超过 10000 户，总建筑面积一般为 160～200m²。

液化石油气瓶装供应站一般由瓶库、营业室及修理间等构成。

① 瓶库。瓶库用于存放液化石油气实瓶及回收的空瓶，分设实瓶区和空瓶区。瓶库耐火等级不应低于二级，四周应建有不燃烧的实体围墙，该围墙平台高度应与运瓶车辆的车厢高度相匹配。瓶库前须设有运瓶车的回车场地，以方便钢瓶的装卸。在估算液化石油气供应站实瓶库存量时，一般按日销售量并加大 10%～20% 作为钢瓶日周转量计算。

② 营业室及修理间。营业室及修理间办理交费及钢瓶、燃具简单维修事宜。一般设置在大门附近，并应与钢瓶运输车的进出不发生矛盾，有条件时可分别设置不同出入口。

③ 其他生活及辅助用房。其应以方便使用并靠近营业维修区为宜。

（2）钢瓶用户 液化石油气钢瓶单瓶或瓶组供应因其投资少、使用灵活等特点，在居民及商业用户中得到广泛应用。通常，钢瓶及瓶组供应多采用自然气化方式，这类用户的小时用气量一般小于 0.5～0.7kg/h。商业用户宜采用瓶组供气，但钢瓶的个数不宜过多，否则会导致安全性差、管理不便等问题。

液化石油气单瓶使用设备一般由钢瓶、调压器（液化石油气减压阀）、燃具和连接管组成，主要适用于居民生活用气。使用时，打开钢瓶角阀，液化石油气凭借本身的压力（一般为 0.3～0.7MPa），经过调压器，压力降至 2.5～3.0kPa 后进入燃具燃烧。

　　钢瓶及燃具等一般应放置在厨房或单独的房间内，房间室温不应超过 45℃，且不应低于 0℃；不得安装在卧室、地下室、半地下室或通风不良的场所。钢瓶放置地点应便于更换钢瓶和进行安全检查。一般将钢瓶置于室内，以保证液化石油气气化时所需要的热量和安全管理，减少残液量。为防止钢瓶过热、瓶内压力过高，钢瓶与燃具、采暖炉、散热器等应保证 1m 以上的水平距离。钢瓶与燃具之间应采用耐油、耐压胶管连接，胶管长度一般不大于 2m。

　　除单瓶供应外，部分用户还可采用双瓶供气。双瓶供应时，一般一个钢瓶工作，另一个为备用瓶。当工作瓶内的液化石油气用完后，备用瓶开始工作，空瓶则用实瓶替换。如果哪个钢瓶间装有自动切换调压器，当工作瓶中的燃气用完后，调压器会自动切换至另一个钢瓶。

　　双瓶供应时，钢瓶与燃具不得布置在同一房间，有时可将钢瓶置于室外。当钢瓶量置于室外时，应尽量使用以丙烷为主要成分的液化石油气，以减少气温对气化过程的影响，减少残液量。同时，钢瓶不得放置在建筑物的正面或运输频繁的通道内，并应设置金属箱、罩或专门的小室等钢瓶保护装置。金属箱距建筑物门、窗等处保证必要的距离。钢瓶与燃具之间一般使用金属管道连接。

　　瓶装液化石油气以自然气化方式供气时，用户用气高峰时间不宜过长，一般以连续、大量用气时间不超过 3h 为宜，这样才能充分利用液化石油气自然气化的优势。连续、大量用气会导致容器壁面温度降低，影响液态液化石油气中气泡的产生及剥离，从而使气化能力下降；当周围环境温度低、湿度大时，还会使容器外壁结霜，进一步恶化通过容器壁的传热。所以，应根据用户的用气量大小选择适宜的钢瓶容量及个数。

第 10 章

燃气的安全与运行管理

10.1 管道供气与安全管理

10.1.1 城镇燃气供气特征

城镇燃气供应受季节气候、居民生活规律、工业用户生产周期等方面影响，但都有一定规律和周期可循，但其单月和单日燃气用量分布极为不均匀，为燃气正常供应带来了一定的挑战。

（1）季节温差对供气的影响　以北方城市为例，夏季气温可达 35℃，冬季最低气温−20℃以下，年温差较大，且冬季采暖中供暖燃气锅炉的大量使用，使得冬季燃气用量大幅增加，冬季日均供气量约为夏季日均供气量的 2 倍。

（2）工业用户供气的规律　工业用户生产周期安排存在着计划性，工业用户每日用量不同，一般月初燃气用量较大，工作日燃气用量较大，白天比晚上用气量大。

（3）城镇居民供气的规律　居民用户对燃气使用存在明显峰谷平的特点。以夏季 6 月～10 月为例：5：00～7：00 为早高峰，11：00～12：00 为午高峰，16：30～19：00 为晚高峰（冬季比夏季时间推迟约半小时），夜里 23：00 至早高峰到来时是一天中用气量最少的时候。其中晚高峰大量供气时间较长，用气量也最大，每小时耗气量是深夜时的两倍以上。另外工作日的用气高峰较休息日更为明显。

10.1.2 城镇燃气管线分布及储配方式

我国大部分城市交通呈环状分布，燃气管线也同交通干道一样呈环状分布。燃气管道压力等级也是由外到内，由高到低分布。最外层燃气管道压力等级最高，管线最长储气能力也最大。因为燃气储配罐站大多位于距离市区较远处，供气气源点距离市中心也较远，为保障居民供气就需要提前将燃气输送到城镇内次高压、中压和低压管网当中。

10.1.3 城镇燃气调峰供气方法

城镇燃气供应方式有管道天然气供应、压缩天然气（CNG）供应、液化天然气（LNG）供应、液化石油气（LPG）混空气供应等方式。城镇燃气供应还要考虑到运输成本、储配容量和成本、气源成本、人工成本以及安全性等问题，目前我国城镇燃气供应一般都以管道输送天然气为主，其他供应方式为辅的供气方式。

（1）城镇燃气供应的平稳保障　燃气供应重中之重就是要保障一切用户的平稳供气，居民和工业用户都不能随意停供。

因为使用天然气是动态过程，每小时耗气量不同，所以供气方式也是个动态过程，可根据不同耗气条件下的压力值、热值、气源紧张程度等情况临时启动 CNG 或 LNG 相对高成本的气源供气，这样动静相结合，多个供气点开关相配合，不同气源气质参混，进而达到燃气使用供需平衡的目的。

（2）城镇燃气供应的安全保障　城镇燃气管网是一个相互连通网状结构，具体走向和脉络与城市道路相类似。由于燃气管道错综复杂，难免存在施工误伤、违章占压、老旧管线腐蚀等安全隐患。城镇燃气管网类似于一个大型的蜘蛛网，某条管网出现故障后也能通过周边管网达到供气目的，临时施工也大多选择在夜里进行，所以一般不影响用户的用气。对于大面积长时间停止供气要提前利用当地媒体进行宣传告知，工业用户要提前下达通知书，避免给用户带来安全隐患和经济损失，必要时可以采取大型 CNG 罐车、LNG 罐等其他方式临时供气。

10.2　燃气场站与安全管理

10.2.1　燃气场站安全生产运行管理问题

纵观燃气场站安全生产运行管理的实际状况，发现其中仍存在诸多问题与不足之处，仍需采取优化措施合理设置安全生产管理机构。作为燃气场站安全生产工作人员，必须始终遵循具体法律法规开展管理工作，为燃气场站安全生产管理工作的顺利开展提供有力的保障。

对于燃气系统来讲，燃气场站运行管理的安全性十分重要，同样能够有效地拓展市场规模，实现燃气场站自身规模的有效扩大，为规避事故的发生，必须构建健全的事故预防与处理机制。

10.2.2　燃气场站安全生产运行管理措施

（1）人员管理

① 应定期开展运行人员安全教育工作和业务培训工作，让运行工人充分了解安全管理制度、岗位职责、设备操作规程等业务知识。此项工作应有考核，考核结果可适当与运行工人工资挂钩，以提高工人的积极性。

② 严禁违规操作和违章行为，一旦发现严肃处理，对于情况较严重者，可适当考虑经济处罚。对于严格按照操作规程及相关管理制度操作，能够及时发现安全隐患并上报者予以奖励，奖罚分明以提高运行工人工作严谨性及积极性。

③ 定期组织场站安全事故处置演练工作，让工人了解场站安全事故处置流程，增强工人的事故处置实战能力，建议每年至少组织一次。

（2）场站场地管理

① 应在场站门口设置明显的入站须知和警示标志牌，入站须知应包括入站注意事项和入站相关要求等，警示标志牌应包括禁火、禁打手机、禁止吸烟等标志。

② 场站应划分工作区及生产区（无人值守站除外），生活区与生产区应设置静电释放柱，运行人员和外来参观人员进入生产区需要触摸静电释放柱放电。

③ 设置突发状况紧急集合点，以保证紧急情况下相关人员能够安全撤离。

④ 站内不应堆放易燃易爆物品，站内物品应摆放有序，无超高、过挤现象，环境整洁。

（3）场站工艺设备管理

① 对设备的管理实行责任到人，明确运行维护管理及卫生管理等责任情况，属地划分不要留空白点，这样可提高运行人员的责任心，也便于出现问题后追查相关责任人。

② 值班巡检应及时合规，应对值班巡检人员的巡检路线、巡检内容做明确规定，巡检记录应有巡检人员签字，并及时存档。同时应建立巡检发现问题上报处置流程，处置记录处置结果应在巡检记录上有所体现，形成闭环。

③ 压力表、温度计、安全阀、燃气报警器探头等测量仪表安全附件保证正常运行，根据检定规程定期送检，并对检验报告整理归档。

④ 对调压装置的运行维护应符合《城镇燃气设施运行、维护和抢修安全技术规程》（CJJ 51—2016）中相关规定。

⑤ 工艺设备区要对设备运行状态设备编号进行铭牌标示，以便运行人员准确判断设备，避免误操作。设备防腐应符合要求，不得有锈蚀、油漆起皮等现象。

⑥ 过滤器滤芯、调压器阀垫、弹簧等易损物件应备有足量备品备件，以便出现紧急情况维修时使用。

（4）安全防护设施管理

① 站内应按设计要求配置灭火器材、消防设施，站内消防设施应摆放合理，便于取用，同时应定时巡检，发现问题及时处理，灭火带应叠放，不应处于缠绕状态，以保证消防器材处于应急状态。

② 站内应设置通畅的消防通道，消防通道应能满足消防车通行。

③ 进出站切断阀门及绝缘法兰（绝缘接头）状况良好，切断阀门手柄应齐全，不应有老化锈蚀等现象，应处于受控状态。绝缘法兰（绝缘接头）电阻应可测量，并定期按《城镇燃气设施运行、维护和抢修安全技术规程》（CJJ 51—2016）及其他相关规定要求对绝缘接头进行检测工作。

④ 场站内视情况设置防护栏、防护罩、扶梯、隔离设施等安全装置，并保持状况良好。

⑤ 员工应配备检漏仪、浓度分析仪等巡检工具，并在巡检中正确使用，巡检情况要有记录，同时应配备安全防护服、安全帽等，并正确使用。

⑥ 安装燃气泄漏报警器，泄漏报警装置设置正确、完好，控制器应位于值班室内，对装置定期进行检查测试和记录，应按要求对报警器探头进行鉴定工作。

⑦ 防雷、防静电设施连接要符合规定，定期检查，并按要求邀请有资质单位对防雷设施进行检测工作，检测报告应存档。

10.3 燃气输配系统的运行管理

10.3.1 燃气管网的运行管理

（1）燃气管道及附件的运行与维护 地下燃气管道巡查应包括下列内容：

① 管道安全保护距离内不应有土壤塌陷、滑坡、下沉、人工取土、堆积垃圾或重物、管道裸露、种植深根植物及搭建建（构）筑物等；

② 管道沿线不应有燃气异味、水面冒泡、树草枯萎和积雪表面有黄斑等异常现象或燃气泄出声响等；

③ 不应有因其他工程施工而造成管道损坏、管道悬空等，施工单位应向城镇燃气主管部门申请现场安全监护；

④ 不应有燃气管道附件丢失或损坏；

⑤ 应定期向周围单位和住户询问有无异常情况。在巡查中发现问题，应及时上报并采取有效的处理措施。

（2）地下燃气管道检查规定

① 泄漏检查可采用仪器检测或地面钻孔检查，可沿管道方向或从管道附近的阀井、窨井或地沟等地下构筑物检测；

② 对设有电保护装置的管道，应定期做测试检查；

③ 运行中的管道第一次发现腐蚀漏气点后，应对该管道选点检查其防腐及腐蚀情况，针对实测情况制定运行、维护方案；管道使用 20 年后，应对其进行评估，确定继续使用年限，制定检测周期，并应加强巡视和泄漏检查。

（3）阀门的运行、维护规定

① 应定期检查阀门，应无燃气泄漏、损坏等现象，阀井应无积水、塌陷，无妨碍阀门操作的堆积物等；

② 阀门应定期进行启闭操作和维护保养；

③ 无法启闭或关闭不严的阀门，应及时维修或更换。

（4）排水器的运行、维护规定

① 排水器应定期排放积水，排放时不得空放燃气；在道路上作业时，应设作业标志；

② 排水器护盖、排水装置应定期检查，应无泄漏、腐蚀和堵塞，无妨碍排水作业的堆积物；

③ 排水器排出的污水不得随地排放，并应收集处理。

10.3.2　燃气管网常见事故及处理

燃气管网常见事故包括漏气和堵塞。

（1）漏气　燃气管网运行管理的主要工作之一是检漏。由于漏气点在地下，加之燃气会到处流窜，无孔不入，给地下燃气管道的查漏工作带来很多困难。根据燃气气味的浓度，初步确定出一个大致的漏气范围，通常可选用以下方法进行查找。

① 钻孔查漏。沿着燃气管道的走向，在地面上每隔一定距离（一般隔 2～6m）钻一个孔眼，用嗅觉或检漏仪进行检查。发现有漏气时，再加密孔眼辨别浓度判断出比较准确的漏气点，然后破土查找。对于铁路、道路下面的燃气管道，有的可通过检查井或检漏管检查是否漏气。

② 挖深坑。在管道位置或接头位置上挖深坑，露出管道或接头，检查是否漏气。深坑的选择，应结合影响管道漏气的各种原因分析。深坑挖出后，即使没有找到漏气点，至少可以从坑内燃气味浓淡程度，大致确定出漏气点的方位，从而缩小查找范围。

③ 井室检查。在敷设燃气管道的道路下，可利用沿线下水井、上水阀门井、电缆井、雨水井等井室或其他地下设施的各种护盖或井盖，用嗅觉来判断是否有漏气。

④ 观察植物生长。观察植物生长来检查漏气是一种经济有效的方法，因为经地下管道漏出的燃气扩散到土壤中将引起树木及植物的枝叶变黄和枯干。

⑤ 利用凝水缸判断漏气。地下燃气管道最低点设置的凝水缸，一般按照抽水周期有规律的抽水。若发现抽水量突然大幅度增多时，有可能燃气管道产生缝隙，地下水渗入了凝水缸。由此也可以预测到燃气的泄漏。

⑥ 使用检漏仪器查漏。各种类型的燃气指示器是根据燃气不同的物理化学性质设计制造的。有利用燃气与某种化学试剂接触时使试剂改变颜色的指示器，有利用燃气与空气具有

不同扩散性质的扩散式指示器，也有利用燃气与空气对于红外线具有不同吸收能力的红外线检漏仪。此外，利用放射性同位素来检测漏气地点的方法也得到了应用。

燃气管道检漏是输配管理的一项经常性工作，所以要使检漏工作制度化，确定巡查检漏的周期。巡查检漏的次数应根据管道的运行压力、管材、埋设年限、土质、地下水位、道路的交通量、特殊构筑物的有无以及以往的漏气记录等全面考虑决定。巡查检漏工作应有专人负责、常年坚持形成制度，除平时的巡查检漏外，每隔一定年限还应有重点的、彻底的检测。

发现漏气后，首要的任务是限制事故的扩大。对于地面上的较高压力燃气的泄漏，可迅速关断燃气管网上下游阀门，以隔断漏气管段。而对于在交通量大的坚实路面下，其他地下管道又比较密集的街道中的燃气管道，寻找其漏气点和控制事故扩大较为困难。在这些地下管道中，有的可能是散布燃气的通道，燃气有时在离漏气点相当远的地方显露出来，冬季如土层冻结时，漏气难以排到地面，这就更难确定漏气的地点。燃气容易沿着排水管道散布，然后在意料不到的地方逸出。所以，对燃气管道可能漏气的地点附近的排水管道及其水封进行仔细检查是非常重要的。

处理地下泄漏点开挖作业时，抢修人员应根据管道敷设资料确定开挖点，并对周围建（构）筑物进行检测和监测；当发现漏出的燃气已渗入周围建（构）筑物时，应及时疏散建（构）筑物内人员并清除聚积的燃气。作业点应根据介质成分设置燃气或一氧化碳浓度报警装置。当环境浓度在爆炸和中毒浓度范围以内时，必须强制通风，降低浓度后方可作业。此外，还应根据地质情况和开挖深度确定放散系数和支撑方式，并设专人监护。

燃气设施泄漏的抢修宜在降低燃气压力或切断气源后进行。当泄漏处已发生燃烧时，应先采取措施控制火势后再降压或切断气源，严禁出现负压。当抢修中无法消除漏气现象或不能切断气源时，应及时通知有关部门，并作好事故现场的安全防护工作。修复供气后，应进行复查，确认不存在不安全因素后，抢修人员方可撤离事故现场。

液化石油气泄漏抢修时，还应备有干粉灭火器等有效的消防器材。应根据现场情况采取有效方法消除泄漏，当泄出的液化石油气不易控制时，可用消防水枪喷冲稀释泄出的液化石油气。对于液化石油气泄漏区必须采取有效措施，防止液化石油气聚积在低洼处或其他地下设施内。

（2）堵塞　积水、袋水、积萘和其他杂质等是导致燃气管道堵塞的主要原因。

① 积水。燃气中往往含有水蒸气，温度降低或压力升高，都会使其中的水蒸气凝结成水而流入集水坑或管道最低处，如果凝结水达到一定数量，而不及时抽除，就会堵塞管道。

低压管道中凝结水量较少，中高压管道中凝结水较多。为了防止积水堵管，必须制订出严格的运行管理制度，定期排除集水井中的凝结水。每个集水井应建立位置卡片和抽水记录，将抽水日期和抽水量记录下来，作为确定抽水周期的重要依据，并且还可尽早发现地下水渗入等异常情况。

由高、中压管道或储气罐给低压管网供气时，低压管道内也有轻油、焦油等与凝结水一起凝结下来，应注意这种水的排放会造成污染，同时，如流散在道路上或流入排水系统，则会散发出强烈的燃气臭味，容易误认为漏气，如排入灌溉水渠，则会损害农作物。所以这种凝结水必须用槽车运至水处理厂排放。

集水井内如有铁屑、焦油等沉积物，会影响它的出水功能，应检查清除。

② 袋水。由于各种原因引起燃气管道发生不均匀沉降，冷凝水就会积存在管道下沉的部分，形成袋水。

寻找袋水的方法是先在燃气管道上钻孔，然后将橡胶球胆塞于钻孔的左侧，充气后，听钻孔左侧的管道是否有水波动的声音。如无水声，再将橡胶球胆塞在钻孔的右侧，听钻孔右侧的管道是否有水波动的声音。如有水声，可根据水声的远近，再钻一孔，反复试听，直到找出袋水的地点。找出后，或者校正管道坡度，或者增设集水井，以消除袋水。

③ 积萘。人工燃气中常含有一定量的萘蒸气，温度降低就凝成固体，附着在管道内壁使其流动断面减小或堵塞。在寒冷季节，萘常积聚在管道弯曲部分或地下管道接出地面的分支管处。

要防止和消除积萘，首先要严格控制出厂燃气中萘的含量，符合有关标准的规定，可以从根本上解决管道中积萘的问题。

对城市输气管道，特别是出厂 1~2km 以内的管道，内壁常积有大量的萘，要定期进行清洗。可用喷雾法将加热的石油、挥发油或粗制混合二甲苯等喷入管内，使萘溶解流入集水井，再由集水井排水。萘能被 70℃ 的温水溶解，如果在清洗管段的两端予以隔断，灌入热水或水蒸气也可将萘除掉，但这种方法会使管道热胀冷缩，容易使接头松动。因此清洗之后，应作管道气密性试验。

低压干管的积萘一般都是局部的，可以用铁丝接上刷子进行清扫；或将阻塞部分的管段挖出后，用比较简单的方法予以清扫。清扫用户支管，一般采用真空泵将萘吸出的办法。

④ 其他杂质。管道内除了水和萘以外，其他杂质的积聚也可能引起阻塞事故。杂质的主要成分是铁锈屑，但常与焦油、尘土等混合积存在管道内。无内壁涂层或内壁涂层处理不好的钢管，其腐蚀情况比铸铁管严重得多，产生的铁锈屑也更多，更容易造成管道阻塞。一般在燃气厂附近的输气管道内杂质主要是焦油，而在管道末端附近则以铁锈屑为主。

高压和中压管道内的燃气流速大，且离气源厂或储配站越远燃气越干燥，铁锈屑和灰尘能带出很远的距离，积存在弯头、阀门或集水井处，影响管道正常输气。如果积存在调压设备前应设置过滤器。对于低压管道内的铁锈屑等杂质，不但使管道有效流通断面减小，而且还常在分出支管的地方造成堵塞。

清除杂质的办法是对干管进行分段机械清洗，一般按 50m 左右作为一清洗管段，对于铁锈屑，可在割断的管内用人力摇动绞车拉动特制刮刀及钢丝刷，沿管道内壁将它刮松并刷净。有时铁屑过多，且牢固地附着在管壁上时，除去很困难。管道转弯部分，阀门和集水井如有阻塞，可将其拆下清洗。

10.3.3　储气罐的运行管理

10.3.3.1　储气罐的运行与维护

(1) 储气罐的定期检查　低压储气柜应定期检查，并符合下列规定：

① 塔顶塔壁应无裂缝损伤和漏气，水槽壁板与环形基础连接处应无漏水、气柜基础应无沉降，并应做好记录；

② 导轮和导轨的运动应正常；

③ 放散阀门应启闭灵活；

④ 雨季前应检查气柜防雷接地电阻，并应做好记录；

⑤ 冬季应检查保温系统；

⑥ 应定期、定点测量各塔环形水封水位或活塞密封油位。

(2) 低压储气柜的运行与维护　低压储气柜的运行、维护应符合以下规定：

① 储气柜升降幅度和升降速度应在规定范围内；

② 储气柜运行压力，不得超出所规定的压力；

③ 发现导轮与轴瓦之间发生磨损应及时修复；

④ 导轮润滑油杯应定期加油，发现损坏应立即修理；

⑤ 维修储气柜时，操作人员必须佩戴安全帽、安全带等防护用具，所携带工具应严加保管，严禁以抛接方式传递工具。

高压储罐运行与维护应按国家现行标准《固定式压力容器安全技术监察规程》（TSG 21—2006）、《移动式压力容器安全技术监察规程》（TSG R0005—2011）执行。

（3）储气罐的检修

① 低压湿式储气罐的检修。

a. 测定储气罐的倾斜度和水槽内的水位情况，做好记录。

b. 定期检查溢水管运行，水槽、钟罩和塔节水封高度以及指示灯完好情况，并做好记录。当气柜各塔全升起时，各挂杯水位比挂杯顶面减低的高度，应不大于 150～200mm，如果挂杯中水位比挂杯顶面低到 200mm，必须及时补水。

c. 定期检查钢板接缝、焊缝、铆钉及螺丝接头的密封情况，并做好记录。

d. 春、秋季各测一次气罐接地电阻，其电阻不得大于 4Ω，避雷系统每年检查一次。

e. 气罐蒸气管道及阀门每年秋季检修一次。

f. 气罐除锈刷油每两年一次。

g. 检查放气阀、循环水泵等（定期维修，时间可为一年）。

h. 确保大小煤气阀门启闭灵活。

i. 气柜巡视，每班不少于两次。

② 高压储气罐的检修。

a. 巡视检查运行罐的调节阀门、安全阀、压力表、温度计等，并作记录。

b. 定期（按周或月）活动各开关阀门一次，包括抽水缸除锈上漆。

c. 定期检漏一次（按周）。

d. 定期放抽水缸水一次（按周）。

e. 定期检查安全阀动作灵活情况（按月）。

10.3.3.2 储气罐常见事故与处理

储气罐在运行过程中容易出现的故障主要是储气罐漏气、水封冒气、卡罐与抽空等。

（1）储气罐漏气 储气罐漏气主要原因是由于罐体钢板被腐蚀造成穿孔而漏气，当发现漏气以后应根据罐体腐蚀情况进行修补。在平时保养过程中，定期进行罐体防腐处理，以避免事故发生。

（2）水封冒气 湿式储气罐的塔节之间靠水封进行密封，当水封遭到破坏时，则罐内煤气将从水封中漏至大气，形成漏气。造成水封破坏的原因主要有：

① 由于大风使罐体摇晃，水封遭到破坏；

② 下部塔节被卡，上部塔节在下落时造成脱封冒气；

③ 地震使储罐摇晃倾斜，水封水大量泼出，引起漏气。

为了防止水封冒气，遇有大风天气，需将气罐降至一塔高度，最高不得超过一塔半。应经常检查导轮导轨运行情况，及时发现问题进行处理。

（3）卡罐 湿式煤气罐在运行时有时出现卡罐现象，卡罐现象的原因很多，主要是罐体垂直度与椭圆度不符合要求，使导轮导轨不能很好配合工作，同时也有可能是因为导轮工作不良，造成卡罐。常出现卡罐现象应及时分析原因，进行修复，避免重大事故发生。

当导轮导轨配合不良时，也可采取调整导轮位置使之与导轨紧密配合。当罐体垂直度不合要求时，应检查罐体沿周边的沉降情况是否均匀，若由于储罐基础沉降不均匀造成的罐体倾斜，则应使罐体调平，以保证罐体垂直度，使储气罐能正常运行。

（4）抽空　当储气罐下降至最低限位时，此时应立即停止压缩机工作，以免继续抽排罐内燃气，使储气罐抽空形成负压而遭到破坏。平时在储罐运行过程中应随时注意储气罐高度，使压缩机工作与储气罐的进气与排气协调配合，特别要注意储气罐最高与最低限位的报警，避免储气罐冒顶与抽空现象发生。

储气罐运行管理的中心环节是防止漏气事故，因此应注意以下几个方面：

① 储气罐钟罩升降的幅度应在允许规定的红线范围内，如遇大风天气，应使塔高不超过两塔半。要经常检查储水槽和水封中的水位高度，防止煤气因水封高度不足而外漏。宜选用仪表装置控制或指示其最高、最低操作限位。

② 储罐基础。基础不均匀沉陷会导致罐体的倾斜。对于湿式罐，倾斜后其导轮、导轨等升降机构易磨损失灵，水封失效，以致酿成严重的漏气失火事故；对于干式储罐，倾斜后也易造成液封不足而漏气。因此，必须定期观测基础不均匀沉陷的水准点，发现问题及时处理，处理办法一般可用重块（或活塞）纠正塔节平衡或采取补救基础的土建措施。

高压固定罐虽然无活动部件，但不均匀沉降会使罐体、支座和连接附件受到巨大的应力，轻则产生变形，重则产生剪力破坏、引起漏气等事故。因此高压罐的基础也应定期观测，并在设备接管口处设补偿器或从设计上采取补偿变形措施。

③ 补漏防腐。储气罐都是露天设置，由于日晒雨淋，不可避免会带来罐的表皮腐蚀，一般要安排定期检修，涂漆防腐。

由于煤气本身有某种程度的化学腐蚀性，所以储气罐不可避免会有腐蚀穿孔现象发生。在有关规范规定允许修补的范围内，采取措施后，修补现场已确认不存在可爆气体时，方可进行补漏。补漏完毕，应作探伤、强度和气密性试验验收检查，并备案。

④ 防冻。冬季，尤其寒冷地区，对于湿式罐要注意水封、水泵循环系统的冰冻问题，应加强巡视。对于干式罐，应在罐壁内涂敷一层防冻油脂。对于高压固定罐，应设防冻排污装置，避免排污阀被冻坏。

⑤ 高压储气罐安全阀。一般高压气罐的安全阀工作压力为设计压力的 1.05 倍。只要储气罐已投入运行，安全阀必须处于与罐内介质连通的工作状态，以便在储气罐内出现超压时能及时放散而保全罐体不致被破坏。因此，必须在安全阀上系铅封标记，加强巡视检查。

10.3.4　压缩机的运行管理

压缩机站值班的操作工在正常工作情况下，除了看仪表和观察一些外表情况外，还可以用听和摸的方法进行检查。但这种判断方法需靠实践经验，所以需要不断摸索和实践才能使判断准确。下面介绍一看、二听、三摸的检查方法。

（1）一看　用看的方法可以直接从仪表上和外表现象的变化中看出来，它比较容易，一般可以从压缩机上的压力表、温度计、电气仪表、冷却水、注油量等看出空气压缩机是否在正常工作。

（2）二听　对运转中的压缩机，可以用听的方法来判断是否有不正常的响声，这种方法是检查压缩机内部故障的有效方法。例如运转中气缸内有水或掉入金属物，都会发出敲击声；轴瓦间隙过大松动等都会发出不正常的响声。最简单常用的听的方法是用一根金属棒或改锥放在要听的部位上静静地听，就可以检查出不正常的响声，没有故障时是正常的响声。

（3）三摸　对运转中的压缩机，可以用手摸的方法，觉察压缩机的温度变化和振动情况，例如冷却后排水温度、油温、运转中机件温度和振动情况。用手摸的时候要注意安全，防止温度过高烫伤手。一般是先用手背轻轻地触一下，试一试，一烫手即迅速地离开，防止烫伤。

要正确地判断压缩机的运转情况，一般应把看、听、摸三者结合起来。例如一级吸气阀漏气，可以看到一级排气压力下降，同时用改锥放到一个吸气阀上静听，就可以听到吸气阀运动中出现不正常声音，同时也可以摸到吸气阀盖温度有些升高。

保持压缩机的清洁也是日常维护中非常重要的环节，因为灰尘和杂物不但污染润滑油，而且还会增加对机件的磨损和腐蚀。因此，要经常做好设备的擦拭清洁工作。

压缩机的日常操作维护工作，应认真执行压缩机的操作规程和各项制度，并要注意以下事项：

① 认真检查各级气缸和运动机件的动作声音，根据"听"来辨别其工作情况是否正常，如果发现不正常的响声，要立即停车进行检查。

② 注意各级排气压力表，储气罐及冷却器上的压力表和润滑油压力表的指示是否在规定的正常范围内。

③ 检查冷却水温度，流量是否正常。

④ 检查润滑油供给情况，运动机构的润滑系统供油情况（有些空气压缩机在机身十字头导轨侧面装上有机玻璃挡板，可以直接看到十字头运动及润滑油的供应情况）；气缸（或填料）可用单向开关（带检油阀的）做放油检查，可以检查注油器向气缸中的注油情况。

⑤ 查看机身油池的油面和注油器中的润滑油是否低于刻度线，如低应及时加足。

⑥ 用手感触检查机身曲轴箱，十字头导轨，吸、排气阀盖等处温度是否正常。

⑦ 注意电动机的温升、轴承温度和电压表电流表指示情况是否正常，电流不得超过电动机额定电流，如超过时，要找原因或停车检查。

⑧ 压缩机在断水之后，不能立即通入冷却水避免因冷热不均发生气缸裂纹。

⑨ 压缩机在冬季运转时当室温低于5℃时停车后要放出气缸水套中的水，避免气缸冻裂。

⑩ 要注意有关压缩机安全方面的信号灯、电铃、音响、警报等，当听到这类信号时，一定要认真检查故障所在，并及时处理。

⑪ 检查压缩机运转时是否振动，以及各连接螺栓、地基螺栓是否松动。

⑫ 检查阀门、止回阀、安全阀、过滤器等工作是否正常。

⑬ 开、闭排气管路上的闸阀要缓慢，不要用力过猛，且不要开得太足，关得太死，记好各种阀门开、闭的方向和周数。

⑭ 中间冷却器、后冷却器都要经常放出油水。

⑮ 对所用的润滑油要沉淀过滤，装入清洁的油桶，以便注入时用，严禁润滑油不经沉淀过滤就注入油池或注油器中。

10.3.5 调压站及调压装置的运行管理

调压装置的巡查内容应包括调压器、过滤器、安全放散设施、仪器、仪表等设备的运行工况，确保不存在泄漏等异常情况。

调压器及附属设备的运行与维护的基本要求是：清除各部位油污、锈斑，管路应畅通；检查调压器，应无腐蚀和损伤；当发现问题时，应及时处理；新投入运行和保养修理后的调压器，必须经过调试，达到技术标准后方可投入运行；停气后重新启用调压器时应检查进出口压力及有关参数；过滤器接口应定期进行严密性检查、前后压差检查、排污及清洗。

（1）调压器的维护保养

① 每天巡视检查一次，检查有无漏气，检查调压器工作是否平稳，有无喘息、压力跳动及器件碰撞现象。如有可能，应及时排除故障，否则应立即报告主管部门进行抢修。

② 巡检中按表格项目记录调压器工作参数，包括进站压力、出站压力、有关运行情况、故障情况及处理方法等。

③ 高中压调压站一般每季度保养维修一次，中低压调压站每半年保养维修一次。其方法如下：

a. 清除各部位油污、锈斑，检查针形阀是否畅通；

b. 检查阀口有无腐蚀斑痕，如发现问题，应进行研磨或更换；

c. 各部件涂润滑油，保障其活动自如；

d. 保养修理后，须对调压器认真调试，达到技术标准后方可投入运行，并安排值班人员观察 8h，设备运行正常方可撤离。

（2）过滤器的维护保养

① 在日常运行和巡检中，应注意观察记录过滤器的前后压差，如压差超过允许值时，应及时进行检修。

② 巡视检查中，注意监听有无水流声音，并做到定期或随时排放内部积存的冷凝液。排液应采用胶管引到室外的容器中，用车运走，集中处理。

③ 巡检中，注意检查过滤器的各连接部位和焊口等处有无漏气，零部件有无损坏，发现问题及时排除或报告主管部门。

（3）安全水封的维护保养

① 每天对调压站巡检中，如发现水封漏气应及时排除，如发现漏液也应进行修理排除，并应及时添加水封液体，使其达到规定高度。

② 在对调压站进行大修时，应同时对水封更换失灵部件、清除锈污、涂刷防锈底漆和面漆进行防腐。

③ 对调压站作小修或保养时，应同时对水封的连接阀、液位阀添加润滑油。

10.3.6　户内燃气系统的运行管理

10.3.6.1　用户设施的运行与维护

燃气供应单位应施行对燃气用户设施每年至少一次的检查，并应对用户进行安全用气的宣传。

入户检查应包括下列内容，并做好检查记录：

① 确认用户设施有无人为碰撞、损坏；

② 管道是否被私自改动，是否被作为其他电器设备的接地线使用，有无锈蚀、重物搭挂，胶管是否超长及完好；

③ 用气设备是否符合安装规程；

④ 有无燃气泄漏；

⑤ 燃气灶前压力是否正常；

⑥ 计量仪表是否正常。

在进行室内设施检查时应采用肥皂水检漏或仪器检测，发现问题应及时采取有效的保护措施，由专业人员进行处理。

进入室内进行维护和检修作业，应符合下列规定：

① 进入室内作业应首先检查有无燃气泄漏；当发现燃气泄漏时，应开窗通风，切断气源，在安全的地方切断电源，并应采取措施。

② 燃气设施和器具的维护和检修工作，必须由具有相应资质的单位及专业人员进行。

10.3.6.2 户内燃气系统常见故障与检修

户内燃气系统，时常会发生各种故障，影响居民正常用气，有的会危及居民生命财产安全。管理部门应坚持定期对燃气管道及设备进行检查，发现故障及时清除。对用户报告的隐患和故障，要及时派专业人员调查解决，不可拖延。

（1）漏气及其检修方法　漏气是户内燃气管道最常见的故障。在建筑物内闻到了臭鸡蛋味或汽油味就应该意识到燃气管道系统漏气了。此时应提高警惕，千万不能点火而且要禁止一切可能引起火花的行动，例如拉电门、抽烟、敲打铁器等。应迅速打开门窗，保证空气流通，降低室内燃气浓度，并及时向燃气管理部门报告。

① 漏气的原因。

a. 施工质量及设备质量不良。施工时，接口不严，固定不牢，管线下沉引起漏气。燃气表安装不合理，表具受力，损坏表具漏气。胶管连接处固定不牢，引起接口松动漏气。灶具、阀门连接不严引起漏气，灶具阀门上的缺陷引起漏气。

b. 管道受腐蚀，烂穿漏气。管道的腐蚀有内腐蚀和外腐蚀之分。内腐蚀是由于燃气中的有害物质引起的，外腐蚀是由于外界水蒸气、热气、地面水分及氧化作用引起的，尤其是靠近水池等潮湿地方的管道及穿墙管、穿楼板管，套管密封不严，进水后，套管内管道遭受腐蚀更快。

c. 使用不当造成的漏气。

d. 胶管质量不良，胶管老化开裂，胶管与灶具接连件松动，都会引起漏气。

e. 旋塞开关不严，阀门的阀杆与压盖之间的缝隙处，当阀门填料松动或老化后，易产生漏气。

② 查漏的方法。

a. 用检漏仪查漏。

b. 肥皂液查漏：肥皂液易起泡，气体渗漏时会鼓起肥皂泡。用肥皂液查漏是一种最经济、最简单有效的方法。用肥皂或者洗衣粉都能制作肥皂液。用一把小毛刷蘸取肥皂水，涂刷在管道接口、燃气表接口、阀门接口、燃气表本身和阀门阀杆密封处。管道有裂缝或穿孔漏气，也可以通过涂刷肥皂液发现。

c. 用 U 形压力计查漏。

d. 用眼看、耳听、鼻闻、手摸配合起来找漏。在进行户内燃气管道系统漏气检查时，绝对不允许用明火检查漏气。它极易引起爆炸火灾事故。

③ 漏气的检修。若查出漏气点，其所在房间要及时打开门窗通风，严禁一切明火，迅速关闭阀门，组织力量及时抢修。

a. 管道漏气的修理：户内燃气管道都是明设丝扣连接，发现丝扣处漏气，应将管道拆卸开来进行检查，丝扣完整时，可将丝扣表面清理干净，重新缠填聚四氟乙烯胶带，然后拧紧，切忌出现错丝、偏丝、重丝、乱丝、倒丝现象，发现上述丝扣质量问题，应把丝扣锯掉重新铰制成合格的丝扣，或者更换新管。

对于管道上的裂缝或穿孔引起的漏气应及时更换新管。

管件的漏气，一般是因为丝扣没有上紧，或缺少密封填料，或密封填料损坏。如活接头表接头漏气，经继续拧紧后，仍然漏气，需对密封圈等密封件进行检查，采取相应措施。

b. 胶皮管漏气的修理：胶管的插入端漏气，应将端部切除重新插入使用，但剪短后的胶管长度仍能满足燃具使用的需要。有裂缝或老化的胶管应更换新管。发现胶管有纵向裂纹或有砂眼也应更换新管。胶管插入要牢固，并用卡子或铁丝固定。

c. 燃气表发现漏气一般应换新表。

d. 旋塞漏气一般是缺油。这时，可将塞芯取下涂以黄油，注意不可将塞芯孔堵住。塞芯放入阀体后，螺母的松紧要适度。旋塞的阀体和塞芯密封依靠二者细心研磨而成，零件之间不具备互换性，损坏一个塞芯即报废一个旋塞。

（2）堵塞及检修方法

① 堵塞的原因。

a. 管道积水堵塞管道。燃气中水蒸气的凝结及地下水从管道缺陷处的渗入是造成管内积水的主要原因，那些倒坡、坡向不合理及坡度不够的管段就易发生水堵。

b. 冰霜的堵塞。这种故障一般发生在北方地区寒冷的冬季，位于室外的引入管和楼梯间的户内管受气温影响，管内的冷凝水可能会结霜或冰，造成管道堵塞。

c. 胶体的堵塞。燃气中形成的胶质体是一种黑褐色有臭味的黏胶状物质，黏附在管道、阀门、燃气用具的喷嘴上，造成堵塞故障。

d. 萘的堵塞。人工煤气中都含有萘，当净化不好的人工煤气进入管道后，由于管道中温度下降，则饱和度以上的萘就析出，黏附在管壁或燃气表内形成萘的堵塞。户内管道最易积萘处，是管道转弯和引入管露出地面部分、表前阀及旋塞。

e. 杂物的堵塞。

② 堵塞位置的查找。

a. 首先检查燃具，看看喷嘴及旋塞塞芯孔有无堵塞。如发生堵塞，可用铁丝等物捅开。若仍然点不着火，应检查表。

b. 在拧开表的进气接口，来气压力正常，而灶具在接上表之后仍无燃气，说明燃气表堵塞，需换新表。

c. 在拧开表的进气接口，来气压力低或根本无气，则表前阀或者表前阀以前的户内管发生堵塞。经检查表前阀完好时，就应分段检查表前阀的各段管道。

d. 当低楼层用户供气正常，高楼层用户无气，说明立管有堵塞。若整根立管无气，将U形压力计装在户外引入管上部三通的丝堵位置，若U形压力计显示压力正常，说明入户总阀门及其管道有堵塞。

e. 当拧开室外引入管上部三通上的丝堵，来气压力低或压力为零，说明引入管或外部地下管网发生堵塞。

③ 堵塞的检修。

a. 灶具喷嘴及旋塞堵塞可用铁丝捅开。

b. 表具堵塞可换新表。

c. 立管堵塞可用铁丝或质地较硬的钢丝连捅带搅，也可用带有真空装置的燃气管道疏通机，堵塞严重的管段只有将其拆卸开来清除或者更换新管。

d. 总阀门堵塞，可将其卸下来清洗修理或者更换新阀门。

e. 引入管的萘堵或冰堵，可将其上部三通丝堵卸开、向管内倒入热水，使萘或冰被融化并随水冲向室外地下支管。若引入管地下部分因"倒坡"引起的水堵，就得破土返工，重新调整好引入管的坡向和坡度。

（3）管道更换　管道遭严重腐蚀甚至烂穿，或被杂物堵塞无法清通需要更换；燃气表发生故障影响使用或者有计划的检修需要更换；灶具发生故障也需要更换。

更换其他户内燃气管道，一般要关闭入户总阀门。更换立管或水平干管，需要松开相应的活接头，逐根卸开相应的管段及管件，直至该更换的部位。

更换入户总阀门，先拧开装有总阀门的低位水平管来气一端三通的丝堵，用棉纱或破布堵紧来气方向的管道，卸开阀后的活接头，便可进行阀门的更换。

室外地上或地下的引入管更换，一般就要进行带气作业。并在原有管线位置敷设管道，这样不必在墙上另外打洞，也不用改动户内管道。

户内管道及其设备更换后，都要进行置换工作，用燃气将管道及其设备里的混合气体置换出来，避免爆炸事故的发生。

（4）燃气表常见故障及维护　燃气表常见的故障有漏气、不通气、计量不准、指针不动（不走字）、表的损坏等。燃气表是比较精密的仪表，要由专业人员进行检修，并配以专用工具，故障表的检修一般由修表厂进行。运行中的表出了故障，原则上都要更换新表，将旧表返回表厂检修。

燃气表的维护：表前阀长时间开、关不动，由于缺油，开关不灵活，需带气将塞芯取出加黄油。表内若发现积水，可将表拆卸下来，将表侧放并倒置反复晃动，使表壳内积水由进气管流出。表内若发现结冰，可用热水浇表的外壳，使表内的冰受热融化并将水倒出。注意不得直接从表的进出口倒进开水去烫。对容易结冰的表，根本的解决办法是移位或者作保温处理。

（5）燃气灶具常见故障检修　灶具常见的故障有回火、脱火、黄焰、离焰、点不着火和漏气等。

① 回火及其检修。当燃烧器火孔处燃气空气混合物的流出速度小于燃烧速度时，会发生火焰经火孔缩回到燃烧器头部内或在喷嘴处燃烧的现象叫回火。

燃具回火时，不仅产生爆声和噪声，而且破坏了一次空气的吸入，使燃烧不正常，形成不完全燃烧，并使燃烧中断，火焰熄灭，造成跑气。有时会烧坏燃烧器本身，容易发生危险事故，因此必须防止灶具回火现象的发生。

a. 回火的原因：发生回火的根本原因是火焰传播速度超过了燃气空气混合气从火孔处喷出的速度。

（a）燃烧速度快的燃气易回火。人工煤气比天然气易回火。

（b）燃气压力低于灶具额定工作压力易回火。

（c）火孔口径变大或者喷嘴被堵口径变小，都容易发生回火。

（d）燃烧器头部温度过高，引起火焰传播速度加快形成回火。

（e）一次空气量增多会提高火焰传播速度引起回火。

（f）火孔出口处有顶风会降低燃气空气的混合气从火孔中喷出的速度也会产生回火。

（g）燃具安装不当，喷嘴与混合管圆心轴线不在一条直线上，或引射器内有杂物，使燃气流通受阻也会产生回火。

b. 回火的检修：一旦出现回火现象，应立即关闭灶具旋塞阀，分析原因，排除障碍。

（a）气源厂生产时，应保持燃气成分的稳定。

（b）保证调压站出口压力的稳定。

（c）因为灶具火孔直径扩大引起的回火，应更换燃烧器。

（d）如果是火孔受顶风影响而引起的回火，那么就应当设置挡风圈。

（e）如果是一次空气量过多而引起的回火，那么就应该关小风门。

（f）如果是由于喷嘴被污垢杂物堵塞，使燃气量减小而引起的回火，那么就应该清扫喷嘴，使之畅通。清扫时，先将灶具头部取下来，将开关旋至开的位置，用细铁丝捅进喷嘴晃动几下，直至气流把喷嘴内的堵物吹出，一定注意不要用过粗的钢丝强行通捅。

（g）如果因为锅底压火使灶具头部温度过高引起回火，就应该抬高锅的位置。

（h）燃气喷嘴与引射器不在同一轴线时，需要校正，必要时更换喷嘴。

（i）点火时，要将开关一次开足，保证混合气流具有足够的速度。

（j）定期清扫燃具混合管，使其保持畅通。

② 脱火及其检修。火焰局部刚刚脱离火孔的现象叫离焰。火焰完全脱离火孔的现象叫脱火。脱火与回火一样，破坏了灶具正常的燃烧工况，使火焰熄灭，造成燃气泄漏，易发生火灾爆炸事故。造成脱火的原因正好与造成回火的原因相反，即由燃气与空气的混合气从火孔喷出的流速超过火焰传播速度而引起的。

a. 脱火原因。

（a）燃气压力过大，大大超过灶具额定压力。

（b）一次空气系数过大。

（c）火孔直径太小。

（d）燃气成分发生变化，燃烧速度小的燃气容易发生脱火。

（e）烟筒抽力过大，使二次空气流速增加，引起火焰从火孔处浮离。

（f）废气排除不良。

（g）锅与燃烧器规格不相配或间距太小。

b. 脱火的检修。

（a）调整调压站出口压力，使灶前压力正常。

（b）利用风门调整一次空气量。

（c）清洗火孔，放大火孔直径，或减小火孔间距。

（d）调整排气筒的抽力。

（e）及时排出废气。

（f）调整锅与燃烧器之间的间距，使火焰扫到锅底即可。

③ 黄焰及其检修。正常的燃烧火焰呈浅蓝色，内外锥轮廓清晰，温度较高，不会熏黑锅底，若火焰呈黄色，即产生了黄焰，这是不完全燃烧的表现。此时火焰过长，内外焰不清晰，产生黄焰不仅降低了热效率，浪费燃气，而且烟气中含有大量的一氧化碳，污染环境。黄焰实质上是未燃烧尽的炭粒在高温下所呈现的颜色。炭粒黏附在锅底使锅底呈黑色，并降低了锅底的传热性能。一次空气量过小是产生黄焰的主要原因。

a. 黄焰的原因。

（a）喷嘴的松动，燃烧器头部的移位。

（b）喉管内的脏物。

（c）风门开度过小。

（d）喷嘴孔径过大。

b. 黄焰的检修。

（a）拧紧喷嘴，扶正燃烧器头部使喷嘴与喉管对中。

（b）清除喉管内脏物。

（c）调大风门。

（d）更换新的喷嘴。

10.4　燃气安全事故的管理

10.4.1　事故应急救援体系

事故应急救援的总目标是通过有效的应急救援行动，尽可能地降低事故的后果，包括人员伤亡、财产顺势和环境破坏等。事故应急救援的基本任务包括下述几个方面：

① 立即组织营救受害人员，组织撤离或者采取其他措施保护危害区域内的其他人员。

② 迅速控制事态，并对事故造成的危害进行检测、监测，测定事故的危害区域、危害性质及危害程度。

③ 消除危害后果，做好现场恢复。

④ 查清事故原因，评估危害程度。

10.4.2 事故应急管理的过程

尽管重大事故的发生具有突发性和偶然性，但重大事故的应急管理不只限于事故发生后的应急救援行动。应急管理是对重大事故的全过程管理，贯穿于事故发生前、中、后的各个过程，充分体现了"预防为主，常备不懈"的应急思想。应急管理是一个动态的过程，包括预防、准备、响应和恢复四个阶段。

(1) 预防　在应急管理中预防有两层含义：一是事故的预防工作，即通过安全管理和安全技术等手段，尽可能地防止事故的发生，实现本质安全；二是在假定事故必然发生的前提下，通过预先采取的预防措施，达到降低或减缓事故的影响或后果的严重程度，如加大建筑物的安全距离、工厂选址的安全规划、减少危险物品的存量、设置防护墙以及开展公众教育等。从长远看，低成本、高效率的预防措施是减少事故损失的关键。

(2) 准备　应急准备是应急管理过程中一个极其关键的过程。它是针对可能发生的事故，为迅速有效地开展应急行动而预先所做的各种准备，包括应急体系的建立、有关部门和人员职责的落实、预案的编制、应急队伍的建设、应急设备（施）与物资的准备和维护、预案的演练、与外部应急力量的衔接等，其目标是保持重大事故应急救援所需的应急能力。

(3) 响应　应急响应是在事故发生后立即采取的应急与救援行动，包括事故的报警与通报、人员的紧急疏散、急救与医疗、消防与工程抢险措施、信息收集与应急决策和外部求援等。其目标是尽可能地抢救受害人员，保护可能受威胁的人群，尽可能控制并消除事故。

(4) 恢复　恢复工作应在事故发生后立即进行。首先应使事故影响区域恢复到相对安全的基本状态，然后逐步恢复到正常状态。要求立即进行的恢复工作包括事故损失评估、原因调查、清理废墟等。在短期恢复工作中，应注意避免出现新的紧急情况。长期恢复包括厂区重建和受影响区域的重新规划和发展。

10.4.3 事故应急救援体系的建立

一个完整的应急体系应由组织机制、运作机制、法制基础和应急保障系统 4 部分构成，如图 10-1 所示。

(1) 组织机制　应急救援体系组织机制建设中的管理机构是指维持应急日常管理的负责部门；功能部门包括与应急有关的各类组织机构，如消防、医疗机构等；应急指挥是在应急预案启动后，负责应急救援活动场外与场内的指挥系统；而应急队伍则由专业和志愿人员组成。

(2) 运作机制　应急救援活动一般划分为应急准备、初级反应、扩大应急和应急恢复四个阶段。

(3) 法制基础　法制基础是应急体系的基础和保障，是开展各项应急活动的依据。与应急有关的法规可分为四个层次：由立法机关通过的法律，如紧急状态法、公民知情权法和紧急动员法等；由政府颁布的规章，如应急救援管理条例等；包括预案在内的以政府令形式颁

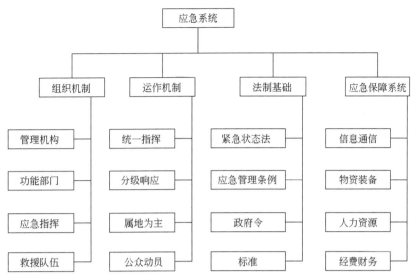

图 10-1　应急救援体系基本框架结构

布的政府法令、规定等；与应急救援活动直接有关的标准或管理办法等。

（4）应急保障系统　列于应急保障系统第一位的是信息与通信系统，构筑集中管理的信息通信平台是应急体系最重要的基础建设。应急信息通信系统要保证所有预警、报警、警报、报告、指挥等活动的信息交流快速、顺畅、准确，以及信息资源共享；物资与装备不但要保证有足够的资源，而且还要实现快速、及时供应到位；人力资源保障包括专业队伍的加强、志愿人员以及其他有关人员的培训教育；应急财务保障应建立专项应急科目，如应急基金等，以保障应急管理运行和应急反应中各项活动的开支。

10.4.4　事故应急救援体系响应机制

重大事故应急救援体系应根据事故的性质、严重程度、事态发展趋势和控制能力实行分级响应机制，对不同的响应级别，相应地明确事故的通报范围、应急中心的启动程度、应急力量的出动和设备、物资的调集规模、疏散的范围和应急指挥的职位等。典型的响应级别通常可分为三级。

（1）一级紧急情况　必须利用所有有关部门及一切资源的紧急情况，或者需要各个部门同外部机构联合处理的各种紧急情况，通常需要宣布进入紧急状态。

（2）二级紧急情况　需要两个或多个部门响应的紧急情况。该事故的救援需要有关部门的协作，并且提供人员、设备或其他资源。该级响应需要成立现场指挥部来统一指挥现场的应急救援行动。

（3）三级紧急情况　能被一个部门正常可利用的资源处理的紧急情况。正常可利用的资源指在该部门权力范围内通常可以利用的应急资源，包括人力和物力等。

事故应急救援系统的应急响应程序按过程可分为接警、响应级别确定、应急启动、救援行动、应急恢复和应急结束等几个过程，如图 10-2 所示。

10.4.5　城镇燃气设施抢修应急预案的编制要求

城镇燃气设施抢修应制定应急预案，并应根据具体情况对应急预案及时进行调整和修订。应急预案应报有关部门备案，并定期进行演习，每年不得少于 1 次。应急预案可包括下

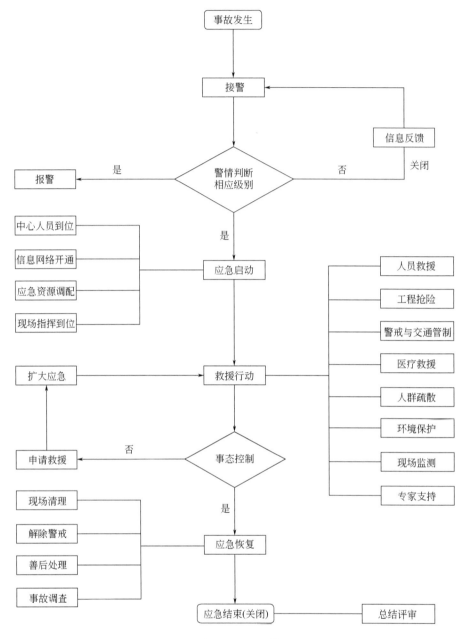

图 10-2　重大事故应急救援体系响应程序

列主要内容：

① 基本情况。

② 危险目标及其危险特性、对周围的影响。

③ 危险目标周围可利用的安全、消防、个体防护的设备、器材及其分布。

④ 应急救援组织机构、组织人员和职责划分。

⑤ 报警、通信联络方式。

⑥ 事故发生后应采取的处理措施。

⑦ 人员紧急疏散、撤离。

⑧ 危险区的隔离。

⑨ 检测、抢险、救援及控制措施。

⑩ 受伤人员现场救护、救治与医院救治。

⑪ 现场保护。

⑫ 应急救援保障。

⑬ 预案分级响应条件。

⑭ 事故应急预案终止程序。

⑮ 应急培训和应急救援预案演练计划。

城镇燃气供应单位应根据供应规模设立抢修机构，应配备必要的抢修车辆、抢修设备、抢修器材、通信设备、防护用具、消防器材、检测仪器等装备，并保证设备处于良好状态。接到抢修报警后应迅速出动，并根据事故情况联系有关部门协作抢修。抢修作业应统一指挥，严明纪律，并采取安全措施。

10.4.6　应急预案的演练

应急预案的演练是检验、评价和保持应急能力的一个重要手段，其重要作用突出体现在：可在事故真正发生前暴露预案和程序的缺陷，发现应急资源的不足（包括人力和设备等），改善各应急部门、机构、人员之间的协调，增强公众应对突发重大事故救援信心和应急意识，提高应急人员的熟练程度和技术水平，进一步明确各自的岗位与职责，提高各级预案之间的协调性，提高整体应急反应能力。

可采用不同规模的应急演练方法对应急预案的完整性和周密性进行评估，如桌面演练、功能演练和全面演练等。

① 桌面演练由应急组织的代表或关键岗位人员参加，按照应急预案及其标准工作程序，讨论紧急情况时应采取行动的演练活动。

② 功能演练是针对某项应急响应功能或其中某些应急响应行动举行的演练活动，主要目的是针对应急响应功能，检验应急人员以及应急体系的策划和响应能力。

③ 全面演练是针对应急预案中全部或大部分应急响应功能，检验、评价应急组织应急运行能力的演练活动。

应急演练的参与人员包括参演人员、控制人员、模拟人员、评价人员和观摩人员。

附　录

附录1　《中华人民共和国安全生产法》内容节选

① 矿山、金属冶炼、建筑施工、道路运输单位和危险物品的生产、经营、储存单位，应当设置安全生产管理机构或者配备专职安全生产管理人员。

前款规定以外的其他生产经营单位，从业人员超过一百人的，应当设置安全生产管理机构或者配备专职安全生产管理人员；从业人员在一百人以下的，应当配备专职或者兼职的安全生产管理人员。

② 生产经营单位的安全生产管理机构以及安全生产管理人员应当恪尽职守，依法履行职责。

生产经营单位作出涉及安全生产的经营决策，应当听取安全生产管理机构以及安全生产管理人员的意见。

生产经营单位不得因安全生产管理人员依法履行职责而降低其工资、福利等待遇或者解除与其订立的劳动合同。

危险物品的生产、储存单位以及矿山、金属冶炼单位的安全生产管理人员的任免，应当告知主管的负有安全生产监督管理职责的部门。

③ 生产经营单位的主要负责人和安全生产管理人员必须具备与本单位所从事的生产经营活动相应的安全生产知识和管理能力。

危险物品的生产、经营、储存单位以及矿山、金属冶炼、建筑施工、道路运输单位的主要负责人和安全生产管理人员，应当由主管的负有安全生产监督管理职责的部门对其安全生产知识和管理能力考核合格。考核不得收费。

危险物品的生产、储存单位以及矿山、金属冶炼单位应当有注册安全工程师从事安全生产管理工作。鼓励其他生产经营单位聘用注册安全工程师从事安全生产管理工作。注册安全工程师按专业分类管理，具体办法由国务院人力资源和社会保障部门、国务院安全生产监督管理部门会同国务院有关部门制定。

④ 矿山、金属冶炼建设项目和用于生产、储存、装卸危险物品的建设项目，应当按照国家有关规定进行安全评价。

⑤ 建设项目安全设施的设计人、设计单位应当对安全设施设计负责。

矿山、金属冶炼建设项目和用于生产、储存、装卸危险物品的建设项目的安全设施设计应当按照国家有关规定报经有关部门审查，审查部门及其负责审查的人员对审查结果负责。

⑥ 矿山、金属冶炼建设项目和用于生产、储存、装卸危险物品的建设项目的施工单位必须按照批准的安全设施设计施工，并对安全设施的工程质量负责。

矿山、金属冶炼建设项目和用于生产、储存危险物品的建设项目竣工投入生产或者使用前，应当由建设单位负责组织对安全设施进行验收；验收合格后，方可投入生产和使用。安全生产监督管理部门应当加强对建设单位验收活动和验收结果的监督核查。

⑦ 生产经营单位使用的危险物品的容器、运输工具，以及涉及人身安全、危险性较大

的海洋石油开采特种设备和矿山井下特种设备，必须按照国家有关规定，由专业生产单位生产，并经具有专业资质的检测、检验机构检测、检验合格，取得安全使用证或者安全标志，方可投入使用。检测、检验机构对检测、检验结果负责。

⑧ 生产、经营、运输、储存、使用危险物品或者处置废弃危险物品的，由有关主管部门依照有关法律、法规的规定和国家标准或者行业标准审批并实施监督管理。

生产经营单位生产、经营、运输、储存、使用危险物品或者处置废弃危险物品，必须执行有关法律、法规和国家标准或者行业标准，建立专门的安全管理制度，采取可靠的安全措施，接受有关主管部门依法实施的监督管理。

⑨ 生产、经营、储存、使用危险物品的车间、商店、仓库不得与员工宿舍在同一座建筑物内，并应当与员工宿舍保持安全距离。

生产经营场所和员工宿舍应当设有符合紧急疏散要求、标志明显、保持畅通的出口。禁止锁闭、封堵生产经营场所或者员工宿舍的出口。

⑩ 安全生产监督管理部门和其他负有安全生产监督管理职责的部门依法开展安全生产行政执法工作，对生产经营单位执行有关安全生产的法律、法规和国家标准或者行业标准的情况进行监督检查，行使以下职权：

a. 进入生产经营单位进行检查，调阅有关资料，向有关单位和人员了解情况；

b. 对检查中发现的安全生产违法行为，当场予以纠正或者要求限期改正；对依法应当给予行政处罚的行为，依照本法和其他有关法律、行政法规的规定作出行政处罚决定；

c. 对检查中发现的事故隐患，应当责令立即排除；重大事故隐患排除前或者排除过程中无法保证安全的，应当责令从危险区域内撤出作业人员，责令暂时停产停业或者停止使用相关设施、设备；重大事故隐患排除后，经审查同意，方可恢复生产经营和使用；

d. 对有根据认为不符合保障安全生产的国家标准或者行业标准的设施、设备、器材以及违法生产、储存、使用、经营、运输的危险物品予以查封或者扣押，对违法生产、储存、使用、经营危险物品的作业场所予以查封，并依法作出处理决定。

监督检查不得影响被检查单位的正常生产经营活动。

⑪ 危险物品的生产、经营、储存单位以及矿山、金属冶炼、城市轨道交通运营、建筑施工单位应当建立应急救援组织；生产经营规模较小的，可以不建立应急救援组织，但应当指定兼职的应急救援人员。

危险物品的生产、经营、储存、运输单位以及矿山、金属冶炼、城市轨道交通运营、建筑施工单位应当配备必要的应急救援器材、设备和物资，并进行经常性维护、保养，保证正常运转。

⑫ 生产经营单位有下列行为之一的，责令限期改正，可以处五万元以下的罚款；逾期未改正的，责令停产停业整顿，并处五万元以上十万元以下的罚款，对其直接负责的主管人员和其他直接责任人员处一万元以上二万元以下的罚款：

a. 未按照规定设置安全生产管理机构或者配备安全生产管理人员的；

b. 危险物品的生产、经营、储存单位以及矿山、金属冶炼、建筑施工、道路运输单位的主要负责人和安全生产管理人员未按照规定经考核合格的；

c. 未按照规定对从业人员、被派遣劳动者、实习学生进行安全生产教育和培训，或者未按照规定如实告知有关的安全生产事项的；

d. 未如实记录安全生产教育和培训情况的；

e. 未将事故隐患排查治理情况如实记录或者未向从业人员通报的；

f. 未按照规定制定生产安全事故应急救援预案或者未定期组织演练的；

g. 特种作业人员未按照规定经专门的安全作业培训并取得相应资格，上岗作业的。

⑬ 生产经营单位有下列行为之一的，责令停止建设或者停产停业整顿，限期改正；逾期未改正的，处五十万元以上一百万元以下的罚款，对其直接负责的主管人员和其他直接责任人员处二万元以上五万元以下的罚款；构成犯罪的，依照刑法有关规定追究刑事责任：

a. 未按照规定对矿山、金属冶炼建设项目或者用于生产、储存、装卸危险物品的建设项目进行安全评价的；

b. 矿山、金属冶炼建设项目或者用于生产、储存、装卸危险物品的建设项目没有安全设施设计或者安全设施设计未按照规定报经有关部门审查同意的；

c. 矿山、金属冶炼建设项目或者用于生产、储存、装卸危险物品的建设项目的施工单位未按照批准的安全设施设计施工的；

d. 矿山、金属冶炼建设项目或者用于生产、储存危险物品的建设项目竣工投入生产或者使用前，安全设施未经验收合格的。

⑭ 生产经营单位有下列行为之一的，责令限期改正，可以处五万元以下的罚款；逾期未改正的，处五万元以上二十万元以下的罚款，对其直接负责的主管人员和其他直接责任人员处一万元以上二万元以下的罚款；情节严重的，责令停产停业整顿；构成犯罪的，依照刑法有关规定追究刑事责任：

a. 未在有较大危险因素的生产经营场所和有关设施、设备上设置明显的安全警示标志的；

b. 安全设备的安装、使用、检测、改造和报废不符合国家标准或者行业标准的；

c. 未对安全设备进行经常性维护、保养和定期检测的；

d. 未为从业人员提供符合国家标准或者行业标准的劳动防护用品的；

e. 危险物品的容器、运输工具，以及涉及人身安全、危险性较大的海洋石油开采特种设备和矿山井下特种设备未经具有专业资质的机构检测、检验合格，取得安全使用证或者安全标志，投入使用的；

f. 使用应当淘汰的危及生产安全的工艺、设备的。

⑮ 未经依法批准，擅自生产、经营、运输、储存、使用危险物品或者处置废弃危险物品的，依照有关危险物品安全管理的法律、行政法规的规定予以处罚；构成犯罪的，依照刑法有关规定追究刑事责任。

⑯ 生产经营单位有下列行为之一的，责令限期改正，可以处十万元以下的罚款；逾期未改正的，责令停产停业整顿，并处十万元以上二十万元以下的罚款，对其直接负责的主管人员和其他直接责任人员处二万元以上五万元以下的罚款；构成犯罪的，依照刑法有关规定追究刑事责任：

a. 生产、经营、运输、储存、使用危险物品或者处置废弃危险物品，未建立专门安全管理制度、未采取可靠的安全措施的；

b. 对重大危险源未登记建档，或者未进行评估、监控，或者未制定应急预案的；

c. 进行爆破、吊装以及国务院安全生产监督管理部门会同国务院有关部门规定的其他危险作业，未安排专门人员进行现场安全管理的；

d. 未建立事故隐患排查治理制度的。

⑰ 生产经营单位有下列行为之一的，责令限期改正，可以处五万元以下的罚款，对其直接负责的主管人员和其他直接责任人员可以处一万元以下的罚款；逾期未改正的，责令停产停业整顿；构成犯罪的，依照刑法有关规定追究刑事责任：

a. 生产、经营、储存、使用危险物品的车间、商店、仓库与员工宿舍在同一座建筑内，

或者与员工宿舍的距离不符合安全要求的;

b. 生产经营场所和员工宿舍未设有符合紧急疏散需要、标志明显、保持畅通的出口,或者锁闭、封堵生产经营场所或者员工宿舍出口的。

⑱ 本法下列用语的含义:

危险物品,是指易燃易爆物品、危险化学品、放射性物品等能够危及人身安全和财产安全的物品。

重大危险源,是指长期地或者临时地生产、搬运、使用或者储存危险物品,且危险物品的数量等于或者超过临界量的单元(包括场所和设施)。

附录 2 《中华人民共和国计量法》内容节选

① 在中华人民共和国境内,建立计量基准器具、计量标准器具,进行计量检定,制造、修理、销售、使用计量器具,必须遵守本法。

② 国务院计量行政部门负责建立各种计量基准器具,作为统一全国量值的最高依据。

③ 制造、修理计量器具的企业、事业单位,必须具有与所制造、修理的计量器具相适应的设施、人员和检定仪器设备。

④ 制造计量器具的企业、事业单位生产本单位未生产过的计量器具新产品,必须经省级以上人民政府计量行政部门对其样品的计量性能考核合格,方可投入生产。

⑤ 任何单位和个人不得违反规定制造、销售和进口非法定计量单位的计量器具。

⑥ 制造、修理计量器具的企业、事业单位必须对制造、修理的计量器具进行检定,保证产品计量性能合格,并对合格产品出具产品合格证。

⑦ 使用计量器具不得破坏其准确度,损害国家和消费者的利益。

⑧ 个体工商户可以制造、修理简易的计量器具。个体工商户制造、修理计量器具的范围和管理办法,由国务院计量行政部门制定。

⑨ 县级以上人民政府计量行政部门应当依法对制造、修理、销售、进口和使用计量器具,以及计量检定等相关计量活动进行监督检查。有关单位和个人不得拒绝、阻挠。

附录 3 《城镇燃气管理条例》内容节选

(1) 总则

① 为了加强城镇燃气管理,保障燃气供应,防止和减少燃气安全事故,保障公民生命、财产安全和公共安全,维护燃气经营者和燃气用户的合法权益,促进燃气事业健康发展,制定本条例。

② 城镇燃气发展规划与应急保障、燃气经营与服务、燃气使用、燃气设施保护、燃气安全事故预防与处理及相关管理活动,适用本条例。

天然气、液化石油气的生产和进口,城市门站以外的天然气管道输送,燃气作为工业生产原料的使用,沼气、秸秆气的生产和使用,不适用本条例。

本条例所称燃气,是指作为燃料使用并符合一定要求的气体燃料,包括天然气(含煤层气)、液化石油气和人工煤气等。

③ 燃气工作应当坚持统筹规划、保障安全、确保供应、规范服务、节能高效的原则。

④ 县级以上人民政府应当加强对燃气工作的领导,并将燃气工作纳入国民经济和社会发展规划。

⑤ 国务院建设主管部门负责全国的燃气管理工作。

县级以上地方人民政府燃气管理部门负责本行政区域内的燃气管理工作。

县级以上人民政府其他有关部门依照本条例和其他有关法律、法规的规定，在各自职责范围内负责有关燃气管理工作。

⑥ 国家鼓励、支持燃气科学技术研究，推广使用安全、节能、高效、环保的燃气新技术、新工艺和新产品。

⑦ 县级以上人民政府有关部门应当建立健全燃气安全监督管理制度，宣传普及燃气法律、法规和安全知识，提高全民的燃气安全意识。

（2）燃气发展规划与应急保障

① 国务院建设主管部门应当会同国务院有关部门，依据国民经济和社会发展规划、土地利用总体规划、城乡规划以及能源规划，结合全国燃气资源总量平衡情况，组织编制全国燃气发展规划并组织实施。

县级以上地方人民政府燃气管理部门应当会同有关部门，依据国民经济和社会发展规划、土地利用总体规划、城乡规划、能源规划以及上一级燃气发展规划，组织编制本行政区域的燃气发展规划，报本级人民政府批准后组织实施，并报上一级人民政府燃气管理部门备案。

② 燃气发展规划的内容应当包括：燃气气源、燃气种类、燃气供应方式和规模、燃气设施布局和建设时序、燃气设施建设用地、燃气设施保护范围、燃气供应保障措施和安全保障措施等。

③ 县级以上地方人民政府应当根据燃气发展规划的要求，加大对燃气设施建设的投入，并鼓励社会资金投资建设燃气设施。

④ 进行新区建设、旧区改造，应当按照城乡规划和燃气发展规划配套建设燃气设施或者预留燃气设施建设用地。

对燃气发展规划范围内的燃气设施建设工程，城乡规划主管部门在依法核发选址意见书时，应当就燃气设施建设是否符合燃气发展规划征求燃气管理部门的意见；不需要核发选址意见书的，城乡规划主管部门在依法核发建设用地规划许可证或者乡村建设规划许可证时，应当就燃气设施建设是否符合燃气发展规划征求燃气管理部门的意见。

燃气设施建设工程竣工后，建设单位应当依法组织竣工验收，并自竣工验收合格之日起15日内，将竣工验收情况报燃气管理部门备案。

⑤ 县级以上地方人民政府应当建立健全燃气应急储备制度，组织编制燃气应急预案，采取综合措施提高燃气应急保障能力。

燃气应急预案应当明确燃气应急气源和种类、应急供应方式、应急处置程序和应急救援措施等内容。

县级以上地方人民政府燃气管理部门应当会同有关部门对燃气供求状况实施监测、预测和预警。

⑥ 燃气供应严重短缺、供应中断等突发事件发生后，县级以上地方人民政府应当及时采取动用储备、紧急调度等应急措施，燃气经营者以及其他有关单位和个人应当予以配合，承担相关应急任务。

（3）燃气经营与服务

① 政府投资建设的燃气设施，应当通过招标投标方式选择燃气经营者。

社会资金投资建设的燃气设施，投资方可以自行经营，也可以另行选择燃气经营者。

② 国家对燃气经营实行许可证制度。从事燃气经营活动的企业，应当具备下列条件：

a. 符合燃气发展规划要求；

b. 有符合国家标准的燃气气源和燃气设施；

c. 有固定的经营场所、完善的安全管理制度和健全的经营方案；

d. 企业的主要负责人、安全生产管理人员以及运行、维护和抢修人员经专业培训并考核合格；

e. 法律、法规规定的其他条件。

符合前款规定条件的，由县级以上地方人民政府燃气管理部门核发燃气经营许可证。

申请人凭燃气经营许可证到工商行政管理部门依法办理登记手续。

③ 禁止个人从事管道燃气经营活动。

个人从事瓶装燃气经营活动的，应当遵守省、自治区、直辖市的有关规定。

④ 燃气经营者应当向燃气用户持续、稳定、安全供应符合国家质量标准的燃气，指导燃气用户安全用气、节约用气，并对燃气设施定期进行安全检查。

燃气经营者应当公示业务流程、服务承诺、收费标准和服务热线等信息，并按照国家燃气服务标准提供服务。

⑤ 燃气经营者不得有下列行为：

a. 拒绝向市政燃气管网覆盖范围内符合用气条件的单位或者个人供气；

b. 倒卖、抵押、出租、出借、转让、涂改燃气经营许可证；

c. 未履行必要告知义务擅自停止供气、调整供气量，或者未经审批擅自停业或者歇业；

d. 向未取得燃气经营许可证的单位或者个人提供用于经营的燃气；

e. 在不具备安全条件的场所储存燃气；

f. 要求燃气用户购买其指定的产品或者接受其提供的服务；

g. 擅自为非自有气瓶充装燃气；

h. 销售未经许可的充装单位充装的瓶装燃气或者销售充装单位擅自为非自有气瓶充装的瓶装燃气；

i. 冒用其他企业名称或者标识从事燃气经营、服务活动。

⑥ 管道燃气经营者对其供气范围内的市政燃气设施、建筑区划内业主专有部分以外的燃气设施，承担运行、维护、抢修和更新改造的责任。

管道燃气经营者应当按照供气、用气合同的约定，对单位燃气用户的燃气设施承担相应的管理责任。

⑦ 管道燃气经营者因施工、检修等原因需要临时调整供气量或者暂停供气的，应当将作业时间和影响区域提前48小时予以公告或者书面通知燃气用户，并按照有关规定及时恢复正常供气；因突发事件影响供气的，应当采取紧急措施并及时通知燃气用户。

燃气经营者停业、歇业的，应当事先对其供气范围内的燃气用户的正常用气作出妥善安排，并在90个工作日前向所在地燃气管理部门报告，经批准方可停业、歇业。

⑧ 有下列情况之一的，燃气管理部门应当采取措施，保障燃气用户的正常用气：

a. 管道燃气经营者临时调整供气量或者暂停供气未及时恢复正常供气的；

b. 管道燃气经营者因突发事件影响供气未采取紧急措施的；

c. 燃气经营者擅自停业、歇业的；

d. 燃气管理部门依法撤回、撤销、注销、吊销燃气经营许可的。

⑨ 燃气经营者应当建立健全燃气质量检测制度，确保所供应的燃气质量符合国家标准。

县级以上地方人民政府质量监督、工商行政管理、燃气管理等部门应当按照职责分工，依法加强对燃气质量的监督检查。

⑩ 燃气销售价格，应当根据购气成本、经营成本和当地经济社会发展水平合理确定并

适时调整。县级以上地方人民政府价格主管部门确定和调整管道燃气销售价格，应当征求管道燃气用户、管道燃气经营者和有关方面的意见。

⑪ 通过道路、水路、铁路运输燃气的，应当遵守法律、行政法规有关危险货物运输安全的规定以及国务院交通运输部门、国务院铁路部门的有关规定；通过道路或者水路运输燃气的，还应当分别依照有关道路运输、水路运输的法律、行政法规的规定，取得危险货物道路运输许可或者危险货物水路运输许可。

⑫ 燃气经营者应当对其从事瓶装燃气送气服务的人员和车辆加强管理，并承担相应的责任。

从事瓶装燃气充装活动，应当遵守法律、行政法规和国家标准有关气瓶充装的规定。

⑬ 燃气经营者应当依法经营，诚实守信，接受社会公众的监督。

燃气行业协会应当加强行业自律管理，促进燃气经营者提高服务质量和技术水平。

（4）燃气使用

① 燃气用户应当遵守安全用气规则，使用合格的燃气燃烧器具和气瓶，及时更换国家明令淘汰或者使用年限已届满的燃气燃烧器具、连接管等，并按照约定期限支付燃气费用。

单位燃气用户还应当建立健全安全管理制度，加强对操作维护人员燃气安全知识和操作技能的培训。

② 燃气用户及相关单位和个人不得有下列行为：

a. 擅自操作公用燃气阀门；

b. 将燃气管道作为负重支架或者接地引线；

c. 安装、使用不符合气源要求的燃气燃烧器具；

d. 擅自安装、改装、拆除户内燃气设施和燃气计量装置；

e. 在不具备安全条件的场所使用、储存燃气；

f. 盗用燃气；

g. 改变燃气用途或者转供燃气。

③ 燃气用户有权就燃气收费、服务等事项向燃气经营者进行查询，燃气经营者应当自收到查询申请之日起 5 个工作日内予以答复。

燃气用户有权就燃气收费、服务等事项向县级以上地方人民政府价格主管部门、燃气管理部门以及其他有关部门进行投诉，有关部门应当自收到投诉之日起 15 个工作日内予以处理。

④ 安装、改装、拆除户内燃气设施的，应当按照国家有关工程建设标准实施作业。

⑤ 燃气管理部门应当向社会公布本行政区域内的燃气种类和气质成分等信息。

燃气燃烧器具生产单位应当在燃气燃烧器具上明确标识所适应的燃气种类。

⑥ 燃气燃烧器具生产单位、销售单位应当设立或者委托设立售后服务站点，配备经考核合格的燃气燃烧器具安装、维修人员，负责售后的安装、维修服务。

燃气燃烧器具的安装、维修，应当符合国家有关标准。

（5）燃气设施保护

① 县级以上地方人民政府燃气管理部门应当会同城乡规划等有关部门按照国家有关标准和规定划定燃气设施保护范围，并向社会公布。

在燃气设施保护范围内，禁止从事下列危及燃气设施安全的活动：

a. 建设占压地下燃气管线的建筑物、构筑物或者其他设施；

b. 进行爆破、取土等作业或者动用明火；

c. 倾倒、排放腐蚀性物质；

d. 放置易燃易爆危险物品或者种植深根植物；

e. 其他危及燃气设施安全的活动。

② 在燃气设施保护范围内，有关单位从事敷设管道、打桩、顶进、挖掘、钻探等可能影响燃气设施安全活动的，应当与燃气经营者共同制定燃气设施保护方案，并采取相应的安全保护措施。

③ 燃气经营者应当按照国家有关工程建设标准和安全生产管理的规定，设置燃气设施防腐、绝缘、防雷、降压、隔离等保护装置和安全警示标志，定期进行巡查、检测、维修和维护，确保燃气设施的安全运行。

④ 任何单位和个人不得侵占、毁损、擅自拆除或者移动燃气设施，不得毁损、覆盖、涂改、擅自拆除或者移动燃气设施安全警示标志。

任何单位和个人发现有可能危及燃气设施和安全警示标志的行为，有权予以劝阻、制止；经劝阻、制止无效的，应当立即告知燃气经营者或者向燃气管理部门、安全生产监督管理部门和公安机关报告。

⑤ 新建、扩建、改建建设工程，不得影响燃气设施安全。

建设单位在开工前，应当查明建设工程施工范围内地下燃气管线的相关情况；燃气管理部门以及其他有关部门和单位应当及时提供相关资料。

建设工程施工范围内有地下燃气管线等重要燃气设施的，建设单位应当会同施工单位与管道燃气经营者共同制定燃气设施保护方案。建设单位、施工单位应当采取相应的安全保护措施，确保燃气设施运行安全；管道燃气经营者应当派专业人员进行现场指导。法律、法规另有规定的，依照有关法律、法规的规定执行。

⑥ 燃气经营者改动市政燃气设施，应当制定改动方案，报县级以上地方人民政府燃气管理部门批准。

改动方案应当符合燃气发展规划，明确安全施工要求，有安全防护和保障正常用气的措施。

（6）燃气安全事故预防与处理

① 燃气管理部门应当会同有关部门制定燃气安全事故应急预案，建立燃气事故统计分析制度，定期通报事故处理结果。

燃气经营者应当制定本单位燃气安全事故应急预案，配备应急人员和必要的应急装备、器材，并定期组织演练。

② 任何单位和个人发现燃气安全事故或者燃气安全事故隐患等情况，应当立即告知燃气经营者，或者向燃气管理部门、公安机关消防机构等有关部门和单位报告。

③ 燃气经营者应当建立健全燃气安全评估和风险管理体系，发现燃气安全事故隐患的，应当及时采取措施消除隐患。

燃气管理部门以及其他有关部门和单位应当根据各自职责，对燃气经营、燃气使用的安全状况等进行监督检查，发现燃气安全事故隐患的，应当通知燃气经营者、燃气用户及时采取措施消除隐患；不及时消除隐患可能严重威胁公共安全的，燃气管理部门以及其他有关部门和单位应当依法采取措施，及时组织消除隐患，有关单位和个人应当予以配合。

④ 燃气安全事故发生后，燃气经营者应当立即启动本单位燃气安全事故应急预案，组织抢险、抢修。

燃气安全事故发生后，燃气管理部门、安全生产监督管理部门和公安机关消防机构等有关部门和单位，应当根据各自职责，立即采取措施防止事故扩大，根据有关情况启动燃气安全事故应急预案。

⑤ 燃气安全事故经调查确定为责任事故的，应当查明原因、明确责任，并依法予以追究。

对燃气生产安全事故，依照有关生产安全事故报告和调查处理的法律、行政法规的规定报告和调查处理。

（7）法律责任

① 违反本条例规定，县级以上地方人民政府及其燃气管理部门和其他有关部门，不依法作出行政许可决定或者办理批准文件的，发现违法行为或者接到对违法行为的举报不予查处的，或者有其他未依照本条例规定履行职责行为的，对直接负责的主管人员和其他直接责任人员，依法给予处分；直接负责的主管人员和其他直接责任人员的行为构成犯罪的，依法追究刑事责任。

② 违反本条例规定，未取得燃气经营许可证从事燃气经营活动的，由燃气管理部门责令停止违法行为，处 5 万元以上 50 万元以下罚款；有违法所得的，没收违法所得；构成犯罪的，依法追究刑事责任。

违反本条例规定，燃气经营者不按照燃气经营许可证的规定从事燃气经营活动的，由燃气管理部门责令限期改正，处 3 万元以上 20 万元以下罚款；有违法所得的，没收违法所得；情节严重的，吊销燃气经营许可证；构成犯罪的，依法追究刑事责任。

③ 违反本条例规定，燃气经营者有下列行为之一的，由燃气管理部门责令限期改正，处 1 万元以上 10 万元以下罚款；有违法所得的，没收违法所得；情节严重的，吊销燃气经营许可证；造成损失的，依法承担赔偿责任；构成犯罪的，依法追究刑事责任：

a. 拒绝向市政燃气管网覆盖范围内符合用气条件的单位或者个人供气的；

b. 倒卖、抵押、出租、出借、转让、涂改燃气经营许可证的；

c. 未履行必要告知义务擅自停止供气、调整供气量，或者未经审批擅自停业或者歇业的；

d. 向未取得燃气经营许可证的单位或者个人提供用于经营的燃气的；

e. 在不具备安全条件的场所储存燃气的；

f. 要求燃气用户购买其指定的产品或者接受其提供的服务；

g. 燃气经营者未向燃气用户持续、稳定、安全供应符合国家质量标准的燃气，或者未对燃气用户的燃气设施定期进行安全检查。

④ 违反本条例规定，擅自为非自有气瓶充装燃气或者销售未经许可的充装单位充装的瓶装燃气的，依照国家有关气瓶安全监察的规定进行处罚。

违反本条例规定，销售充装单位擅自为非自有气瓶充装的瓶装燃气的，由燃气管理部门责令改正，可以处 1 万元以下罚款。

违反本条例规定，冒用其他企业名称或者标识从事燃气经营、服务活动，依照有关反不正当竞争的法律规定进行处罚。

⑤ 违反本条例规定，燃气经营者未按照国家有关工程建设标准和安全生产管理的规定，设置燃气设施防腐、绝缘、防雷、降压、隔离等保护装置和安全警示标志的，或者未定期进行巡查、检测、维修和维护的，或者未采取措施及时消除燃气安全事故隐患的，由燃气管理部门责令限期改正，处 1 万元以上 10 万元以下罚款。

⑥ 违反本条例规定，燃气用户及相关单位和个人有下列行为之一的，由燃气管理部门责令限期改正；逾期不改正的，对单位可以处 10 万元以下罚款，对个人可以处 1000 元以下罚款；造成损失的，依法承担赔偿责任；构成犯罪的，依法追究刑事责任：

a. 擅自操作公用燃气阀门的；

b. 将燃气管道作为负重支架或者接地引线的；

c. 安装、使用不符合气源要求的燃气燃烧器具的；

d. 擅自安装、改装、拆除户内燃气设施和燃气计量装置的；

e. 在不具备安全条件的场所使用、储存燃气的；

f. 改变燃气用途或者转供燃气的；

g. 未设立售后服务站点或者未配备经考核合格的燃气燃烧器具安装、维修人员的；

h. 燃气燃烧器具的安装、维修不符合国家有关标准的。

盗用燃气的，依照有关治安管理处罚的法律规定进行处罚。

⑦ 违反本条例规定，在燃气设施保护范围内从事下列活动之一的，由燃气管理部门责令停止违法行为，限期恢复原状或者采取其他补救措施，对单位处 5 万元以上 10 万元以下罚款，对个人处 5000 元以上 5 万元以下罚款；造成损失的，依法承担赔偿责任；构成犯罪的，依法追究刑事责任：

a. 进行爆破、取土等作业或者动用明火的；

b. 倾倒、排放腐蚀性物质的；

c. 放置易燃易爆物品或者种植深根植物的；

d. 未与燃气经营者共同制定燃气设施保护方案，采取相应的安全保护措施，从事敷设管道、打桩、顶进、挖掘、钻探等可能影响燃气设施安全活动的。

违反本条例规定，在燃气设施保护范围内建设占压地下燃气管线的建筑物、构筑物或者其他设施的，依照有关城乡规划的法律、行政法规的规定进行处罚。

⑧ 违反本条例规定，侵占、毁损、擅自拆除、移动燃气设施或者擅自改动市政燃气设施的，由燃气管理部门责令限期改正，恢复原状或者采取其他补救措施，对单位处 5 万元以上 10 万元以下罚款，对个人处 5000 元以上 5 万元以下罚款；造成损失的，依法承担赔偿责任；构成犯罪的，依法追究刑事责任。

违反本条例规定，毁损、覆盖、涂改、擅自拆除或者移动燃气设施安全警示标志的，由燃气管理部门责令限期改正，恢复原状，可以处 5000 元以下罚款。

⑨ 违反本条例规定，建设工程施工范围内有地下燃气管线等重要燃气设施，建设单位未会同施工单位与管道燃气经营者共同制定燃气设施保护方案，或者建设单位、施工单位未采取相应的安全保护措施的，由燃气管理部门责令改正，处 1 万元以上 10 万元以下罚款；造成损失的，依法承担赔偿责任；构成犯罪的，依法追究刑事责任。

（8）附则

① 本条例下列用语的含义：

a. 燃气设施，是指人工煤气生产厂、燃气储配站、门站、气化站、混气站、加气站、灌装站、供应站、调压站、市政燃气管网等的总称，包括市政燃气设施、建筑区划内业主专有部分以外的燃气设施以及户内燃气设施等。

b. 燃气燃烧器具，是指以燃气为燃料的燃烧器具，包括居民家庭和商业用户所使用的燃气灶、热水器、沸水器、采暖器、空调器等器具。

② 农村的燃气管理参照本条例的规定执行。

③ 本条例自 2011 年 3 月 1 日起施行。

附录 4　《特种设备安全监察条例》内容节选

城镇燃气输配工程应当遵守《特种设备安全监察条例》中的相关规定，部分条款如下：

① 本条例所称特种设备是指涉及生命安全、危险性较大的锅炉、压力容器（含气瓶，

下同)、压力管道、电梯、起重机械、客运索道、大型游乐设施和场(厂)内专用机动车辆。

前款特种设备的目录由国务院负责特种设备安全监督管理的部门(以下简称国务院特种设备安全监督管理部门)制订,报国务院批准后执行。

② 锅炉、压力容器中的气瓶(以下简称气瓶)、氧舱和客运索道、大型游乐设施以及高耗能特种设备的设计文件,应当经国务院特种设备安全监督管理部门核准的检验检测机构鉴定,方可用于制造。

③ 移动式压力容器、气瓶充装单位应当经省、自治区、直辖市的特种设备安全监督管理部门许可,方可从事充装活动。

充装单位应当具备下列条件:

a. 有与充装和管理相适应的管理人员和技术人员;

b. 有与充装和管理相适应的充装设备、检测手段、场地厂房、器具、安全设施;

c. 有健全的充装管理制度、责任制度、紧急处理措施。

气瓶充装单位应当向气体使用者提供符合安全技术规范要求的气瓶,对使用者进行气瓶安全使用指导,并按照安全技术规范的要求办理气瓶使用登记,提出气瓶的定期检验要求。

④ 锅炉、气瓶、氧舱和客运索道、大型游乐设施以及高耗能特种设备的设计文件,未经国务院特种设备安全监督管理部门核准的检验检测机构鉴定,擅自用于制造的,由特种设备安全监督管理部门责令改正,没收非法制造的产品,处 5 万元以上 20 万元以下罚款;触犯刑律的,对负有责任的主管人员和其他直接责任人员依照刑法关于生产、销售伪劣产品罪、非法经营罪或者其他罪的规定,依法追究刑事责任。

⑤ 未经许可,擅自从事移动式压力容器或者气瓶充装活动的,由特种设备安全监督管理部门予以取缔,没收违法充装的气瓶,处 10 万元以上 50 万元以下罚款;有违法所得的,没收违法所得;触犯刑律的,对负有责任的主管人员和其他直接责任人员依照刑法关于非法经营罪或者其他罪的规定,依法追究刑事责任。

移动式压力容器、气瓶充装单位未按照安全技术规范的要求进行充装活动的,由特种设备安全监督管理部门责令改正,处 2 万元以上 10 万元以下罚款;情节严重的,撤销其充装资格。

⑥ 本条例下列用语的含义是:

a. 锅炉,是指利用各种燃料、电或者其他能源,将所盛装的液体加热到一定的参数,并对外输出热能的设备,其范围规定为容积大于或者等于 30L 的承压蒸汽锅炉;出口水压大于或者等于 0.1MPa(表压),且额定功率大于或者等于 0.1MW 的承压热水锅炉;有机热载体锅炉。

b. 压力容器,是指盛装气体或者液体,承载一定压力的密闭设备,其范围规定为最高工作压力大于或者等于 0.1MPa(表压),且压力与容积的乘积大于或者等于 2.5MPa·L 的气体、液化气体和最高工作温度高于或者等于标准沸点的液体的固定式容器和移动式容器;盛装公称工作压力大于或者等于 0.2MPa(表压),且压力与容积的乘积大于或者等于 1.0MPa·L 的气体、液化气体和标准沸点等于或者低于 60℃液体的气瓶;氧舱等。

c. 压力管道,是指利用一定的压力,用于输送气体或者液体的管状设备,其范围规定为最高工作压力大于或者等于 0.1MPa(表压)的气体、液化气体、蒸汽介质或者可燃、易爆、有毒、有腐蚀性、最高工作温度高于或者等于标准沸点的液体介质,且公称直径大于 25mm 的管道。

d. 电梯,是指动力驱动,利用沿刚性导轨运行的箱体或者沿固定线路运行的梯级(踏步),进行升降或者平行运送人、货物的机电设备,包括载人(货)电梯、自动扶梯、自动人行道等。

　　e. 起重机械，是指用于垂直升降或者垂直升降并水平移动重物的机电设备，其范围规定为额定起重量大于或者等于 0.5t 的升降机；额定起重量大于或者等于 1t，且提升高度大于或者等于 2m 的起重机和承重形式固定的电动葫芦等。

　　f. 客运索道，是指动力驱动，利用柔性绳索牵引箱体等运载工具运送人员的机电设备，包括客运架空索道、客运缆车、客运拖牵索道等。

　　g. 大型游乐设施，是指用于经营目的，承载乘客游乐的设施，其范围规定为设计最大运行线速度大于或者等于 2m/s，或者运行高度距地面高于或者等于 2m 的载人大型游乐设施。

　　h. 场（厂）内专用机动车辆，是指除道路交通、农用车辆以外仅在工厂厂区、旅游景区、游乐场所等特定区域使用的专用机动车辆。

　　特种设备包括其所用的材料、附属的安全附件、安全保护装置和与安全保护装置相关的设施。

　　除以上介绍的两个条例之外，《危险化学品安全管理条例》《生产安全事故报告和调查处理条例》《国务院关于特大安全事故行政责任追究的规定》等行政法规与本课程所述内容有关，限于篇幅，在此不一一列举。

附录 5　《市政公用事业特许经营管理办法》（2015 年修正本）内容节选

　　① 为了加快推进市政公用事业市场化，规范市政公用事业特许经营活动，加强市场监管，保障社会公共利益和公共安全，促进市政公用事业健康发展，根据国家有关法律、法规，制定本办法。

　　② 本办法所称市政公用事业特许经营，是指政府按照有关法律、法规规定，通过市场竞争机制选择市政公用事业投资者或者经营者，明确其在一定期限和范围内经营某项市政公用事业产品或者提供某项服务的制度。城市供水、供气、供热、公共交通、污水处理、垃圾处理等行业，依法实施特许经营的，适用本办法。

　　③ 实施特许经营的项目由省、自治区、直辖市通过法定形式和程序确定。

　　④ 国务院建设主管部门负责全国市政公用事业特许经营活动的指导和监督工作。省、自治区人民政府建设主管部门负责本行政区域内的市政公用事业特许经营活动的指导和监督工作。直辖市、市、县人民政府市政公用事业主管部门依据人民政府的授权（以下简称主管部门），负责本行政区域内的市政公用事业特许经营的具体实施。

　　⑤ 实施市政公用事业特许经营，应当遵循公开、公平、公正和公共利益优先的原则。

　　⑥ 实施市政公用事业特许经营，应当坚持合理布局，有效配置资源的原则，鼓励跨行政区域的市政公用基础设施共享。

　　跨行政区域的市政公用基础设施特许经营，应当本着有关各方平等协商的原则，共同加强监管。

　　⑦ 参与特许经营权竞标者应当具备以下条件：

　　a. 依法注册的企业法人；

　　b. 有相应的设施、设备；

　　c. 有良好的银行资信、财务状况及相应的偿债能力；

　　d. 有相应的从业经历和良好的业绩；

　　e. 有相应数量的技术、财务、经营等关键岗位人员；

　　f. 有切实可行的经营方案；

g. 地方性法规、规章规定的其他条件。

⑧ 主管部门应当依照下列程序选择投资者或者经营者：

a. 提出市政公用事业特许经营项目，报直辖市、市、县人民政府批准后，向社会公开发布招标条件，受理投标；

b. 根据招标条件，对特许经营权的投标人进行资格审查和方案预审，推荐出符合条件的投标候选人；

c. 组织评审委员会依法进行评审，并经过质询和公开答辩，择优选择特许经营权授予对象；

d. 向社会公示中标结果，公示时间不少于 20 天；

e. 公示期满，对中标者没有异议的，经直辖市、市、县人民政府批准，与中标者（以下简称"获得特许经营权的企业"）签订特许经营协议。

⑨ 特许经营协议应当包括以下内容：

a. 特许经营内容、区域、范围及有效期限；

b. 产品和服务标准；

c. 价格和收费的确定方法、标准以及调整程序；

d. 设施的权属与处置；

e. 设施维护和更新改造；

f. 安全管理；

g. 履约担保；

h. 特许经营权的终止和变更；

i. 违约责任；

j. 争议解决方式；

k. 双方认为应该约定的其他事项。

⑩ 主管部门应当履行下列责任：

a. 协助相关部门核算和监控企业成本，提出价格调整意见；

b. 监督获得特许经营权的企业履行法定义务和协议书规定的义务；

c. 对获得特许经营权的企业的经营计划实施情况、产品和服务的质量以及安全生产情况进行监督；

d. 受理公众对获得特许经营权的企业的投诉；

e. 向政府提交年度特许经营监督检查报告；

f. 在危及或者可能危及公共利益、公共安全等紧急情况下，临时接管特许经营项目；

g. 协议约定的其他责任。

⑪ 获得特许经营权的企业应当履行下列责任：

a. 科学合理地制定企业年度生产、供应计划；

b. 按照国家安全生产法规和行业安全生产标准规范，组织企业安全生产；

c. 履行经营协议，为社会提供足量的、符合标准的产品和服务；

d. 接受主管部门对产品和服务质量的监督检查；

e. 按规定的时间将中长期发展规划、年度经营计划、年度报告、董事会决议等报主管部门备案；

f. 加强对生产设施、设备的运行维护和更新改造，确保设施完好；

g. 协议约定的其他责任。

⑫ 特许经营期限应当根据行业特点、规模、经营方式等因素确定，最长不得超过

30 年。

⑬ 获得特许经营权的企业承担政府公益性指令任务造成经济损失的，政府应当给予相应的补偿。

⑭ 在协议有效期限内，若协议的内容确需变更的，协议双方应当在共同协商的基础上签订补充协议。

⑮ 获得特许经营权的企业确需变更名称、地址、法定代表人的，应当提前书面告知主管部门，并经其同意。

⑯ 特许经营期限届满，主管部门应当按照本办法规定的程序组织招标，选择特许经营者。

⑰ 获得特许经营权的企业在协议有效期内单方提出解除协议的，应当提前提出申请，主管部门应当自收到获得特许经营权的企业申请的 3 个月内作出答复。在主管部门同意解除协议前，获得特许经营权的企业必须保证正常的经营与服务。

⑱ 获得特许经营权的企业在特许经营期间有下列行为之一的，主管部门应当依法终止特许经营协议，取消其特许经营权，并可以实施临时接管：

a. 擅自转让、出租特许经营权的；

b. 擅自将所经营的财产进行处置或者抵押的；

c. 因管理不善，发生重大质量、生产安全事故的；

d. 擅自停业、歇业，严重影响到社会公共利益和安全的；

e. 法律、法规禁止的其他行为。

⑲ 特许经营权发生变更或者终止时，主管部门必须采取有效措施保证市政公用产品供应和服务的连续性与稳定性。

⑳ 主管部门应当在特许经营协议签订后 30 日内，将协议报上一级市政公用事业主管部门备案。

㉑ 在项目运营的过程中，主管部门应当组织专家对获得特许经营权的企业经营情况进行中期评估。

评估周期一般不得低于两年，特殊情况下可以实施年度评估。

㉒ 直辖市、市、县人民政府有关部门按照有关法律、法规规定的原则和程序，审定和监管市政公用事业产品和服务价格。

㉓ 未经直辖市、市、县人民政府批准，获得特许经营权的企业不得擅自停业、歇业。

获得特许经营权的企业擅自停业、歇业的，主管部门应当责令其限期改正，或者依法采取有效措施督促其履行义务。

㉔ 主管部门实施监督检查，不得妨碍获得特许经营权的企业正常的生产经营活动。

㉕ 主管部门应当建立特许经营项目的临时接管应急预案。

对获得特许经营权的企业取消特许经营权并实施临时接管的，必须按照有关法律、法规的规定进行，并召开听证会。

㉖ 社会公众对市政公用事业特许经营享有知情权、建议权。

直辖市、市、县人民政府应当建立社会公众参与机制，保障公众能够对实施特许经营情况进行监督。

㉗ 国务院建设主管部门应当加强对直辖市市政公用事业主管部门实施特许经营活动的监督检查，省、自治区人民政府建设主管部门应当加强对市、县人民政府市政公用事业主管部门实施特许经营活动的监督检查，及时纠正实施特许经营中的违法行为。

㉘ 对以欺骗、贿赂等不正当手段获得特许经营权的企业，主管部门应当取消其特许经

营权，并向国务院建设主管部门报告，由国务院建设主管部门通过媒体等形式向社会公开披露。被取消特许经营权的企业在三年内不得参与市政公用事业特许经营竞标。

㉙ 主管部门或者获得特许经营权的企业违反协议的，由过错方承担违约责任，给对方造成损失的，应当承担赔偿责任。

㉚ 主管部门及其工作人员有下列情形之一的，由对其授权的直辖市、市、县人民政府或者监察机关责令改正，对负主要责任的主管人员和其他直接责任人员依法给予行政处分；构成犯罪的，依法追究刑事责任：

a. 不依法履行监督职责或者监督不力，造成严重后果的；

b. 对不符合法定条件的竞标者授予特许经营权的；

c. 滥用职权、徇私舞弊的。

㉛ 本办法自 2004 年 5 月 1 日起施行。

附录 6　《气瓶安全监察规定》内容节选

① 气瓶充装单位应当向省级质监部门特种设备安全监察机构提出充装许可书面申请。经审查，确认符合条件者，由省级质监部门颁发《气瓶充装许可证》。未取得《气瓶充装许可证》的，不得从事气瓶充装工作。

②《气瓶充装许可证》有效期为 4 年，有效期满前，气瓶充装单位应当向原批准部门申请更换《气瓶充装许可证》。未按规定提出申请或未获准更换《气瓶充装许可证》的，有效期满后不得继续从事气瓶充装工作。

③ 气瓶充装单位应当符合以下条件：

a. 具有营业执照；

b. 有适应气瓶充装和安全管理需要的技术人员和特种设备作业人员，具有与充装的气体种类相适应的完好的充装设施、工器具、检测手段、场地厂房，有符合要求的安全设施；

c. 具有一定的气体储存能力和足够数量的自有产权气瓶；

d. 符合相应气瓶充装站安全技术规范及国家标准的要求，建立健全的气瓶充装质量保证体系和安全管理制度。

④ 气瓶充装单位应当履行以下义务：

a. 向气体消费者提供气瓶，并对气瓶的安全全面负责；

b. 负责气瓶的维护、保养和颜色标志的涂敷工作；

c. 按照安全技术规范及有关国家标准的规定，负责做好气瓶充装前的检查和充装记录，并对气瓶的充装安全负责；

d. 负责对充装作业人员和充装前检查人员进行有关气体性质、气瓶的基础知识、潜在危险和应急处理措施等内容的培训；

e. 负责向气瓶使用者宣传安全使用知识和危险性警示要求，并在所充装的气瓶上粘贴符合安全技术规范及国家标准规定的警示标签和充装标签；

f. 负责气瓶的送检工作，将不符合安全要求的气瓶送交地（市）级或地（市）级以上质监部门指定的气瓶检验机构报废销毁；

g. 配合气瓶安全事故调查工作。

车用气瓶、呼吸用气瓶、灭火用气瓶、非重复充装气瓶和其它经省级质监部门安全监察机构同意的气瓶充装单位，应当履行上述规定的第 c 项、第 d 项、第 e 项、第 g 项义务。

⑤ 充装单位应当采用计算机对所充装的自有产权气瓶进行建档登记，并负责涂敷充装站标志、气瓶编号和打充装站标志钢印。充装站标志应经省级质监部门备案。鼓励采用条码

等先进信息化手段对气瓶进行安全管理。

⑥ 气瓶充装单位应当保持气瓶充装人员的相对稳定。充装单位负责人和气瓶充装人员应当经地（市）级或者地（市）级以上质监部门考核，取得特种设备作业人员证书。

⑦ 气瓶充装单位只能充装自有产权气瓶（车用气瓶、呼吸用气瓶、灭火用气瓶、非重复充装气瓶和其他经省级质监部门安全监察机构同意的气瓶除外），不得充装技术档案不在本充装单位的气瓶。

⑧ 气瓶充装前和充装后，应当由充装单位持证作业人员逐只对气瓶进行检查，发现超装、错装、泄漏或其他异常现象的，要立即进行妥善处理。

充装时，充装人员应按有关安全技术规范和国家标准规定进行充装。对未列入安全技术规范或国家标准的气体，应当制定企业充装标准，按标准规定的充装系数或充装压力进行充装。禁止对使用过的非重复充装气瓶再次进行充装。

⑨ 气瓶充装单位应当保证充装的气体质量和充装量符合安全技术规范规定及相关标准的要求。

⑩ 任何单位和个人不得改装气瓶或将报废气瓶翻新后使用。

⑪ 地（市）级质监部门安全监察机构应当每年对辖区内的气瓶充装单位进行年度监督检查。年度监督检查的内容包括：自有产权气瓶的数量、钢印标志和建档情况、自有产权气瓶的充装和定期检验情况、充装单位负责人和充装人员持证情况。气瓶充装单位应当按照要求每年报送上述材料。

地（市）级质监部门每年应当将年度监督检查的结果上报省级质监部门。对年度监督检查不合格应予吊销充装许可证的充装单位，报请省级质监部门吊销充装许可证书。

⑫ 气瓶的定期检验周期、报废期限应当符合有关安全技术规范及标准的规定。

⑬ 承担气瓶定期检验工作的检验机构，应当经省级质监部门核准，按照有关安全技术规范和国家标准的规定，从事气瓶的定期检验工作。

从事气瓶定期检验工作的检验人员，应当经总局安全监察机构考核合格，取得气瓶检验人员证书后，方可从事气瓶检验工作。

⑭ 气瓶定期检验证书有效期为4年。有效期满前，检验机构应当向发证部门申请办理换证手续，有效期满前未提出申请的，期满后不得继续从事气瓶定期检验工作。

⑮ 气瓶检验机构应当有与所检气瓶种类、数量相适应的场地、余气回收与处理设施、检验设备、持证检验人员，并有一定的检验规模。

⑯ 气瓶定期检验机构的主要职责是：

a. 按照有关安全技术规范和气瓶定期检验标准对气瓶进行定期检验，出具检验报告，并对其正确性负责；

b. 按气瓶颜色标志有关国家标准的规定，去除气瓶表面的漆色后重新涂敷气瓶颜色标志，打气瓶定期检验钢印；

c. 对报废气瓶进行破坏性处理。

⑰ 气瓶检验机构应当严格按照有关安全技术规范和检验标准规定的项目进行定期检验。检验气瓶前，检验人员必须对气瓶的介质处理进行确认，达到有关安全要求后，方可检验。检验人员应当认真做好检验记录。

⑱ 气瓶检验机构应当保证检验工作质量和检验安全，保证经检验合格的气瓶和经维修的气瓶阀门能够安全使用一个检验周期，不能安全使用一个检验周期的气瓶和阀门应予报废。

⑲ 气瓶检验机构应当将检验不合格的报废气瓶予以破坏性处理。气瓶的破坏性处理必

须采用压扁或将瓶体解体的方式进行。禁止将未作破坏性处理的报废气瓶交予他人。

⑳ 气瓶检验机构应当按照省级质监部门安全监察机构的要求，报告当年检验的各种气瓶的数量、各充装单位送检的气瓶数量、检验工作情况和影响气瓶安全的倾向性问题。

㉑ 运输、储存、销售和使用气瓶的单位，应当制定相应的气瓶安全管理制度和事故应急处理措施，并有专人负责气瓶安全工作，定期对气瓶运输、储存、销售和使用人员进行气瓶安全技术教育。

㉒ 充气气瓶的运输单位，必须严格遵守国家危险品运输的有关规定。

运输和装卸气瓶时，必须佩戴好气瓶瓶帽（有防护罩的气瓶除外）和防震圈（集装气瓶除外）。

㉓ 储存充气气瓶的单位应当有专用仓库存放气瓶。气瓶仓库应当符合《建筑设计防火规范》的要求，气瓶存放数量应符合有关安全规定。

㉔ 气瓶或瓶装气体的销售单位应当销售具有制造许可证的企业制造的合格气瓶和取得气瓶充装许可的单位充装的瓶装气体。

鼓励气瓶制造单位将气瓶直接销售给取得气瓶充装许可的充装单位。

气瓶充装单位应当购买具有制造许可证的企业制造的合格气瓶，气体使用者应当购买已取得气瓶充装许可的单位充装的瓶装气体。

㉕ 气瓶使用者应当遵守下列安全规定：

a. 严格按照有关安全使用规定正确使用气瓶；

b. 不得对气瓶瓶体进行焊接和更改气瓶的钢印或者颜色标记；

c. 不得使用已报废的气瓶；

d. 不得将气瓶内的气体向其他气瓶倒装或直接由罐车对气瓶进行充装；

e. 不得自行处理气瓶内的残液。

㉖ 气瓶充装单位有下列行为之一的，责令改正，处1万元以上3万元以下罚款。情节严重的，暂停充装，直至吊销其充装许可证。

a. 充装非自有产权气瓶（车用气瓶、呼吸用气瓶、灭火用气瓶、非重复充装气瓶和其他经省级质监部门安全监察机构同意的气瓶除外）；

b. 对使用过的非重复充装气瓶再次进行充装；

c. 充装前不认真检查气瓶钢印标志和颜色标志，未按规定进行瓶内余气检查或抽回气瓶内残液而充装气瓶，造成气瓶错装或超装的；

d. 对气瓶进行改装和对报废气瓶进行翻新的；

e. 未按规定粘贴气瓶警示标签和气瓶充装标签的；

f. 负责人或者充装人员未取得特种设备作业人员证书的。

㉗ 气瓶检验机构对定期检验不合格应予报废的气瓶，未进行破坏性处理而直接退回气瓶送检单位或者转卖给其他单位或个人的，责令改正，处以1000元以上1万元以下罚款。情节严重的，取消其检验资格。

㉘ 气瓶或者瓶装气体销售单位或者个人有下列行为之一的，责令改正，处1万元以下罚款。

a. 销售无制造许可证单位制造的气瓶或者销售未经许可的充装单位充装的瓶装气体；

b. 收购、销售未经破坏性处理的报废气瓶或者使用过的非重复充装气瓶以及其他不符合安全要求的气瓶。

㉙ 气瓶监检机构有下列行为之一的，责令改正；情节严重的，取消其监督检验资格。

a. 监督检验质量保证体系失控，未对气瓶实施逐只监检的；

b．监检项目不全或者未监检而出具虚假监检报告的；

c．经监检合格的气瓶出现严重安全质量问题，导致受检单位制造许可证被吊销的。

○30 违反本规定的其他违法行为，按照《特种设备安全监察条例》的规定进行处罚。

○31 行政相对人对行政处罚不服的，可以依法申请行政复议或者提起行政诉讼。

○32 气瓶发生事故时，发生事故的单位和安全监察机构应当按照《锅炉压力容器压力管道特种设备事故处理规定》及时上报和进行事故调查处理。

附录 7　《燃气经营企业从业人员专业培训考核大纲（试行）》内容节选

1）大纲说明

① 本大纲依据《城镇燃气管理条例》和国家相关法律法规、标准规范等有关规定编制。

② 本大纲适用于全国燃气经营企业从业人员的专业培训和考核。

③ 燃气经营企业从业人员主要分为企业主要负责人、安全生产管理人员以及运行、维护和抢修人员三类。

④ 燃气经营企业从业人员的专业培训考核要点，主要包括法律法规及标准规范、燃气经营企业管理、通用知识和燃气专业知识等四个主要部分。

⑤ 不同类别的燃气经营企业从业人员考核要点，参照下表给出的权重组织开展：

序号	培训考核要点	企业主要 负责人	安全生产 管理人员	运行、维护 和抢修人员
1	法律法规 及标准规范	40% （侧重法律法规）	25% （侧重标准规范）	15% （侧重标准规范）
2	燃气经营企业管理	30%	10%	5%
3	通用知识	20%	30%	30%
4	燃气专业知识	10%	35%	50%

2）燃气经营企业主要负责人专业培训考核要点

（1）法律法规及标准规范

① 法律法规

a．城镇燃气行业投资、市场准入、特许经营和经营许可管理、燃气经营企业运行等方面的法律法规和政策规定；

b．《城镇燃气管理条例》立法宗旨和主要内容；

c．安全生产法律法规体系框架和主要内容；

d．工程建设质量安全管理相关法律法规和主要内容；

e．特种设备管理、危化品管理、突发事件应对、燃气安全事故处置、劳动管理、燃气燃烧器具、供气服务等方面的法律法规和主要内容。

② 标准规范

a．城镇燃气有关国家标准、行业标准中涉及城镇燃气安全的强制性条文；

b．城镇燃气气质标准中涉及城镇燃气安全的条文；

c．城镇燃气有关国家标准、行业标准中涉及城镇燃气用户安全的条文；

d．城镇燃气有关国家标准、行业标准中涉及燃气服务的条文。

（2）燃气经营企业管理

① 经营

a. 燃气发展规划的编制原则和基本内容；

b. 城镇燃气经营规划、计划和燃气供气规律；

c. 供气运行调度的基本制度；

d. 城镇燃气设施布局、规模及建设时序；

e. 燃气经营和发展动态、方向。

② 安全

a. 燃气经营企业安全生产标准化规范与建设的规定；

b. 城镇燃气安全管理制度的基本内容；

c. 燃气用户安全管理制度和用户安全管理知识；

d. 供气安全、城镇燃气用气结构和应急需求。

③ 应急

a. 城镇燃气应急预案和城镇燃气安全事故应急预案的编制和管理知识；

b. 燃气系统安全事故应急处理的原则和要求；

c. 燃气应急储备体系建设和企业在体系中的地位。

④ 服务

a. 城镇燃气用户管理与服务的重要环节；

b. 企业服务体系建设、服务质量及评价。

⑤ 人员

城镇燃气从业人员的职业标准和权利保障。

（3）通用知识

① 安全生产及管理知识

a. 燃气经营企业风险管理体系建设、安全生产条件评价；

b. 城镇燃气工程建设、施工安全和验收的管理知识；

c. 城镇燃气建设项目安全设施"三同时"；

d. 燃气燃烧器具安全管理基本知识；

e. 城镇燃气（天然气、液化石油气和人工煤气等）的质量和供气质量控制。

② 消防

危险源管理和消防责任制。

③ 能源应用与环境保护

城镇燃气应用领域及环境保护、节能减排基础知识。

④ 计算机技术和信息化

计算机技术和信息化基础知识。

（4）燃气专业知识

① 管道燃气经营企业

a. 管道供气系统的构成、压力级制的基础知识；

b. 管道设施的构成、工艺技术、工艺流程和主要控制参数；

c. 管道供气运行管理重点，供气特征曲线；

d. 管道计划维修、管线巡查程序和工作内容及管道检测；

e. 燃气输配运行质量控制。

② 瓶装燃气经营企业

a. 储存、装卸、充装、销售等环节的设施和主要参数；

b. 瓶装燃气供气管理重点，压力容器（钢瓶）管理知识；

c. 场站安全设施装置和检测。

③ 燃气汽车加气站经营企业

a. 加气系统的构成、供应体系的基础知识；

b. 储存、装卸、加气等环节的设施和主要参数；

c. 供气管理重点，场站安全设施装置和检测，压力容器管理知识；

d. 加气现场组织管理。

3）燃气经营企业安全生产管理人员专业培训考核要点

（1）法律法规及标准规范

① 法律法规

a. 城镇燃气行业投资、市场准入、特许经营和经营许可管理、燃气经营企业运行等方面的法律法规和政策规定；

b. 《城镇燃气管理条例》立法宗旨和主要内容，燃气经营企业安全供气保障、燃气安全事故处置、安全生产监督管理等方面的法定义务和责任，城镇燃气从业人员的权利保障、义务履行和法律责任；

c. 特种设备管理、危化品管理、突发事件应对、燃气安全事故处置、劳动管理、燃气燃烧器具、供气服务等方面的法律法规；

d. 国家安全生产的法律法规体系的框架和核心内容，安全生产相关法律、行政法规、规章和标准的地位和效力，企业安全生产管理方面相关的法律法规有关条款；

e. 工程建设质量安全管理方面相关法律法规。

② 标准规范

a. 城镇燃气有关国家标准、行业标准中涉及城镇燃气安全的条文；

b. 城镇燃气气质标准中涉及城镇燃气安全的条文；

c. 城镇燃气有关国家标准、行业标准中涉及城镇燃气用户安全的条文；

d. 城镇燃气有关国家标准、行业标准中涉及燃气服务的条文。

（2）燃气经营企业管理

① 经营

燃气发展规划、供气运行调度制度。

② 安全

a. 城镇燃气安全生产知识；

b. 安全生产管理的基本规定；

c. 燃气工程建设安全管理知识；

d. 安全供气保障环节的安全技术；

e. 燃气安全事故的处置、安全生产的监督管理；

f. 从业人员的工作环境保障和安全管理。

③ 应急

a. 燃气经营企业的风险管理体系、安全生产条件和安全评价；

b. 重大危险源的管理与事故控制；

c. 燃气安全事故应急预案的编制和实施程序；

d. 突发事件的现场处置和信息处理；

e. 城镇燃气事故调查、分析知识。

④ 服务

a. 服务过程和服务质量的保障；

b. 燃气燃烧器具使用安全知识。

⑤ 人员

a. 员工职业技能中的安全技术教育；

b. 员工职业技能中的安全培训管理知识。

（3）通用知识

① 安全生产及管理

a. 燃气经营企业安全生产标准化建设及标准化管理工作内容；

b. 燃气工程建设和验收的管理知识，施工质量安全监督管理，建设项目安全设施"三同时"，建设环节的质量安全监控重点因素；

c. 燃气设施动火作业；特种作业设备；户内燃气系统作业的操作规程；

d. 燃气运行维护质量安全管理知识；

e. 典型燃气调压、加压、储存设施的安全管理重点和各项抢、维修作业的安全监控管理要点。

② 消防

a. 燃气运行作业安全及消防安全的检查；

b. 供气过程的危险源、危害因素的识别与控制；

c. 安全隐患的处置规定和基本知识；

d. 城镇燃气防燃防爆防毒知识。

③ 能源应用与环境保护

a. 燃气设施运行维护抢险作业质量安全的过程监控；

b. 环境与职业健康安全管理的基本知识。

④ 计算机技术和信息化

燃气经营企业信息安全和计算机安全管理知识。

（4）燃气专业知识

① 管道燃气经营企业

a. 城镇燃气管道供气系统的构成、设施和压力级制的基本知识；

b. 输配系统（管网）巡查安全技术与管理重点；

c. 储配、调压、计量场站的安全技术和管理重点；

d. 管道燃气用户安全宣传和安全管理知识。

② 瓶装燃气经营企业

a. 储存、装卸、充装、销售等环节的设施和主要参数；

b. 压力容器知识与管理规定；

c. 储存、充装、配送等环节的安全技术与管理重点；

d. 瓶装燃气用户安全宣传与安全管理。

③ 燃气汽车加气站经营企业

a. 加气系统的构成、供应体系的基本知识；

b. 储存、装卸、加气等环节的设施和主要参数；

c. 供气管理重点，场站安全设施装置和检测，压力容器管理知识；

d. 加气现场组织管理。

4）燃气经营企业运行、维护、抢修人员专业培训考核要点

（1）法律法规及标准规范

① 法律法规

a. 《城镇燃气管理条例》的主要内容；

b. 燃气安全事故处置、劳动管理等方面的法律法规的主要内容；

c. 安全生产法律体系的框架和法律法规等主要内容；

d. 燃气企业从业人员的权利保障、义务履行和法律责任。

② 标准规范

a. 城镇燃气有关国家标准、行业标准中强制性条文以及涉及城镇燃气运行、维护、抢修方面的条文；

b. 城镇燃气气质标准中涉及安全的内容；

c. 城镇燃气有关国家标准、行业标准中涉及城镇燃气用户安全的条文；

d. 城镇燃气有关国家标准、行业标准中涉及燃气服务的条文。

（2）燃气经营企业管理

① 经营

岗位责任制度、操作规程、企业发展规划的主要内容。

② 安全

a. 道路交通安全常识；

b. 文明施工要求；

c. 安全隐患识别和应急处置的基本知识。

③ 应急

燃气安全事故预案和岗位生产事故处置。

④ 服务

a. 城镇燃气用户的类型；

b. 管道燃气用户的燃气管道系统和供应设施；

c. 瓶装燃气供应设施；

d. 液化石油气、液化天然气、压缩天然气等汽车加气；

e. 燃气在工业中的用途。

⑤ 人员

职业技能标准内容。

（3）通用知识

① 安全生产及管理

a. 城镇燃气的分类；

b. 城镇燃气的基本性质；

c. 城镇燃气的安全特性及常见危害处理措施；

d. 城市燃气用量及供需平衡；

e. 常用燃气管道的管材、管件与辅助材料；

f. 常用设备（如过滤器、调压器、测量仪表、泵等）；

g. 燃气工程建设和验收的基本知识。

② 消防

a. 消防安全常识；

b. 作业安全常识；

c. 防护用品和劳动保护用品的使用维护保养；

d. 逃生与急救常识；

e. 防雷防静电基本知识和城镇燃气行业防雷电技术。

③ 能源应用与环境保护

燃气燃烧器具和燃气安全使用知识。

④ 计算机技术和信息化

计算机技术和信息化基础知识。

（4）燃气专业知识

① 燃气输配场站运行工

a. 燃气输配场站的典型工艺流程、主要设备和运行参数；

b. 燃气输配场站设备设施巡护和检修；

c. 燃气输配场站设备设施运行操作及检修；

d. 燃气输配场站应急事件处理。

② 液化石油气库站运行工

a. 液化石油气的运输、储存、灌装和供应方式；

b. 压力容器基本知识及机械基础；

c. 液化石油气库站常用计量装置和器具知识；

d. 液化石油气库站典型工艺流程、主要设备和运行参数；

e. 液化石油气贮罐灌装容积计算；

f. 液化石油气接收（含卸车）、贮存、倒罐、灌瓶、装车操作；

g. 液化石油气钢瓶残液倒空、钢瓶抽真空、贮罐抽真空操作；

h. 液化石油气库站设备设施故障判断及故障排除知识；

i. 液化石油气库站应急处理。

③ 压缩天然气场站运行工

a. 压缩天然气场站的典型工艺流程、主要设备和运行参数；

b. 压缩天然气场站设备设施巡护和检修；

c. 压缩天然气设备设施运行操作及其检修；

d. 压缩天然气场站应急事件处理。

④ 液化天然气储运工

a. 液化天然气储配站的典型工艺流程、主要设备和运行参数；

b. 液化天然气储配站设备设施巡护和检修；

c. 液化天然气槽车卸（装）操作（含灌瓶）；

d. 液化天然气日常储运操作；

e. 液化天然气进出、液化、气化操作；

f. 液化天然气储配站应急事件处理和火灾气体消防系统（FGS）操作。

⑤ 汽车加气站操作工

a. 加气站种类、设备、典型工艺流程和基本工艺参数；

b. 加气站基础安全要求、消防知识和操作安全手册；

c. 液化石油气汽车加气站基本操作（含卸车、储存、加气计量等）；

d. 天然气汽车加气站基本操作（含卸车、预处理、压缩储存、加气计量等）；

e. 加气相关故障处理；

f. 加气站的应急预案与演练。

⑥ 燃气管网运行工

a. 城镇燃气管网的分类与构成；

b. 城镇燃气管道常用材质、常用阀门及附件知识；

c. 水井及附件知识；

d. 阴保测试桩及附件知识；

e. 竣工图识图基础、管道施工知识；

f. 管网及其附属设备、设施日常维护和现场抢修；

g. 燃气管网完整性检测和管线巡查日常操作；

h. 燃气调压设备的投入运行、日常操作、维护和维修；

i. 燃气管道及设施抢修技术和方法（含停供气、动火、不停输、临时供气、不停输设备、PE 管大口径液压夹扁器、应急气化撬等）；

j. 燃气管网日常综合管理文件和报告填写、归档。

⑦ 燃气用户安装检修工

a. 户内燃气管道施工知识（管材、管件及管道附件；施工工具和机具；管道敷设与安装要求；竣工检验与验收）；

b. 管道识图基础知识（识、绘图基本知识；绘图基本方法）；

c. 户内燃气管道的安装和施工；

d. 燃气燃烧器具的安装与维修；

e. 居民燃气用户定期安全检查和隐患、违章行为处理；

f. 工商业燃气用户定期安全检查和隐患、违章行为处理；

g. 相关燃气设施、管道及其附件维修与抢修（含燃气用户改造、动火、通气点火作业等）；

h. 日常综合管理文件和报告填写、归档、分析。

附录 8　《燃气经营许可管理办法》内容节选

① 为规范燃气经营许可行为，加强燃气经营许可管理，根据《城镇燃气管理条例》，制定本办法。

② 从事燃气经营活动的，应当依法取得燃气经营许可，并在许可事项规定的范围内经营。

城镇燃气经营许可的申请、受理、审查批准、证件核发以及相关的监督管理等行为，适用本办法。

③ 住房城乡建设部指导全国燃气经营许可管理工作。县级以上地方人民政府燃气管理部门负责本行政区域内的燃气经营许可管理工作。

④ 燃气经营许可证由县级以上地方人民政府燃气管理部门核发，具体发证部门根据省级地方性法规、省级人民政府规章或决定确定。

发证部门应当公示审批程序、受理条件和办理标准，公开办理进度，并推广网上业务办理。

⑤ 申请燃气经营许可的，应当具备下列条件：

a. 符合燃气发展规划要求。

燃气经营区域、燃气种类、供应方式和规模、燃气设施布局和建设时序等符合依法批准的燃气发展规划。

b. 有符合国家标准的燃气气源。

（a）应与气源生产供应企业签订供用气合同。

（b）燃气气源应符合国家城镇燃气气质有关标准。

c. 有符合国家标准的燃气设施。

（a）有符合国家标准的燃气生产、储气、输配、供应、计量、安全等设施设备。

（b）燃气设施工程建设符合法定程序，竣工验收合格并依法备案。

d. 有固定的经营场所。

有固定办公场所、经营和服务站点等。

e. 有完善的安全管理制度和健全的经营方案。

安全管理制度主要包括：安全生产责任制度，设施设备（含用户设施）安全巡检、检测制度，燃气质量检测制度，岗位操作规程，燃气突发事件应急预案，燃气安全宣传制度等。

经营方案主要包括：企业章程、发展规划、工程建设计划、用户发展业务流程、故障报修、投诉处置、质量保障和安全用气服务制度等。

f. 企业的主要负责人、安全生产管理人员以及运行、维护和抢修人员经专业培训并经燃气管理部门考核合格。专业培训考核具体办法另行制定。

经专业培训并考核合格的人员及数量，应与企业经营规模相适应，最低人数应符合以下要求：

（a）主要负责人。是指企业法定代表人和未担任法定代表人的董事长（执行董事）、经理。以上人员均应经专业培训并考核合格。

（b）安全生产管理人员。是指企业分管安全生产的负责人，企业生产、安全管理部门负责人，企业生产和销售分支机构的负责人以及企业专职安全员等相关管理人员。以上人员均应经专业培训并考核合格。

（c）运行、维护和抢修人员。是指负责燃气设施设备运行、维护和事故抢险抢修的操作人员，包括但不仅限于燃气输配场站工、液化石油气库站工、压缩天然气场站工、液化天然气储运工、汽车加气站操作工、燃气管网工、燃气用户检修工、瓶装燃气送气工。最低人数应满足：

管道燃气经营企业，燃气用户 10 万户以下的，每 2500 户不少于 1 人；10 万户以上的，每增加 2500 户增加 1 人；

瓶装燃气经营企业，燃气用户 1000 户及以下的不少于 3 人；1000 户以上不到 1 万户的，每 800 户 1 人；1-5 万户，每增加 1 万户增加 10 人；5-10 万户，每增加 1 万户增加 8 人；10 万户以上每增加 1 万户增加 5 人；

燃气汽车加气站等其他类型燃气经营企业人员及数量配备以及其他运行、维护和抢修类人员，由省级人民政府燃气管理部门根据具体情况确定。

g. 法律、法规规定的其他条件。

⑥ 申请燃气经营许可的，应当向发证部门提交下列申请材料，并对其真实性、合法性、有效性负责：

a. 燃气经营许可申请书；

b. 燃气气质检测报告；与气源供应企业签订的供用气合同书；

c. 申请人对燃气设施建设工程竣工验收合格情况，主要负责人、安全生产管理人员以及运行、维护和抢修等人员的专业培训考核合格情况，固定的经营场所（包括办公场所、经营和服务站点等）的产权或租赁情况，企业工商登记和资本结构情况的说明；

d. 本办法⑤第 e 项要求的完善的安全管理制度和健全的经营方案材料；

e. 法律、法规规定的其他材料。

⑦ 发证部门通过材料审查和现场核查的方式对申请人的申请材料进行审查。

⑧ 发证部门应当自受理申请之日起十二个工作日内作出是否准予许可的决定。十二个工作日内不能作出许可决定的，经发证部门负责人批准，可以延长十个工作日，并应当将延

长期限的理由告知申请人。发证部门作出准予许可决定的，应向申请人出具《准予许可通知书》，告知申请人领取燃气经营许可证。

发证部门作出不予许可决定的，应当出具《不予许可决定书》，说明不予许可的理由，并告知申请人依法享有申请行政复议或者提起行政诉讼的权利。

⑨ 发证部门作出的准予许可决定的，应当予以公开，公众有权查询。

公开的内容包括：准予许可的燃气经营企业名称、燃气经营许可证编号、企业注册登记地址、企业法定代表人、经营类别、经营区域、发证部门名称、发证日期和许可证有效期限等。

⑩ 燃气经营许可证的格式、内容、有效期限、编号方式等按照住房城乡建设部《关于印发〈燃气经营许可证〉格式的通知》（建城〔2011〕174 号）执行。

⑪ 已取得燃气经营许可证的燃气经营企业需要变更企业名称、登记注册地址、法定代表人的，应向原发证部门申请变更燃气经营许可，其中变更法定代表人的，新法定代表人应具有燃气从业人员专业培训考核合格证书。未经许可，不得擅自改变许可事项。

⑫ 已取得燃气经营许可证的燃气经营企业，有下列情形的，应重新申请经营许可。

a. 燃气经营企业的经营类别、经营区域、供应方式等发生变化的；

b. 燃气经营企业发生分立、合并的。

⑬ 有下列情形之一的，出具《准予许可通知书》的发证部门或者其上级行政机关，可以撤销已作出的燃气经营许可：

a. 许可机关工作人员滥用职权，玩忽职守，给不符合条件的申请人发放燃气经营许可证的；

b. 许可机关工作人员超越法定权限发放燃气经营许可证的；

c. 许可机关工作人员违反法定程序发放燃气经营许可证的；

d. 对不具备申请资格或者不符合法定条件的申请人出具《准予许可通知书》；

e. 依法可以撤销燃气经营许可证的其他情形。

燃气经营企业以欺骗、贿赂等不正当手段取得燃气经营许可，应当予以撤销。

⑭ 有下列情形之一的，发证部门应当依法办理燃气经营许可的注销手续：

a. 燃气经营许可证有效期届满且燃气经营企业未申请延续的；

b. 燃气经营企业主体资格依法终止的；

c. 燃气经营许可依法被撤销、撤回，或者燃气经营许可证被依法吊销的；

d. 因不可抗力导致燃气经营许可事项无法实施的；

e. 依法应当注销燃气经营许可的其他情形。

⑮ 燃气经营企业申请注销燃气经营许可的，应当向原许可机关提交下列申请材料：

a. 燃气经营许可注销申请书；

b. 燃气经营企业对原有用户安置和设施处置等相关方案；

c. 燃气经营许可证正、副本；

d. 法律、法规、规章规定的与注销燃气经营许可证相关的材料。

发证部门受理注销申请后，经审核依法注销燃气经营许可证。

⑯ 燃气经营企业遗失燃气经营许可证的，应向发证部门申请补办，由发证部门在其官方网站上免费发布遗失公告，并在五个工作日内核实补办燃气经营许可证。

燃气经营许可证表面发生脏污、破损或其他原因造成燃气经营许可证内容无法辨识的，燃气经营企业应向发证部门申请补办，发证部门应收回原经营许可证正、副本，并在二十个工作日内核实补办燃气经营许可证。

⑰ 已取得燃气经营许可证的燃气经营企业，应当于每年 1 月 1 日至 3 月 31 日，向发证部门报送上一年度企业年度报告。当年设立登记的企业，自下一年起报送企业年度报告。

燃气经营企业的出资比例、股权结构等重大事项发生变化的，应当在事项变化结束后十五个工作日内，向发证部门报告并提供相关材料，由发证部门记载在燃气经营许可证副本中。

⑱ 企业年度报告内容主要包括：

a. 企业章程和企业资本结构及其变化情况；

b. 企业的主要负责人、安全生产管理人员以及运行、维护和抢修等人员变更和培训情况；

c. 企业建设改造燃气设施具体情况；

d. 企业运行情况（包括供应规模、用户发展、安全运行等）；

e. 其他需要报告的内容。

具体报告内容和要求由省级人民政府燃气管理部门确定。

⑲ 发证部门要协同有关部门实施"双随机、一公开"监管机制，通过信息公示、抽查、抽检等方式，综合运用提醒、约谈、告诫等手段，强化对燃气经营的事中监管。针对违法违规燃气经营行为强化事后监管，依法及时认定违法违规行为种类和性质并予以处置。建立健全联合惩戒机制，对于违法燃气经营企业和有关人员依法实施吊销、注销、撤销燃气经营许可证，列入经营异常名录和黑名单等惩戒措施。

⑳ 发证部门应当按照国家统一要求建立本行政区域燃气经营许可管理信息系统，内容包括燃气许可证发证、变更、撤回、撤销、注销、吊销等，燃气经营企业从业人员信息、燃气经营出资比例和股权结构、燃气事故统计、处罚情况、诚信记录、年度报告等事项。推进部门间信息共享应用，按照要求将形成的燃气经营许可管理有关文件交由城建档案部门统一保管。

省级人民政府燃气管理部门应当建立本行政区域燃气经营许可管理信息系统，对本行政区域内发证部门的燃气经营许可管理信息系统监督指导。

㉑ 农村燃气经营许可管理，参照本办法执行。

省级人民政府燃气管理部门可以根据本地实际情况，制定具体实施办法，报住房城乡建设部备案。

附录 9 《城镇燃气设施运行、维护和抢修安全技术规程》（CJJ 51—2016）内容节选

1）总则

① 为使城镇燃气设施运行、维护和抢修符合安全生产、保证正常供气、保障公共安全和保护环境的要求，制定本规程。

② 本规程适用于城镇燃气厂站、管网、用户燃气设施、监控及数据采集系统等城镇燃气设施的运行、维护和抢修。本规程不适用于汽车加气站的运行、维护和抢修。

③ 城镇燃气设施的运行、维护和抢修除应执行本规程外，尚应符合国家现行有关标准的规定。

2）术语

（1）城镇燃气供应单位 city gas supply firms

城镇燃气供应企业和城镇燃气自管单位的统称。

城镇燃气供应企业是指从事城镇燃气储存、输配、经营、管理、运行、维护的企业。

城镇燃气自管单位是指自行给所属用户供应燃气，并对燃气设施进行管理、运行、维护的单位。

（2）燃气设施 city gas facility

用于燃气储存、输配和应用的设备、装置、系统，包括厂站、管网、用户燃气设施、监控及数据采集系统等。

（3）用户燃气设施 customer's gas installation

用户燃气管道、阀门、计量器具、调压设备、气瓶等。

（4）燃气燃烧器具 gas burning equipment

以燃气作燃料的燃烧用具的总称，简称燃具。包括燃气热水器、燃气热水炉、燃气灶具、燃气烘烤器具、燃气取暖器等。

（5）用气设备 gas appliance

以燃气作燃料进行加热或驱动的较大型燃气设备，如工业炉、燃气锅炉、燃气直燃机、燃气热泵、燃气内燃机、燃气轮机等。

（6）运行 operation

从事燃气供应的专业人员，按照工艺要求和操作规程对燃气设施进行巡检、操作、记录等常规工作。

（7）维护 maintenance

为保障燃气设施的正常运行，预防故障、事故发生所进行的检查、维修、保养等工作。

（8）抢修 rush-repair

燃气设施发生危及安全的泄漏以及引起停气、中毒、火灾、爆炸等事故时，采取紧急措施的作业。

（9）降压 pressure relief

燃气设施进行维护和抢修时，为了操作安全和维持部分供气，将燃气压力调节至低于正常工作压力的作业。

（10）停气 interruption

在燃气供应系统中，采用关闭阀门等方法切断气源，使燃气流量为零的作业。

（11）明火 flame

外露火焰或赤热表面。

（12）动火 flame operation

在燃气设施或其他禁火区内进行焊接、切割等产生明火的作业。

（13）作业区 operation area

燃气设施在运行、维修或抢修作业时，为保证操作人员正常作业所确定的区域。

（14）警戒区 outpost area

燃气设施发生事故后，已经或有可能受到影响需进行隔离控制的区域。

（15）直接置换 direct purging

采用燃气置换燃气设施中的空气或采用空气置换燃气设施中的燃气的过程。

（16）间接置换 indirect purging

采用惰性气体或水置换燃气设施中的空气后，再用燃气置换燃气设施中的惰性气体或水的过程；或采用惰性气体或水置换燃气设施中的燃气后，再用空气置换燃气设施中的惰性气体或水的过程。

（17）吹扫 purging

燃气设施在投产或维修前清除其内部剩余气体和污垢物的作业。

（18）放散 relief

利用放散设备排空燃气设施内的空气、燃气或混合气体的过程。

（19）防护用具 protection equipment

用以保障作业人员安全和隔离燃气的用具，一般有工作服、工作鞋、手套、安全帽、耳塞、隔离式呼吸设备等。

（20）监护 supervision and protection

在燃气设施运行、维护、抢修作业时，对作业人员进行的监视、保护；或对其他工程施工等可能引起危及燃气设施安全而采取的监督、保护。

（21）带压开孔 hot-tapping

利用专用机具在有压力的燃气管道上加工出孔洞，操作过程中无燃气外泄的作业。

（22）封堵 plugging

从开孔处将封堵头送入并密封管道，从而阻止管道内介质流动的作业。

（23）波纹管调长器 bellows unit

由波纹管及构件组成，用于调节燃气设备拆装引起的管道与设备轴向位置变化的装置。

3）基本规定

① 城镇燃气供应单位应建立、健全安全生产管理制度及运行、维护、抢修操作规程。

② 城镇燃气供应单位应配备专职安全管理人员，抢修人员应 24h 值班；应设置面向社会公布的 24h 报修电话。

③ 城镇燃气供应单位应制定燃气安全生产事故应急预案，应急预案的编制程序、内容和要素等应符合现行国家标准《生产经营单位生产安全事故应急预案编制导则》GB/T 29639 的有关规定。针对具体的装置、场所或设施、岗位应编制现场处置方案。应急预案应按有关规定进行备案，组织实施演习每年不得少于 1 次，并应对预案及演习结果进行评定。

④ 人员进入燃气调压室、压缩机房、计量室、瓶组气化间、阀室、阀门井和检查井等场所前，应先检查所进场所是否有燃气泄漏；人员在进入地下调压室、阀门井、检查井内作业前，还应检查其他有害气体及氧气的浓度，确认安全后方可进入。作业过程中应有专人监护，并应轮换操作。

⑤ 进入燃气调压室、压缩机房、计量室、瓶组气化间、阀室、阀门井和检查井等场所作业时，应符合下列规定：

a. 应穿戴防护用具，进入地下场所作业应系好安全带；

b. 维修电气设备时，应切断电源；

c. 带气检修维护作业过程中，应采取防爆和防中毒措施，不得产生火花；

d. 应连续监测可燃气体、其他有害气体及氧气的浓度，如不符合要求，应立即停止作业，撤离人员。

⑥ 液化石油气、压缩天然气、液化天然气在用气瓶内应保持正压，不得给无合格证或有故障的气瓶充装。

4）运行与维护

（1）一般规定

① 城镇燃气供应单位制定的安全生产管理制度和操作规程应包括下列内容：

a. 事故统计分析制度；

b. 隐患排查和分级治理整改制度；

c. 城镇燃气管道及其附属系统、厂站内工艺管道的运行、维护制度和操作规程；

d. 供气设备的运行、维护制度和操作规程；

e. 用户燃气设施的报修制度及检查、维护的操作规程；

f. 日常运行中发现问题及事故处理的报告程序。

② 进入厂站内生产区不得携带火种、非防爆型无线通信设备，未经批准不得在厂站内生产区从事可能产生火花性质的操作。

③ 安装在用户室内外的公用阀门应设置永久性警示标志。

（2）管道及管道附件

① 同一管网中输送不同种类、不同压力燃气的相连管段之间应进行有效隔断。

② 运行、维护制度应明确燃气管道运行、维护的周期，并应做好相关记录。运行、维护中发现问题应及时上报，并应采取有效的处理措施。

③ 燃气管道巡检应包括下列内容：

a. 在燃气管道设施保护范围内不应有土体塌陷、滑坡、下沉等现象，管道不应裸露；

b. 未经批准不得进行爆破和取土等作业；

c. 管道上方不应堆积、焚烧垃圾或放置易燃易爆危险物品、种植深根植物及搭建建（构）筑物等；

d. 管道沿线不应有燃气异味、水面冒泡、树草枯萎和积雪表面有黄斑等异常现象或燃气泄出声响等；

e. 穿跨越管道、斜坡及其他特殊地段的管道，在暴雨、大风或其他恶劣天气过后应及时巡检；

f. 架空管道及附件防腐涂层应完好，支架固定应牢靠；

g. 燃气管道附件及标志不得丢失或损坏。

④ 在燃气管道保护范围内施工时，施工单位应在开工前向城镇燃气供应单位申请现场安全监护，并应符合下列规定：

a. 对有可能影响燃气管道安全运行的施工现场，应加强燃气管道的巡查与现场监护，并应设立临时警示标志；

b. 施工过程中如有可能造成燃气管道的损坏或使管道悬空等，应及时采取有效的保护措施；

c. 临时暴露的聚乙烯管道，应采取防阳光直晒及防外界高温和火源的措施。

⑤ 地下燃气管道的检查应符合下列规定：

a. 地下燃气管道应定期进行泄漏检查；泄漏检查应采用仪器检测，检查内容、检查方法和检查周期等应符合现行行业标准《城镇燃气管网泄漏检测技术规程》CJJ/T 215 的有关规定。

b. 对燃气管道的阴极保护系统和在役管道的防腐层应定期进行检查；检查周期和内容应符合现行行业标准《城镇燃气埋地钢质管道腐蚀控制技术规程》CJJ 95 的有关规定；在土体情况复杂、杂散电流强、腐蚀严重或人工检查困难的地方，对阴极保护系统的检测可采用自动远传检测的方式。

c. 运行中的钢质管道第一次发现腐蚀漏气点后，应查明腐蚀原因并对该管道的防腐涂层及腐蚀情况进行选点检查，并应根据实际情况制定运行、维护方案。

d. 当钢质管道服役年限达到管道的设计使用年限时，应对其进行专项安全评价。

e. 应对聚乙烯燃气管道的示踪装置进行检查。

⑥ 阀门的运行、维护应符合下列规定：

a. 应定期检查阀门，不得有燃气泄漏、损坏等现象；

b. 阀门井内不得积水、塌陷，不得有妨碍阀门操作的堆积物；

c. 应根据管网运行情况对阀门定期进行启闭操作和维护保养；

d. 无法启闭或关闭不严的阀门，应及时维修或更换；

e. 带电动、气动、电液联动、气液联动执行机构的阀门，应定期检查执行机构的运行状态。

（3）设备

① 调压装置的运行应符合下列规定：

a. 调压装置应定期进行检查，内容应包括调压器、过滤器、阀门、安全设施、仪器、仪表、换热器等设备及工艺管路的运行工况及运行参数，不得有泄漏等异常情况。

b. 严寒和寒冷地区应在采暖期前检查调压室的采暖状况或调压器的保温情况。

c. 过滤器前后压差应定期进行检查. 并应及时排污和清洗。

d. 应定期对切断阀、安全放散阀、水封等安全装置进行可靠性检查。

e. 地下调压装置的运行检查尚应符合下列规定：

（a）地下调压箱或地下式调压站内应无积水；

（b）地下调压箱或地下式调压站的通风或排风系统应有效，上盖不得受重压或冲撞；

（c）地下调压箱的防腐保护措施应完好，地下式调压站室内燃气泄漏报警装置应有效。

② 调压装置的维护应符合下列规定：

a. 当发现调压器及各连接点有燃气泄漏、调压器有异常喘振或压力异常波动等现象时，应及时处理；

b. 应及时清除各部位油污、锈斑，不得有腐蚀和损伤；

c. 新投入使用和保养修理后重新启用的调压器，应在经过调试达到技术要求后，方可投入运行；

d. 停气后重新启用的调压器，应检查进出口压力及有关参数。

③ 低压湿式储气柜的运行、维护应符合下列规定：

a. 储气柜运行压力不得超出所规定的压力，储气柜升降幅度和升降速度应在规定范围内，当大风天气对气柜安全运行有影响时，应适当降低气柜运行高度。

b. 对储气柜的运行状况应定期进行检查，并应符合下列规定：

（a）塔顶、塔壁不得有裂缝损伤和漏气，水槽壁板与环形基础连接处不应漏水；

（b）导轮与导轨的运动应正常；

（c）放散阀门应启闭灵活；

（d）寒冷地区在采暖期前应检查保温系统；

（e）应定期、定点测量各塔节环形水封的水位。

c. 当导轮与轴瓦之间发生磨损时，应及时修复。

d. 导轮润滑油应定期加注，发现损坏应立即维修。

e. 气柜外壁防腐情况应定期进行检查，出现防腐涂层破损时，应及时进行修补。

f. 维修储气柜时，操作人员应佩戴安全帽、安全带等防护用具，所携带的工具应严加保管，严禁以抛接方式传递工具。

④ 低压干式储气柜的运行、维护除应符合本规程10.5.1.4层次下第（3）③条有关规定外，尚应符合下列规定：

a. 进入气柜作业前，应确认电梯、吊笼动作正常，限位开关工作应准确有效，柜内可燃或有毒气体浓度应在安全范围内。

b. 应定期对储气柜的运行状况进行检查，并应符合下列规定：

（a）气柜柜体应完好，不得有燃气泄漏、渗油、腐蚀、变形和裂缝损伤；

（b）气柜活塞油槽油位、横向分隔板及密封装置应正常，气柜活塞水平倾斜度、升降幅度和升降速度应在规定范围内，并应做好测量记录；

（c）气柜柜底油槽水位、油位应保持在规定值范围内；

（d）气柜可燃气体报警器、外部电梯及内部升降机（吊笼）的各种安全保护装置应可靠有效，电器控制部分应动作灵敏，运行平稳。

c. 密封油黏度和闪点应定期进行化验分析，当超过规定值时，应及时进行更换。

d. 气柜油泵启动频繁或两台泵经常同时启动时，应分析原因并及时排除故障。

e. 油泵入口过滤网应定期进行清洗。

⑤ 低压湿式储气柜、低压干式储气柜除应按本规程 10.5.1.4 层次下第（3）③条和第（3）④条规定进行运行、维护外，尚宜定期对气柜进行全面检修。

⑥ 储配站内压缩机、烃泵的运行、维护应符合下列规定：

a. 压力、温度、流量、密封、润滑、冷却和通风系统应定期进行检查。

b. 阀门开关应灵活，连接部件应紧固。

c. 指示仪表应正常，各运行参数应在规定范围内。

d. 应定期对各项自动、连锁保护装置进行测试、维护。

e. 当有下列异常情况时应及时停车处理：

（a）自动、连锁保护装置失灵；

（b）润滑、冷却、通风系统出现异常；

（c）压缩机运行压力高于规定压力；

（d）压缩机、烃泵、电动机、发动机等有异声、异常振动、过热、泄漏等现象。

f. 压缩机检修完毕重新启动前应进行置换，置换合格后方可开机。

（4）压缩天然气设施

① 压缩天然气加气站进站气源组分应定期进行抽查复验。

② 压缩天然气加气站、压缩天然气储配站、压缩天然气瓶组供气站站内管道、阀门应定期进行巡查和维护，并应符合下列规定：

a. 管道、阀门不得锈蚀；

b. 站内管道不应泄漏；

c. 阀门和接头不得有泄漏、损坏现象；

d. 阀门应定期进行启闭操作和维护保养，启闭不灵活或关闭不严的阀门，应及时维修或更换。

③ 压缩天然气加气站、压缩天然气储配站、压缩天然气瓶组供气站站内过滤器进出口压差应定期进行检查，并应对过滤器进行清洗。

④ 干燥器、脱硫装置的运行、维护除应按设备的保养维护标准执行外，尚应符合下列规定：

a. 系统内各部件的运行应按设定程序进行；

b. 指示仪表应正常，运行参数应在规定范围内；

c. 阀门切换、开关应灵活，运动部件应平稳，无异响、泄漏等；

d. 脱硫剂的处理应符合环境保护要求；

e. 应根据运行情况对干燥器定期进行排污；

f. 露点仪应进行动态监测和定期维护，并应根据露点情况及时更换干燥剂。

⑤ 压缩天然气加气、卸气操作应符合下列规定：

a. 加气、卸气前应检查连接部位，密封应良好，自动、连锁保护装置应正常，接地应良好。

b. 在接好软管准备打开瓶组阀门时，操作人员不得面对阀门；加气时不得正对加气枪口；与作业无关人员不得在附近停留。

c. 充装压力不得超过气瓶的公称工作压力。

d. 遇有下列情况之一时，不得进行加气、卸气作业：

（a）雷电天气；

（b）附近发生火灾；

（c）检查出有燃气泄漏；

（d）压力异常；

（e）其他不安全因素。

⑥ 压缩天然气汽车运输应符合下列规定：

a. 运输时应符合国家有关危险化学品运输的规定；

b. 运输车辆严禁携带其他易燃、易爆物品或搭乘无关人员；

c. 应按指定路线和规定时间行车，途中不得随意停车；

d. 运输途中因故障临时停车时，应避开其他危险品、火源和热源，宜停靠在阴凉通风的地方，并应设置醒目的停车标志；

（5）液化天然气设施

① 液化天然气储罐及管道检修前后应采用干燥氮气进行置换，不得采用充水置换的方式。在检修后投入使用前应进行预冷试验，预冷试验时储罐及管道中不应含有水分及杂质。

② 液化天然气储罐的运行、维护应符合下列规定：

a. 储罐内液化天然气的液位、压力和温度应定期进行现场检查和实时监控；储存液位宜控制在 20%～90% 范围内，储存压力不得高于最大工作压力。

b. 不同来源、不同组分的液化天然气宜存放在不同的储罐中。当不具备条件只能储存在同一储罐内时，应采用正确的进液方法，并应根据储罐类型监测其气化速率与温度变化。

c. 储罐内较长时间静态储存的液化天然气，宜定期进行倒罐。

d. 储罐基础应牢固，立式储罐的垂直度应定期进行检查。

e. 应对储罐外壁定期进行检查，表面应无凹陷，漆膜应无脱落，且应无结露、结霜现象。

f. 储罐的静态蒸发率应定期进行监测。

g. 真空绝热储罐的真空度检测每年不应少于 1 次。

h. 隔热型储罐的绝热材料、夹层内可燃气体浓度和夹层补气系统的状况应定期进行检查。

③ 液化天然气厂站内的低温工艺管道应定期进行检查，并应符合下列规定：

a. 管道焊缝及连接管件应无泄漏，发现有漏点时应及时进行处理；

b. 管道外保冷材料应完好无损，当材料的绝热保冷性能下降时应及时更换；

c. 管道管托应完好。

④ 液化天然气卸（装）车操作应符合下列规定：

a. 卸（装）车的周围应设警示标志。

b. 卸（装）车时，操作人员不得离开现场，并应按规定穿戴防护用具，人体未受保护部分不得接触未经隔离装有液化天然气的管道和容器。

c. 卸（装）车前，应采用干燥氮气或液化天然气气体对卸（装）车软管进行吹扫。

d. 卸（装）车作业与气化作业同时进行时，不应使用同一个储罐。

e. 卸（装）车过程中，应按操作规程开关阀门。

f. 卸（装）车后，应将卸（装）车软管内的剩余液体回收；拆卸下的低温软管应处于自然伸缩状态，严禁强力弯曲，并应对其接口进行封堵。

g. 出现储罐液位异常和阀门或接头有泄漏、损坏现象时，不得卸（装）车。

⑤ 液化天然气气瓶充装应符合下列规定：

a. 充装前应对液化天然气气瓶逐只进行检查，不符合要求的气瓶不得充装；

b. 气瓶的充装量不得超过其铭牌规定的最大充装量；

c. 充装完毕后应对瓶阀等进行检查，不得泄漏；

d. 新气瓶首次充装时，应控制速度缓慢充装；

e. 灌装秤应在检定有效期内使用，充装前应进行校准；

f. 不得使用槽车充装液化天然气气瓶。

⑥ 液化天然气瓶组气化站运行、维护应符合下列规定：

a. 瓶组站的气瓶总容量不得超出设计的数量，不得随意更改气瓶存放数量及气瓶接口数量；

b. 瓶组站宜设专人值守，无人值守的瓶组站应每日进行巡检；

c. 站内密封点应无泄漏，管道及设备应运行正常，瓶组站周边环境应良好；

d. 站内的工艺管道应有明确的工艺流向标志，阀门开、关状态应明晰，安全附件应齐全完好；

e. 备用的气化器应定期启动，且每月不得少于 1 次；

f. 换瓶后应对接口的密封性进行检查，不得泄漏。

（6）监控及数据采集

① 监控及数据采集系统设备外观应保持完好。在爆炸危险区域内的仪器仪表应有良好的防爆性能，不得有漏电、漏气和堵塞状况。机箱、机柜和仪器仪表应有良好的接地。

② 监控及数据采集系统的监控中心应符合下列规定：

a. 系统的各类设备应运行正常；

b. 操作键接触应良好，显示屏幕显示应清晰、亮度适中，系统状态指示灯指示应正常，状态画面显示系统应运行正常；

c. 记录曲线应清晰、无断线，打印机打字应清楚、字符完整；

d. 机房环境应符合现行国家标准《电子信息系统机房设计规范》GB 50174 的有关规定。

③ 监控及数据采集系统运行维护人员应掌握安全防爆知识，且应按有关安全操作规程进行操作。

④ 运行维护人员应定期对系统及设备进行巡检，并应对现场仪表与远传仪表的显示值、同管段上下游仪表的显示值以及远传仪表和监控中心的数据进行对比检查。

⑤ 运行维护人员应定期对系统数据进行备份。

（7）用户燃气设施

① 用户燃气设施应定期进行入户检查，并应符合下列规定：

a. 商业用户、工业用户、采暖及制冷用户每年检查不得少于 1 次；

b. 居民用户每两年检查不得少于 1 次。

② 定期入户检查应包括下列内容，并应做好检查记录：

a. 应确认用户燃气设施完好，安装应符合规范要求；

b. 管道不应被擅自改动或作为其他电气设备的接地线使用，应无锈蚀、重物搭挂，连接软管应安装牢固且不应超长及老化，阀门应完好有效；

c. 不得有燃气泄漏；

d. 用气设备、燃气燃烧器具前燃气压力应正常。

③ 燃气用户使用燃气设施和燃气用具时，应符合下列规定：

a. 正确使用燃气设施和燃气用具；严禁使用不合格的或已达到判废年限的燃气设施和燃气用具；

b. 不得擅自改动燃气管道，不得擅自拆除、改装、迁移、安装燃气设施和燃气用具；

c. 安装燃气计量仪表、阀门及气化器等设施的专用房间内不得有人居住和堆放杂物；

d. 不得加热、摔砸、倒置液化石油气钢瓶，不得倾倒瓶内残液和拆卸瓶阀等附件；

e. 严禁使用明火检查泄漏；

f. 连接燃气用具的软管应定期更换，不得使用不合格和出现老化龟裂的软管，软管应安装牢固，不得超长；

g. 正常情况下，严禁用户开启或关闭公用燃气管道上的阀门；

h. 当发现室内燃气设施或燃气用具异常、燃气泄漏、意外停气时，应在安全的地方切断电源、关闭阀门、开窗通风，严禁动用明火、启闭电器开关等，并应及时向城镇燃气供应单位报修，严禁在漏气现场打电话报警；

i. 应协助城镇燃气供应单位对燃气设施进行检查、维护和抢修。

5）抢修

（1）一般规定

① 城镇燃气供应单位应制定事故抢修制度和事故上报程序。

② 城镇燃气供应单位应根据供应规模设立抢修机构和配备必要的抢修车辆、抢修设备、抢修器材、通信设备、防护用具、消防器材、检测仪器等装备，并应保证设备处于良好状态。

（2）抢修现场

① 抢修人员到达现场后，应根据燃气泄漏程度和气象条件等确定警戒区、设立警示标志。在警戒区内应管制交通，严禁烟火，无关人员不得留在现场，并应随时监测周围环境的燃气浓度。

② 抢修人员应佩戴职责标志。进入作业区前应按规定穿戴防静电服、鞋及防护用具，并严禁在作业区内穿脱和摘戴。作业现场应有专人监护，严禁单独操作。

③ 当燃气设施发生火灾时，应采取切断气源或降低压力等方法控制火势，并应防止产生负压。

④ 当燃气泄漏发生爆炸后，应迅速控制气源和火种，防止发生次生灾害。

⑤ 管道和设备修复后，应对周边夹层、窨井、烟道、地下管线和建（构）筑物等场所的残存燃气进行全面检查。

⑥ 当事故隐患未查清或隐患未消除时，抢修人员不得撤离现场，并应采取安全措施，直至隐患消除。

（3）抢修作业

① 燃气设施泄漏的抢修宜在降压或停气后进行。

② 当燃气浓度未降至爆炸下限的 20% 以下时，作业现场不得进行动火作业，警戒区内不得使用非防爆型的机电设备及仪器、仪表等。

③ 抢修时，与作业相关的控制阀门应有专人值守，并应监视管道内的压力。

④ 当抢修中暂时无法消除漏气现象或不能切断气源时，应及时通知有关部门，并应做好现场的安全防护工作。

⑤ 处理地下泄漏点开挖作业时，应符合下列规定：

a. 抢修人员应根据管道敷设资料确定开挖点，并应对周围建（构）筑物的燃气浓度进行检测和监测；当发现漏出的燃气已渗入周围建（构）筑物时，应根据事故情况及时疏散建（构）筑物内人员并驱散聚积的燃气。

b. 应对作业现场的燃气或一氧化碳的浓度进行连续监测。当环境中燃气浓度超过爆炸下限的 20% 或一氧化碳浓度超过规定值时，应进行强制通风，在浓度降低至允许值以下后方可作业。

c. 应根据地质情况和开挖深度确定作业坑的坡度和支撑方式，并应设专人监护。

⑥ 厂站泄漏抢修作业应符合下列规定：

a. 低压储气柜泄漏抢修应符合下列规定：

（a）宜使用燃气浓度检测仪或采用检漏液、嗅觉、听觉查找泄漏点；

（b）应根据泄漏部位及泄漏量采用相应的方法堵漏；

（c）当发生大量泄漏造成储气柜快速下降时，应立即打开进口阀门、关闭出口阀门，用补充气量的方法减缓下降速度。

b. 压缩机房、烃泵房发生燃气泄漏时，应立即切断气源和动力电源，并应开启室内防爆风机。故障排除后方可恢复供气。

c. 调压站、调压箱发生燃气泄漏时，应立即关闭泄漏点前后阀门，打开门窗或开启防爆风机，故障排除后方可恢复供气。

⑦ 当调压站、调压箱因调压设备、安全切断设施失灵等造成出口超压时，应立即关闭调压器进出口阀门，并应对超压管道放散降压，排除故障。当压力超过下游燃气设施的设计压力时，还应对超压影响区内的燃气设施进行全面检查，排除所有隐患后方可恢复供气。

⑧ 当压缩天然气站因泄漏造成火灾时，除控制火势进行抢修作业外，尚应对未着火的其他设备和容器进行隔热、降温处理。

⑨ 液化天然气储罐进、出液管道发生少量泄漏时，可根据现场情况采取措施消除泄漏。当泄漏不能消除时，应关闭相关阀门，并应将管道内液化天然气放散（或通过火炬燃烧掉），待管道恢复至常温后，再进行维修。维修后可利用干燥氮气进行检查，无泄漏方可投入运行。

⑩ 液化天然气泄漏着火后，不得用水灭火。当液化天然气泄漏着火区域周边设施受到火焰灼热威胁时，应对未着火的储罐、设备和管道进行隔热、降温处理。

6）生产作业

（1）一般规定

① 燃气设施的停气、降压、动火及通气等生产作业应建立分级审批制度。作业单位应制定作业方案和填写动火作业审批报告，并应逐级申报；经审批后应严格按批准方案实施。紧急事故应在抢修完毕后补办手续。

② 燃气设施停气、降压、动火及通气等生产作业，应设专人负责现场指挥，并应设安全员。参加作业的操作人员应按规定穿戴防护用具。在作业中应对放散点进行监护，并应采取相应的安全防护措施。

③ 城镇燃气设施动火作业现场，应划出作业区，并应设置护栏和警示标志。

④ 作业坑处应采取方便操作人员上下及避险的措施。

⑤ 停气、降压与置换作业时，宜避开用气高峰和不利气象条件。

（2）置换与放散

① 燃气设施停气动火作业前应对作业管段或设备进行置换。

② 燃气设施宜采用间接置换法进行置换，当置换作业条件受限时也可采用直接置换法进行置换。置换过程中每一个阶段应连续 3 次检测氧或燃气的浓度，每次间隔不应少于 5min，并应符合下列规定：

a. 当采用间接置换法时，测定值应符合下列规定：

（a）采用惰性气体置换空气时，氧浓度的测定值应小于 2%；采用燃气置换惰性气体时，燃气浓度测定值应大于 85%。

（b）采用惰性气体置换燃气时，燃气浓度测定值不应大于爆炸下限的 20%；采用空气置换惰性气体时，氧浓度测定值应大于 19.5%。

（c）采用液氮气化气体进行置换时，氮气温度不得低于 5℃。

b. 当采用直接置换法时，测定值应符合下列要求：

（a）采用燃气置换空气时，燃气浓度测定值应大于 90%；

（b）采用空气置换燃气时，燃气浓度测定值不应大于爆炸下限的 20%。

③ 置换放散时，作业现场应有专人负责监控压力及进行浓度检测。

④ 置换作业时，应根据管道情况和现场条件确定放散点数量与位置，管道末端应设置临时放散管，在放散管上应设置控制阀门和检测取样阀门。

（3）动火

① 运行中的燃气设施需动火作业时，应有城镇燃气供应企业的技术、生产、安全等部门进行配合和监护。

② 城镇燃气设施动火作业区内应保持空气流通，动火作业区内可燃气体浓度应小于其爆炸下限的 20%。在通风不良的空间内作业时，应采用防爆风机进行强制通风。

③ 城镇燃气设施动火作业过程中，操作人员不得正对管道丌口处。

④ 旧管道接驳新管道动火作业时，应采取措施使管道电位达到平衡。

⑤ 城镇燃气设施停气动火作业应监测管段或设备内可燃气体浓度的变化，并应符合下列规定：

a. 当有燃气泄漏等异常情况时，应立即停止作业，待消除异常情况并再次置换合格后方可继续进行；

b. 当作业中断或连续作业时间较长时，应再次取样检测并确认合格后，方可继续作业；

c. 燃气管道内积有燃气杂质时，应采取有效措施进行处置。

⑥ 城镇燃气设施带气动火作业应符合下列规定：

a. 带气动火作业时，燃气设施内应保持正压，且压力不宜高于 800Pa，并应设专人监控压力；

b. 动火作业引燃的火焰，应采取可靠、有效的方法进行扑灭。

（4）带压开孔、封堵作业

① 钢管管件的安装与焊接应符合下列规定：

a. 钢制管道内带有输送介质情况下进行封堵管件组对与焊接，应符合现行国家标准《钢制管道带压封堵技术规范》GB/T 28055 的有关规定。

b. 封堵管件焊接时应控制管道内气体或液体的流速，焊接时，管道内介质压力不宜超过 1.0MPa。

c. 开孔部位应选择在直管段上，并应避开管道焊缝；当无法避开时，应采取有效措施。

d. 用于管道开孔、封堵作业的特制管件宜采用机制管件。

e. 大管径和较高压力的管道上开孔作业时，应对管道开孔进行补强，可采用等面积补强法；开孔直径大于管道半径、等面积补强受限或设计压力大于 1.6MPa 时，宜采用整体式补强。

② 带压开孔、封堵作业应按操作规程进行，并应符合下列规定：

a. 开孔前应对焊接到管线上的管件和组装到管线上的阀门、开孔机等进行整体严密性试验；

b. 拆卸夹板阀上部设备前，应关闭夹板阀卸放压力；

c. 夹板阀开启前，阀门闸板两侧压力应平衡；

d. 撤除封堵头前，封堵头两侧压力应平衡；

e. 带压开孔、封堵作业完成并确认各部位无渗漏后，应对管件和管道做绝缘防腐，其防腐层等级不应低于原管道防腐层等级。

附录10　《燃气服务导则》(GB/T 28885—2012/XG1—2018)内容节选

1) 范围

本标准适用于燃气经营企业向用户提供的供气服务和相关管理部门及机构对供气服务质量的评价。

2) 术语和定义

下列术语和定义适用于本文件。

(1) 燃气服务

为满足用户使用燃气的需要，燃气企业向用户提供的供气及相关服务活动。

(2) 燃气经营企业

指管道燃气经营企业、瓶装燃气经营企业和燃气汽车加气经营企业的总称。

(3) 上门服务

燃气经营企业的服务人员到用户燃气使用场所提供的服务活动。

(4) 燃气燃烧器具前压力

用户使用燃气时，在其燃气燃烧器具入口处测得的运行压力。

(5) 基表

具有基础计量功能、直接显示用气量原始数据且与其他附加功能分离的计量器具。

(6) 液化石油气残液

在用户室内环境温度下，液化石油气钢瓶中残存且不再气化的烃类物质和其他杂质。

(7) 服务窗口

燃气经营企业为用户提供服务的场所或平台，包括办事处（点）、用户服务中心、维修站（点）、管理站、瓶装燃气供应站、燃气汽车加气站和电子服务平台等。

3) 基本要求

(1) 供气质量

① 燃气经营企业供应的燃气应符合 GB 50494、GB 50028 和 GB/T 13611 的规定并符合相应燃气种类标准。

② 燃气经营企业应向用户公布所供应燃气的燃气种类、组分、热值和供气压力等质量信息。

(2) 用户燃气设施的安全检查

① 燃气经营企业应按照相关法规的规定组织对用户燃气设施的安全检查。

② 检查前，应提前告知用户，并按约定时间实施。检查服务的人员应主动表明身份并说明来由。

③ 对初次使用燃气的用户和新住宅用户装修后在供气设施投用前，应按规定或约定进

行上门安全检查。不符合安全使用条件的，不应供气。

④ 安全检查记录应有用户签字。

⑤ 安全检查应符合 CJJ 51 的规定，并检查下列事项：

a. 嵌入式燃气灶和在隐蔽及不易观察位置安装的连接管道情况；

b. 采用不脱落连接方式的情况；

c. 燃气热水器排烟管的完好情况；

d. 用户燃气存放和使用场所的安全条件及通风情况。

⑥ 对检查发现存在安全隐患的事项，应履行告知义务，并按照规定的燃气设施维护、更新责任范围实施相关工作，或者提示用户自行整改。向用户发出隐患整改通知书，整改通知书应要求用户签收。

⑦ 用户要求燃气经营企业协助对其用户燃气设施维护、更新责任范围内的安全隐患整改时，燃气经营企业应组织有资质的施工单位实施。

⑧ 燃气经营企业在入户检查时，发生下列情况，应做好相关记录：

a. 用户拒绝入户安全检查的；

b. 拒绝在安全检查记录上签字的；

c. 不签收整改通知书的。

⑨ 因用户原因无法进行安全检查的，燃气经营企业应做好记录，并以书面形式告知用户约定安全检查时间及联系电话号码；发现燃气泄漏等严重安全隐患，燃气经营企业应采取相应措施进行及时处理。

4) 管道燃气供应服务

(1) 新增用户

① 用气条件应包括：市政燃气管网覆盖的区域、管道供应能力、用气场所的安全用气条件。

② 管道燃气经营企业应公示新增用户报装办理的主要流程，应包括下列内容：

a. 报装受理：燃气经营企业应明确受理条件，当场决定是否受理，对不符合条件的应一次性告知原因；

b. 现场查勘；

c. 接气方案确定；

d. 设计；

e. 施工；

f. 工程验收；

g. 通气。

管道燃气经营企业完成 a、b、c（不含方案的技术论证时间）、f 环节的时间总共不得超过 16 个工作日。

③ 管道燃气经营企业不应拒绝符合用气条件的用户申请者。对超出市政燃气管道负荷能力的地段的用气申请者，应告知原因和解决建议。

④ 管道燃气经营企业接受用气申请后，经勘测符合用气条件的，并需要管道燃气经营企业提供安装施工的，应与申请用气者签订施工合同，按照合同约定期限完工。

⑤ 新增用户的程序、时限应符合下列要求：

a. 建设项目的施工许可核发之日后，申请者提出的报装申请管道燃气经营企业应予受理；

b. 工程应由具备相应施工资质的单位施工；

c. 管道燃气经营企业组织或参与工作竣工验收；

d. 验收合格后方可通气交付使用。

（2）供气服务

① 对于符合国家质量标准，管道燃气经营企业参与工程竣工验收并验收合格的用户燃气设施，应依据供用气合同予以供气。

② 管道燃气计量、抄表与结算

a. 管道燃气经营企业应向用户提供、安装经法定机构检测合格的燃气计量表，选用的燃气计量表应便于燃气经营企业的统一管理和安装、维修。使用预存款方式的燃气计量表应具有余额不足报警提示或者有限透支功能。管道燃气经营企业应按照规定定期更新、检定燃气计量表。非在线检测燃气计量表时，应向用户提供备用燃气计量表或者与用户商定检测期内的计量方式。

b. 管道燃气经营企业应在供用气合同中，与用户明确燃气费的结算周期和方式。

c. 燃气销售价格调整时，管道燃气经营企业应按照调价时间和价格，分别结算调价前后的燃气费，并告知用户。对使用非预存款方式燃气计量表的用户应及时抄表结算燃气费。

d. 管道燃气经营企业应做到抄表作业及时准确：

（a）抄表应按照约定的时间周期进行。若需要变更抄表周期，应提前通知用户。

（b）对居民用户长期不在家而无法上门抄表或暂时无法正确抄表的，计量可按以下方法进行估量并告知用户：

——估量不应高于该用户以往实际用气一年中最高的单月用气量；

——估量后第一次进户抄表作业时，应按照"多退少补"的原则与用户结算。

（c）管道燃气经营企业不应对非居民用户进行估量抄表。

e. 管道燃气经营企业抄表后，应按照承诺的时间通知用户缴纳燃气费。缴纳燃气费的期限除非合同另有约定不宜少于 10 日。

f. 管道燃气经营企业的缴纳燃气费通知应包括下列内容：

（a）企业名称；

（b）用户编号、户名、地址；

（c）抄表数和用户使用的燃气量；

（d）燃气的价格和用户应缴纳的燃气费金额；

（e）缴纳燃气费的地址、时间和时限及缴费方式的揭示；

（f）企业的缴费查询电话，服务投诉电话、监督电话或其他联系方式；

（g）管道燃气经营企业提供多种方式方便用户缴纳燃气费，并向用户提供合法收费凭证；

（h）用户逾期未缴纳燃气费时，管道燃气经营企业应以有效方式提醒用户缴费，同时告知违约责任。

③ 管道燃气经营企业接到用户改装、拆除、迁移燃气设施的申请后，应在 5 个工作日内予以答复。对受理的，居民用户按照约定时间的 5 个工作日内，非居民用户按照合同约定的时限，实施相关工程；对不予受理的，应以书面形式向用户说明理由。迁移、改装燃气设施的质量保证期应符合国家有关规定。

④ 对燃气计量有异议的，可向法定检测机构提出检定申请：

a. 检定结果超出误差标准的，由管道燃气经营企业提供更换使用的燃气计量表并承担相关检定费用。检定结果符合规定的，由提出检定申请方承担检定燃气表的相关费用。

b. 对于超出的误差，应给予损失方按照计量误差累积量补偿，累计时间按照自拆表检定之日前 1 年计算。该表安装使用不足 1 年的，按实际使用时间计算。

c. 燃气用户的用气量以基表显示的数据为基准数据。

⑤ 管道供应临时中断，应进行下列处置：

a. 管道燃气经营企业因管道施工、维修、检修等计划性而非突发性原因确需降压或暂停供气的，应提前 48h 将暂停供气及恢复供气的时间公告和通知用户及燃气管理部门。降压或暂停供气的开始时间应避免用气高峰，暂停供气的时间一般不应超过 24h，并按时恢复供气。

b. 供气管道发生泄漏或突发性停气，应采取不间断的抢修措施，直至修复投用。

c. 对突发、意外造成停气、降压供气或者停气时间超过 24h 以上，应及时通知停气影响范围内的用户，向用户说明情况，并通知用户恢复供气时间和安全注意事项。

d. 居民用户恢复供气时间等事项应按照相关法规的规定实施。再次停气或超时停气应再次通知用户，通知内容包括：停气原因、停气范围、停气开始时间、预计恢复供气时间等。

e. 管道施工、维修和检修提倡采取措施实现不停气作业。

⑥ 用户燃气管道设施发生故障，向管道燃气经营企业报修，管道燃气经营企业应受理，并按照相关法规规定的时限响应；管道燃气经营企业接到用户室内燃气泄漏的报告，应在接报的同时，提示用户采取常规应对措施，按照相关法规的规定响应并立即赶到现场处置；管道燃气经营企业管理的燃气表井、阀门井等井盖缺损，应自接到报告或发现之时起 24h 内修复，未能及时修复的，应采取监护措施。

⑦ 管道燃气经营企业停业、歇业的，应提前 90 个工作日报经燃气管理部门同意，由燃气管理部门、管道燃气经营企业事先对供应范围内的用户的用气做出妥善安排并告知用户。

⑧ 燃气燃烧器具前压力检查应符合下列要求：

a. 管道燃气经营企业应在调压装置出口的近端和最远端实施监测。定期抽查用户燃气燃烧器具前压力，每 2 个月不应少于一次，每次测试户数按当地实际确定。中压进户的用户燃气燃烧器具前压力检测按照有关规定实施。

b. 检测点应具有随机性和符合燃气种类特性。

c. 燃气燃烧器具前压力应符合 GB 50028 的规定。

⑨ 管道燃气经营企业应按照规定定期在管网末端抽查燃气加臭的质量。

⑩ 管道经营企业建立用户燃气设施隐患整改及跟踪的工作机制，督促用户整改。

5）瓶装燃气供应服务

① 瓶装燃气经营企业应向用户提供符合国家规定并经法定检测机构检测合格的燃气气瓶。

② 瓶装燃气经营企业的瓶装燃气供应站应符合国家设立瓶装燃气供应站的安全技术要求，应配备检查充装质量及检查泄漏的器具和器材。

③ 瓶装燃气经营企业应依照燃气专项规划设置瓶装气供应站，开展瓶装气经营业务。需要撤销或搬迁瓶装气供应站的，应制定方案，妥善安排用户的用气，并于瓶装气供应站撤销或搬迁前，按照相关法规规定的时限，在该供应站公开通知。通知应包括下列内容：

a. 瓶装燃气经营企业名称；

b. 撤销或者搬迁的瓶装气供应站名称；

c. 撤销或者搬迁的日期；

d. 妥善安排用户用气措施；

e. 新设或改设供应站的站名、地址、方位图、服务电话或呼叫中心统一电话。

④ 瓶装燃气经营企业应不断提高瓶装燃气的信息化管理水平，实现全过程信息的可追溯性，增强瓶装燃气的使用安全性。

⑤ 瓶装燃气经营企业的燃气充装质量应符合国家有关规定，并应对其销售的瓶装燃气提供合格标识。

⑥ 瓶装燃气经营企业应提供多种方式方便用户缴纳燃气费，向用户提供合法收费凭证。

⑦ 瓶装燃气经营企业应使用本企业的燃气气瓶向用户销售瓶装燃气。用户有权选择瓶装气供应站。

⑧ 瓶装燃气经营企业应向用户提供瓶装燃气搬运、检查充装质量和检查泄漏等服务。

⑨ 瓶装燃气经营企业应在燃气气瓶（含检修、检测合格的燃气气瓶）首次投用前，对其进行抽真空处理，并做好记录。

⑩ 瓶装燃气经营企业接到用户关于换气后，燃气燃烧器具无法正常燃烧的报告时，应提示用户暂停用气，并根据征询的情况及时告知用户可以处置的单位及联系方式，属于本企业解决的问题，应按约定的时间上门解决。

⑪ 瓶装燃气经营企业接到用户报告瓶装燃气泄漏时，应提示用户采取常规措施，同时按照相关法规规定的时限响应，立即赶到现场处置。

⑫ 瓶装燃气经营企业受理瓶装燃气用户设施维修的申请，应及时安排具有相应资格的维修人员处置。

⑬ 瓶装燃气经营企业在服务窗口公示内容还应包括下列内容：

a. 残液标准、超标补偿时限和方法；

b. 国家规定的充装质量标准；

c. 国家规定的燃气气瓶强制检测、报废时间标准。

⑭ 供应瓶装液化石油气还应符合下列要求：

a. 液化石油气钢瓶应符合 GB 5842 的规定。

b. 瓶装液化石油气充装质量应符合 GB 17267 的规定。

c. 瓶装液化石油气经营企业应保证液化气钢瓶内液化气残液量符合下列规定：

（a）YSP-5 型钢瓶内残液重不大于 0.15kg；

（b）YSP-10 型钢瓶内残液量不大于 0.30kg；

（c）YSP-12 型钢瓶内残液量不大于 0.36kg；

（d）YSP-15 型钢瓶内残液量不大于 0.45kg；

（e）YSP-50 型钢瓶内残液量不大于 1.50kg。

d. 液化石油气残液量超出前款规定的，瓶装燃气经营企业应对用户予以补偿。补偿后请用户签收。

6）车用燃气供应服务

① 燃气汽车加气经营企业应保证加入燃气汽车气瓶的充装介质与气瓶规定的充装介质一致，充装程序和加气压力符合国家规定。

② 燃气汽车加气经营企业使用的加气机计量装置符合国家关于计量器具的规定。

③ 燃气汽车加气经营企业收取加气费时，应向用户出具合法收费凭证。

④ 不应拒绝向符合规定的燃气汽车充装车用燃气。

⑤ 加气前应问清加气数量，将加气机显示归零并向用户告知。加气结束，应唱收唱付。

⑥ 加气服务的人员应对有泄漏的燃气气瓶按程序立即处置。

⑦ 加气站的安全设施应符合国家相关规定，加气站应有明确的运气槽车停车区域并有隔离设施与标识。

⑧ 在向燃气汽车加气前，加气服务人员应按照规定检查气瓶、气瓶定期检验有效合格证件和气瓶充装合格证，符合规定方可为相应的汽车加气；对临近气瓶检验期限的气瓶，应提示用户检修。应采取措施提高气瓶信息化管理水平，实现全过程信息的可追溯性，增强瓶装燃气的使用安全性。

⑨ 交接班时应对加气设施进行泄漏检查。

⑩ 加气站的加气车辆进、出通道应符合要求并明示，有人员维持车辆秩序。

⑪ 向燃气汽车加气时，应请车内人员下车并熄灭发动机。

⑫ 不应从事超出经营范围的充装业务。

⑬ 不应容许用户使用加气设施自行加气。

参考文献

［1］ 宓亢琪，严铭卿．燃气输配工程学［M］．北京：中国建筑工业出版社，2014．

［2］ 严铭卿．燃气工程设计手册［M］．2版．北京：中国建筑工业出版社，2019．

［3］ 段常贵．燃气输配［M］．5版．北京：中国建筑工业出版社，2015．

［4］ 詹淑慧．燃气供应［M］．2版．北京：中国建筑工业出版社，2011．

［5］ 黄梅丹，喻文烯，严铭卿，等．城镇燃气输配工程施工手册［M］．北京：中国建筑工业出版社，2018．

［6］ 谭洪艳．燃气输配工程［M］．北京：冶金工业出版社，2009．

［7］ 赵承雄．汽车加气站操作工［M］．长沙：国防科技大学出版社，2015．

［8］ 彭世尼，黄小美．燃气安全技术［M］．3版．重庆：重庆大学出版社，2015．

［9］ 全国勘察设计注册工程师公用设备专业管理委员会秘书处．全国勘察设计注册公用设备工程师动力专业执业资格考试教材［M］．4版．北京：机械工业出版社，2019．

［10］ GB 50028—2006（2020年版）．

［11］ GB 51142—2015．

［12］ GB 50016—2014（2018年版）．

［13］ CJJ 51—2016．